记
号

真知 卓思 洞见

叹为观纸

中国古纸的传说与历史

赵洪雅 著

北京科学技术出版社

图书在版编目（CIP）数据

叹为观纸：中国古纸的传说与历史 / 赵洪雅著.
北京：北京科学技术出版社，2025. -- ISBN 978-7
-5714-4457-0（2025.10重印）

Ⅰ. TS7-092

中国国家版本馆CIP数据核字第2025265NZ0号

选题策划：记　号
策划编辑：马春华　林佩儿
责任编辑：武环静
责任校对：贾　荣
封面设计：李　响
图文制作：刘永坤
责任印制：吕　越
出 版 人：曾庆宇
出版发行：北京科学技术出版社
社　　　址：北京西直门南大街16号
邮政编码：100035
电　　　话：0086-10-66135495（总编室）　0086-10-66113227（发行部）
网　　　址：www.bkydw.cn
印　　　刷：北京顶佳世纪印刷有限公司
开　　　本：710 mm×1000 mm　1/16
字　　　数：228千字
印　　　张：20
版　　　次：2025年9月第1版
印　　　次：2025年10月第2次印刷
ISBN 978-7-5714-4457-0

定　　　价：79.00元

前　言

　　造纸术是中国古代"四大发明"之首，它的出现，极大地改变了中国乃至世界的历史文化进程。那些沉重的青铜和巨石，昂贵的缣帛和皮革，质脆易折的竹木简、桦树皮和莎草纸，在纸张出现后逐渐沉寂于历史长河，唯有轻薄便携、物美价廉的纸张成为世界范围内最普遍、最通用的书写载体，也成为人类文明传承和传播最重要的物质形式之一。

　　中国古人创造的植物纤维纸起源于汉代；东汉蔡伦进呈"蔡侯纸"，纸张的性能和造纸工艺大为提高；汉末魏晋时，纸张作为文房用具逐渐普及；到南北朝时期，许多我们熟悉的日用品也加入了纸制品的阵营；至唐宋时期，中国的各色纸种争奇斗艳、品质精良，纸制品种类繁多、琳琅满目，已然成为世界之最。诚如明代宋应星在《天工开物》中所言，"万卷百家基从此起"，不仅中华文明璀璨辉煌的智慧结晶在纸上谱写出恢宏的篇章，就连衣、食、住、行等日常所需也都离不开纸的身影——中国丝毫不愧于两千余年来"纸张大国"的历史地位。

　　在这段漫长的历史进程中，纸张是如何起源、发展和普及的？这其中有哪些引人入胜的故事？在看似纷繁复杂的纸张演进史中，有哪些主线脉络可寻？回答这些问题是本书写作的初衷。同时，笔者也希望能在枯燥繁冗的"故纸堆"中，将最为鲜亮、精彩和动人心弦的故事呈现给读者，使读者能够轻松惬意地漫游两千余年的纸张之旅，进入这个令人目眩神迷、叹为观止的纸张的世界。

关于纸史研究，我国前辈学者如潘吉星、王菊华、钱存训等已从中国古纸的起源、工艺、应用、对外传播、历史文化等多个角度做了全景式研究，奠定了坚实的学术基础。近半个世纪以来，随着出土古纸样本的增多、科学检验技术的进步和国际学术交流的日益频繁，中外纸史研究又进一步取得突飞猛进的发展。在传统的史学、文献学和考古学基础上，新近研究又将古文字学、文本学，乃至统计学、田野考察等科研方法融入其中，再加之显微分析、纤维鉴别等技术手段的辅助，使得20世纪纸史研究的视野显著拓展，并在一定程度上革新了部分旧有的学术结论，学术气象随之焕然一新。本书在全面吸收既往学术成果的基础上，尽可能将新的科研论断呈现给读者，同时，适当规避学术界尚存争议、难下论断的部分议题，尽可能客观中允地为公众普及中国古纸的历史文化知识。

本书的第一部分"积厚流光"，介绍了造纸术起源、发明的历史，以及纸张替代缣帛和竹木简，成为通用书写载体的演进过程；第二部分"经世济民"，介绍了纸张对日常生活、宗教信仰、文化教育和经济贸易的深刻影响；第三部分"走向世界"，介绍了纸张和造纸术向东、西方传播的历史过程。纸张的历史深厚博大，牵涉颇广，未免流于繁杂破碎，书中关于工艺技术、各色纸种等方面皆不能尽作详论，但择其大要，挂一漏万，阐释纸张演进的一鳞片爪，俾读者借此入门读物窥见中国古纸之概略，激发公众对中华优秀传统文化的兴趣与热爱！

赵洪雅

2025年2月

目　录

第一部分　积厚流光

第二部分　经世济民

积厚流光

第一章
一张纸引发的世纪之争

俗以为纸始于（蔡）伦，非也。

——《资治通鉴》[①]

一、汉宫掠影：史籍中的"蔡伦前纸"

后三日，（田）客复持诏记，封如前予（籍）武，中有封小绿箧，记曰："告武以箧中物书予狱中妇人，武自临饮之。"武发箧中有裹药二枚，赫蹏书，曰"告伟能：努力饮此药，不可复入。女自知之！"

——《汉书》[②]

---

① 〔宋〕司马光编著，〔元〕胡三省音注：《资治通鉴》卷第四十八《汉纪四十·孝和皇帝下》，中华书局，1956年，第1557页。此句为元代胡三省在注释中所引用的宋代毛晃的评论。
② 〔汉〕班固撰，〔唐〕颜师古注：《汉书》卷九十七下《外戚传第六十七下·孝成赵皇后》，中华书局，1962年，第3990~3992页。

元延元年（公元前12年），一名男婴在西汉成帝刘骜的后宫中呱呱坠地，他的母亲中宫史曹宫虽籍籍无名，却是西汉宠冠后宫、艳名远播的孝成皇后赵飞燕身边的女官。在成帝即位以来整整20年的时间里，不仅盛宠不衰的飞燕、合德姐妹未能孕育子嗣，就连后宫中的其他佳丽也接连流产。当朝天子膝下无子的窘境一直困扰着朝野。因此，曹宫诞下的这名男婴，纵使身份卑微，却是彼时大汉天子的唯一子嗣。

不难想见赵飞燕得知这一消息后的嫉恨与震怒。在赵合德的怂恿下，孩子刚出生不久，汉成帝便密令内廷宦官田客传诏掖庭狱丞籍武，将曹宫母子缉拿关押："取牛官令舍妇人新产儿，婢六人，尽置暴室狱，毋问儿男女、谁儿也！"不出半月，宦官又将一个小绿箧秘密交予狱丞籍武，打开后，里面是一个很薄的小纸包，其中装着两枚药丸，纸上写道："告伟能（即曹宫）：努力饮此药，不可复入。女自知之！"曹宫读罢，含恨控诉说："赵氏姐妹果然意欲掌控天下啊！"之后，便在暴室狱中服毒而亡。

这就是史书中最早以纸作为书写材料的文献记载。纸上只有很短的一句话：告诉曹宫，乖乖把毒药喝了，不要再入宫来，你好自为之！

这段史料出自官方正史《汉书》，据东汉应劭注释，所谓"赫蹏"，就是"薄小纸"。三国时期的孟康也持同样观点，认为"蹏犹地也，染纸素令赤而书之，若今黄纸也"。也就是说，装在绿匣子中的"赫蹏书"，应该是一种染成红色的轻薄小纸片。

这段宫闱秘案，在史学家看来未必真有其事，因为这段供词实则出自权臣大司马王莽掌权之后，是为推翻当时已身为皇太后的赵飞燕和外戚集团而网罗的罪证之一。但这一指控却结结实实地为赵飞燕扣上了"嫉妒专上""亲灭继嗣"的罪名，从此，阴狠毒辣、权欲熏心的负面形象就烙印在了赵飞燕身上，而且还在后世《西京杂记》《飞燕外传》《东汉演义》等传奇小说的演绎下愈抹愈黑。最终，当初这对"宫中只数赵家妆，败雨残云娱汉王"的赵氏姐妹被王莽集团一贬再贬，背着"汉嗣中绝"的骂名，落得和曹宫一样被逼自杀的下场。

无论案情本身是否属实，正史中似乎已有迹象表明，成帝宫廷中已开始使用纸张作为书写载体。这一记载比东汉元兴元年（105年）蔡伦发明"蔡侯纸"，早了117年。

不独此例，比"赵家飞燕侍昭阳"还要再早80多年的西汉武帝时，宫廷之中就已经有了使用"纸"的记录，只不过并非用于书写，反而更类似于绢、帛一类的巾帕：

> 卫太子大鼻。武帝病，太子入省。江充曰："上恶大鼻，当持纸蔽其鼻而入。"帝怒。[1]

卫太子又被称为"戾太子"，从谥号就能看出此人史评不佳。但卫太子生前十分显贵，其生母是那位曾经"惊鸿拂袂动君心"、由歌女一跃而为皇后的卫子夫，他的舅舅则是所向披靡、位极人臣的大将军卫青。武帝晚年，卫后荣宠渐衰，与卫氏集团素有嫌隙的奸佞小人江充得到重用。江充不断挑拨武帝父子关系，中伤诬陷太子。一日，武帝生病。卫太子前来探病时，江充暗中使坏，对卫太子说："皇上最不喜欢大鼻子了，您还是用纸把您的大鼻子遮住再进去面圣吧。"结果武帝见到太子遮遮掩掩、鬼鬼祟祟的丑态立刻龙颜大怒，进一步激发了年迈多疑的武帝与卫氏集团之间的矛盾。这一事件的后续影响极其恶劣，

---

[1] 〔晋〕佚名撰，〔清〕张澍辑，陈晓捷注：《三辅决录·三辅故事·三辅旧事》，三秦出版社，2006年，第56~57页。

　　　　　　　叹为观纸

武帝征和二年（公元前91年），首都长安发生了一起导致数万人流血的惨剧，也就是历史上著名的"巫蛊之祸"，据说前后有超过10万人因巫蛊之事遭到屠杀和清洗，卫后及太子也在这次政治斗争中兵败身死。大汉国运自此由盛转衰。

卫太子"持纸蔽其鼻"一事，比蔡伦进呈"蔡侯纸"早了将近200年，是传世文献中古人最早使用纸制品的记载。但这条记载实则出自约成书于晋代的《三辅故事》，而《三辅故事》原书早已亡佚，这条记录是清代人张澍从唐朝类书《北堂书钞》中辑佚而得。也就是说，不论是《汉书》《三辅故事》还是其注释，都是在3—5世纪纸质材料已经流行之后才创作的。显然，我们不能草率地判定这些后世史书中提及的"纸"在当时一定真实存在；即使存在，也不能断定这些"纸"与后世所指的纸就是同一种事物。

在蔡伦创造"蔡侯纸"之前，究竟是否已有植物纤维制成的纸制品存在呢？若想结束争论，纸史研究者亟需拿出早期古纸的实物样品予以佐证。

好在，自20世纪以来的几次重大探险和考古发现为我们逐渐拨开了迷雾。

二、微光初现：20世纪的地下循证

1933年，日军攻破山海关，北平全城戒严，形势危如累卵。在当年的一次外交集会上，长袖善舞的瑞典探险家斯文·赫定（Sven Hedin，1865—1952年）结识了时任外交部常务次长的刘崇杰，建议修建一条从西安到新疆的公路（即后来的兰新铁路），宣称自己可以组建一个公路考察团做前期勘测。在当时紧张的战争局势下，国民政府有意经略新疆，居然同意了这一计划，委任斯文·赫定以国民政府铁道部顾问的身份再次进入西北。年近古稀的斯文·赫定欣喜若狂，打算借公路勘探的名义再探罗布泊。有了马克·奥里尔·斯坦因（Marc Aurel Stein，1862—1943年）、保罗·伯希和（Paul Pelliot，1878—1945年）等人盗取文物的前车之鉴，国民政府对这些素来肆无忌惮的外国探险家显然也有提防。考察团即将出发时，毕业于北京大学、参加过中瑞西北科学考查团的中国考古学家黄文弼（1893—1966年）"从天而降"，名义上同行去视察新疆学校，实则被国民政府派来密切监视斯文·赫定。

于是，这对奇怪的组合，就这样一路各怀心思、磕磕绊绊地深入了西北大漠。但这次"勘探"的成果却委实震动了当时的考古学界。据黄文弼在《罗布淖尔考古记》①中的记载，他们在罗布泊北岸一处名为"土垠"的汉代烽燧遗址中，发现了一方10 cm×4 cm的纸张残片。纸上没有文字，"麻质，白色，作方块薄片，四周不完整"。据黄文弼观察，这张纸"质甚粗糙，不匀净，纸面尚存麻筋，盖为初造时所作，故不精细也"。与这张纸同时出土的还有70余枚汉简，其中纪年最早的为汉宣帝黄龙元年（公元前49年），最晚的也在汉成帝时期（公元前32—前7年）。因此，将这张古纸判断为公元前1世纪的西汉遗物，应当是没有疑议的。

令人痛惜的是，这张珍贵的"罗布淖尔纸"在1937年的战火中被付之一炬，其是否能够符合现代对纸的定义，我们再也无法知晓。但斯文·赫定与黄文弼的这一发现，却宛若撬动了冰山的一角。自此之

---

① 黄文弼：《罗布淖尔考古记》，"中国西北科学考查团丛刊"之一，国立北平研究院、中国西北科学考查团理事会印行，1948年，第168页。

图1-1 在西域探险的斯文·赫定

图1-2 骑在骆驼上的黄文弼

后，数以万计的古纸样品接连出土，一次又一次地革新着学术界的认知。其中可以判定为西汉古纸的发现，就有五六次之多。

进入和平年代之后，田野考古逐渐从"与帝国列强周旋抗争"的诡异气氛中走了出来，以配合基础建设和科学研究为目的的考古挖掘日益成为主流。1957年，人们在陕西省西安市东郊灞桥镇砖瓦厂的施工工地上意外发现了一处墓葬遗迹。尽管推土机在挖土时破坏了原有的墓葬形制，导致断代问题在之后的"大辩论"中饱受质疑，但这一墓葬中出土的器物组合，如铜剑、陶钫、陶罐、铁灯、半两钱等物是西汉墓中常常相伴而出的葬器，再加之对地层关系、出土文物位置和文物鉴定结果的综合考量，可判断这一墓葬当不晚于西汉武帝时期（公元前140—前87年）[1]。令人惊喜的是，墓葬中还出土了88片大小不等的纸张残片，层层叠起，被压在三面三弦钮铜镜的下方。虽然没有字迹，但纸张附着在铜镜和几片布片上，纸上还留有布片的纹样。[2] 不难想见，这些纸原本是用于包裹或衬垫铜镜的。

这些毫不起眼的残片被鉴定为当时世界上所存最早的植物纤维纸，也是新中国成立后首次出土的"蔡伦前纸"，人们欣喜地称其为"灞桥纸"，并引起了不小的轰动。1959年，位于北京天安门广场东侧的中国历史博物馆（今中国国家博物馆）刚刚建成，灞桥纸被定为一级文物调到首都参加展览，中外媒体纷纷予以报道。

然而，颇具戏剧性的是，1979年后，一些学者开始对灞桥纸的断代提出怀疑，认为其并不是纸，而是"一团废麻絮"，并由此引发了一

---

① 田野（即程学华）:《陕西省灞桥发现西汉的纸》,《文物参考资料》1957年第7期，第78~81页。

② 潘吉星:《中国造纸技术史稿》,文物出版社，1979年，第165~168页。

波"蔡伦是否发明造纸术"的争论高峰，前后不下几十位作者写了数以百计的文章对此展开辩论。实际上，自20世纪60年代中期至80年代末，国内外已有隶属10家机构的20余位科研人员反复检验了灞桥纸10次之多，都判断其是以大麻为主要原料制成的植物纤维纸。[1] 70年代，我国还对其进行了激光显微光谱分析，并与清乾隆时期的宣纸、1974年《人民日报》所用的52g/m²新闻纸相对比，发现灞桥纸中钙（Ca）和铜（Cu）的相对含量较高，证明早在西汉时，古纸匠人在制作纸浆的过程中就采用了石灰沤麻法，以脱去大麻的胶质，促进纤维的离解。[2] 但这些检测结果仍未能使灞桥纸摆脱争论的旋涡。

就在学术界争论不休的同时，西汉古纸却如雨后春笋一般冒了出来。20世纪70年代，在甘肃居延金关、陕西扶风中颜村和甘肃敦煌马圈湾先后有西汉古纸出土。

1973—1974年，居延考察队来到额济纳河流域居延的汉代烽燧遗址进行挖掘，此处正是40多年前由斯文·赫定、黄文弼等人组成的西北科学考查团发现居延汉简的地点。这次，他们又在肩水金关遗址收获了1万多枚简牍和1000余件文物，其中包括两片古纸。[3] 出土时，两片纸揉成一团，经展开后，其中一片纸约有21 cm×19 cm大小，色泽白净，质薄而匀，一面光滑平整，另一面稍起毛，含微量细麻线头；另一片纸尺寸约11.5 cm×9 cm，呈暗黄色，似粗草纸，有麻筋、线头，状似拆散的麻布片。两片纸上均没有字迹，据显微镜分析，其质

---

① 潘吉星：《灞桥纸不是西汉植物纤维纸吗？》，《自然科学史研究》1989年第8卷第4期，第368~369页。

② 刘仁庆、胡玉熹：《我国古纸的初步研究》，《文物》1976年第5期，第74~79、101~102页。

③ 甘肃居延考察队：《居延汉代遗址的发掘和新出土的简册文物》，《文物》1978年第1期，第1~14页。

图1-3 黄文弼拍摄的居延,经过连续两天的挖掘,黄文弼在此地还采集到5枚汉简

地均属麻纸。就第一张纸伴出的木简纪年来看,最晚到汉宣帝甘露二年(公元前52年);第二张纸的出土地层则不晚于汉哀帝建平元年(公元前6年)。总之,两者都是蔡伦造纸以前的纸。

1978年,陕西扶风县太白公社长命寺大队中颜生产队在配合农田基本建设工程中,发现并清理了一处西汉窖藏,出土了铜器、麻布等90余件文物。其中还发现有揉成团的古纸,展开后,最大的一块约6.8 cm×7.2 cm,其余几块大小不等。这些古纸呈乳黄色,原料为麻类纤维,纸质坚韧耐折,色泽较好,略精于灞桥纸,但仍较为粗糙;用放大镜观察,还有较多纤维束和尚未完全打散的麻绳头。纸上没有字迹,出土时作为填塞物被塞在铜泡内和扁钉周围。据发掘者推测,此处窖藏的年代当在西汉平帝元始五年(5年)之前,而麻纸的制作时间则很可能在汉宣帝时期(公元前73—前49年)。[1]学术界称其为"扶风纸"或"中颜纸"。

----

[1] 罗西章:《陕西扶风中颜村发现西汉窖藏铜器和古纸》,《文物》1979年第9期,第17~20页。

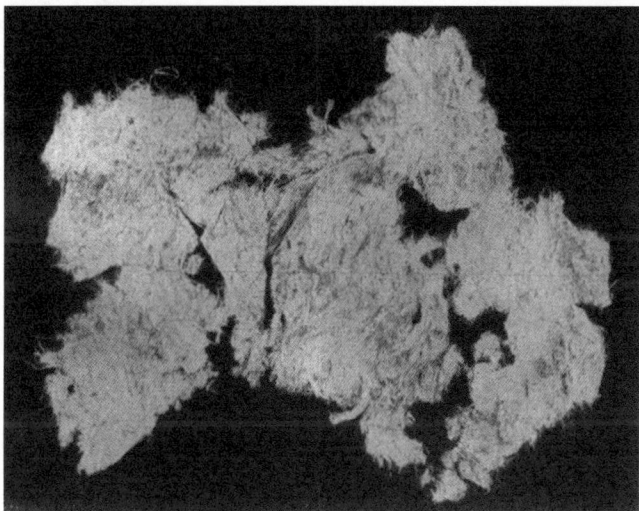

图1-4 居延肩水金关遗址出土的"金关纸"

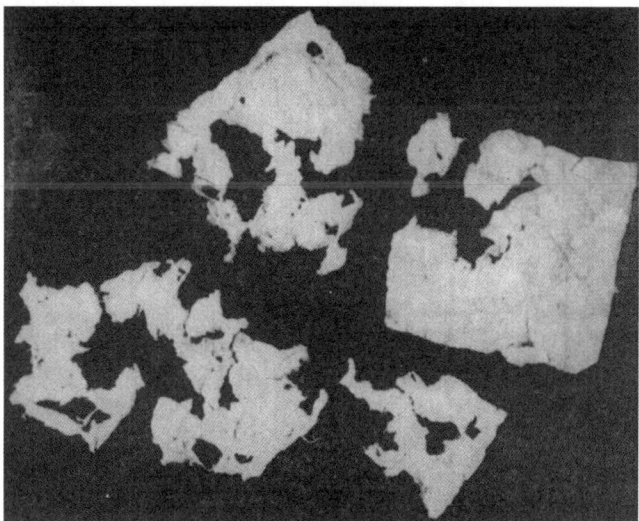

图1-5 陕西扶风中颜村发现的"中颜纸"

紧接着，在1979年，河西走廊的汉代烽燧遗址又有西汉古纸现世，其地点在位于敦煌西北95千米的疏勒河沿台地。20世纪初，英国探险家斯坦因在深入河西走廊调查时遗漏了此处。时隔半个多世纪，当时的甘肃省博物馆与敦煌县文化馆组成"汉代长城调查组"，竟又在D21号遗址，即马圈湾汉代烽燧遗址中，发掘出1200余支木简和200余件文物，此外还出土了8片麻纸。[①]这些纸出土时大多已被揉皱，最大的一张约32 cm×20 cm，呈黄色，纤维分布不甚均匀。其余几片或与畜粪堆积在一起，或埋于烽燧倒塌的废土之中。从同出的木简纪年来看，它们都是西汉时期的古纸，人们称其为"马圈湾纸"。

　　金关纸、中颜纸和马圈湾纸虽然都没有字迹，但与灞桥纸不同的是，这三种纸不是挖土机意外所得，而是田野考古工作者通过科学方法挖掘出土的：金关纸的出土地点清楚，绝大多数均有层位关系，因而断代不成问题。[②]中颜纸出土地层十分明确，其本身又是原封未动的西汉窖藏，断代更没有问题。而"马圈湾烽燧遗址的发掘，是近数十年来，在敦煌首次严格按照科学要求进行的烽燧遗址发掘"[③]。简言之，它们在年代上都不晚于"蔡侯纸"，是较为可信的。

　　进入20世纪80年代后，甘肃省天水市小陇山林业局的职工在放马滩护林站修建房舍时又发现了一片古墓葬群，其中有秦墓13座、汉墓1座，共出土文物400余件。除了竹简、木板地图等物，在汉墓中居然还发现了一幅西汉早期的纸质地图残片。[④]地图被放置于坑内死者

---

① 甘肃省博物馆、敦煌县文化馆：《敦煌马圈湾汉代烽燧遗址发掘简报》，《文物》1981年第10期，第1~7页。
② 徐苹芳：《居延考古发掘的新收获》，《文物》1978年第1期，第26页。
③ 甘肃省博物馆、敦煌县文化馆：《敦煌马圈湾汉代烽燧遗址发掘简报》，《文物》1981年第10期，第7页。
④ 甘肃省文物考古研究所、天水市北道区文化馆：《甘肃天水放马滩战国秦汉墓群的发掘》，《文物》1989年第2期，第1~31页。

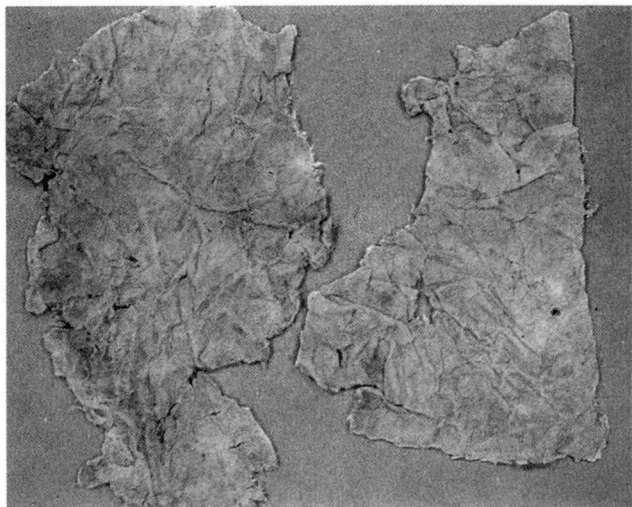

图1-6　敦煌马圈湾汉代烽燧遗址中出土的"马圈湾纸"

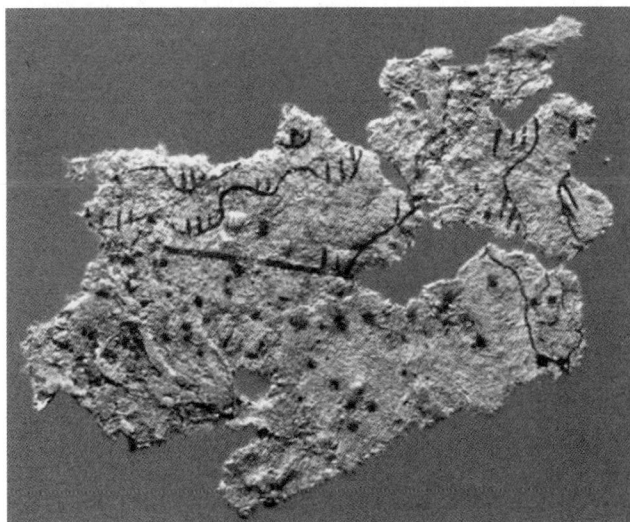

图1-7　甘肃天水放马滩出土的"放马滩纸"，纸上绘有地图

的胸前，纸质软薄，被地下水浸湿后已破裂成多片，刚出土时呈黄色，氧化后褪色为浅灰间黄色，最大的一片约5.6 cm×2.6 cm。虽然还不及一张名片大小，也没有任何文字，但平整光滑的纸面上却用细墨线清晰地勾画出山、川、道路等图形。根据其他随葬品判断，这幅地图残片的年代当在西汉初期文景时代（公元前179—前141年）。如果这张地图残片能被判定为植物纤维纸而非丝质品的话，[①] 那么它不仅比当时被群起而攻之的灞桥纸早了一个世纪，甚至比史书记载的卫太子、赵飞燕的用纸案例还要早。它的出现，或许能够证实我国在西汉初期就已经发明了可供书写、绘画的纸。

20世纪90年代，写有文字的古纸也终于被人们找到了。1990年，在干旱缺水的河西走廊敦煌悬泉置汉代遗址中，又出土了近2万支简牍和大量古纸。[②] 在此之前，各遗址、窖藏、墓葬出土的古纸至多不过四五片，而悬泉置出土的古纸数量则接近500片，令人叹为观止。据发掘简报称，这些古纸中绝大部分都是空白纸，写有文字的不过区区10片，其中西汉武帝至昭帝时期（公元前140—前74年）的地层里出土3片，宣帝至成帝时期（公元前73—前7年）的地层里出土4片，还有2片属东汉初期，1片属西晋，人们统称之为"悬泉置纸"。在没有更新的考古成果的情况下，那3片武帝、昭帝时期的纸张残片，或许就是迄今所见最早写有文字的纸。

---

① 学界对放马滩纸究竟是植物纤维纸或丝质品仍存争议。如王菊华等：《关于对蔡伦发明造纸术质疑的研究——对"放马滩纸地图"残片的再观察》，中国造纸学会第十九届学术年会会议论文，2020年，第404~405页。
② 甘肃省文物考古研究所：《甘肃敦煌汉代悬泉置遗址发掘简报》，《文物》2000年第5期，第4~15页。

图1-8 敦煌悬泉置出土的西汉古纸之一，上书"付子"二字

表1-1 西汉古纸出土情况[①]

出土年份	名称	断代	有无字迹／绘画	备注
1933年	罗布淖尔纸	不晚于成帝时期（公元前7年）	无	已毁于战火
1957年	灞桥纸	不晚于武帝时期（公元前87年）	无	出土时被压在三面铜镜之下
1973—1974年	金关纸	分别不晚于宣帝甘露二年（公元前52年）和哀帝建平元年（公元前6年）	无	

---

① 学界对灞桥纸、放马滩纸是植物纤维纸或丝质品至今仍持不同观点；对各种古纸的断代亦略有不同，本文综合各说，以年代下限为据。

出土年份	名称	断代	有无字迹/绘画	备注
1978年	中颜纸	不晚于平帝时期（5年）	无	出土时作为塞在铜泡内和扁钉周围的填塞物
1979年	马圈湾纸	不晚于王莽时期（23年）	无	
1986年	放马滩纸	约文帝、景帝时期（公元前179—前141年）	绘有墨线地图	放置于死者胸前
1990—1992年	悬泉置纸	分别为武帝至昭帝时期（公元前140—前74年）和宣帝至成帝时期（公元前73—前7年）	4张残片有字迹	其中武帝至昭帝时期的3张残片分别写有隶书墨迹"付子""细辛""薰力"，均为药材名；宣帝至成帝时期的1张残片写有草书墨迹，残存2行8字
1998年	玉门关纸	成帝绥和二年（公元前7年）	1张残片有字迹	写有隶书墨迹，残存4行29字
2001—2006年	蒙古国高勒毛都纸	不晚于成帝永始年间（公元前16—前13年）	无	出土于蒙古国后杭爱省高勒毛都（Gol Mod）地区一处匈奴贵族墓葬

此外，在出土文献中，也找到了有关"纸"字的蛛丝马迹。例如，1975年睡虎地秦简出土的《日书》No.61竹简背面第二栏中，就写有一个"纸"字，原句为："人毋（无）故而发挢若虫及须眉，是是恙气处之，乃煮贲屦以纸，即止矣。"大意是说："如果人的头发和须眉无缘无故地竖立起来了，那是沾染了秽气的缘故。若要驱邪，就要把草

鞋煮成纸，然后就可以将秽气祛除。"《日书》是先秦时期阴阳学家选择吉凶宜日的占卜书，有的学者据此推测，纸可能早在战国后期就已存在。但由于秦简中这一"纸"字字形不甚清晰，学者对"纸"字的转写和解读也持不同见解，故而只被当作孤证，不能急下结论。此外，战国中期的安岗楚简和包山楚简、西汉时期的居延汉简和悬泉置汉简中也都曾出现"纸"字，但根据上下文语境，这些早期的"纸"字似乎指的是某种质量稍次的丝质物，而非后世所理解的植物纤维纸。[1]因此，我们不能简单地把出土文献中"纸"字出现的时间，等同于植物纤维纸被发明的时间。

时至今日，虽然"蔡伦造纸说"和"蔡伦改良说"两派观点仍然存在，但认为"我国在东汉蔡伦前就发明了纸，蔡伦是改良者而非发明者"的观点渐成主流。在我国的历史教科书和公共博物馆中，"蔡伦发明造纸术"也已被修改为"蔡伦改进和推广了造纸术"。实际上，这场跨越近半个世纪的争论无外乎聚焦于两个核心问题：第一个问题是纸的定义，也就是这些出土纸状物是否真的是"纸"；第二个问题是出土纸状物的断代。[2]就第一点来说，学术界目前仍未达成一致；但就第二点而言，以上所列的数种古纸，大部分经过科学的考古发掘，有地层学、类型学等断代依据，且并非孤证，其结论在整体上还是可靠的。因此，从当前出土实物来看，原始植物纤维纸出现的年代就算不能上推至西汉初期，也可以较稳妥地判定为西汉中后期。那时，不仅雏形纸已问世，甚至可能已传播至大汉疆域以外，被匈奴贵族所

---

[1] 郭伟涛、马晓稳：《中国古代造纸术起源新探》，《历史研究》2023年第4期，第157~176页。

[2] 陈彪：《浅论中国造纸术起源争议的两大观点——基于出土纸状物是否为纸及其断代的视角》，《中国造纸》2020年第7期，第86~91页。

使用和珍藏了。[①]

如此一来，这些从黄沙之下、古墓之中出土的"小纸片"，便将我国造纸术的发明时间从"蔡侯纸"问世的公元105年直接向前推进了约200年。

三、混乱与碰撞：悲壮的文化寻根之旅

进入21世纪，一些年轻学者和没有参与过这场"大辩论"的国际学者在反观这段学术史时，面对中国学术界在"造纸术起源"问题上几乎完全对立的两个阵营，往往感到困惑不解。现如今，人们普遍认为，蔡伦纵使没有发明造纸术的首创之功，但他在技术改良和应用推广方面的贡献也是绝对值得肯定的——这诚然是一个比较客观、折中的看法，但为何在20世纪七八十年代，学术界会有一方成为蔡伦的坚定拥趸，而另一方又对此坚决反对呢？

这其实是对当时的社会背景、国人心态和国际纸史研究进程不甚了解的缘故。先让我们看看争论的表象。

20世纪80年代末，轻工部造纸局为了平息争端，专门成立了针对争论双方的"调查组"进行"调查"，并在1987年9月11日举办的"纪念蔡伦发明造纸术1882周年大会"上，向社会公众和新闻界发布了《关于"灞桥纸"的调查报告》[②]，以期结束学术争端。这份报告认为，

---

① Guilhem André et al. (2010). "L'un des plus anciens papiers du monde exhumé récemment en Mongolie—découverte, analyses physico-chimiques et contexte scientifique". *Arts Asiatiques*. Vol. 65, pp. 27-42.

② 中国造纸协会纸史委员会调查组：《关于"灞桥纸"的调查报告》，第1~10页（1987年9月11日北京纪念蔡伦发明造纸术1882周年大会正式文件），转引自潘吉星：《灞桥纸不是西汉植物纤维纸吗？》，《自然科学史研究》1989年第8卷第4期，第369页。

灞桥纸以讹传讹地宣扬开来，轰动了国内外，导致了人们认识上的混乱，造成了极为"恶劣"的影响：

1.蔡伦发明造纸术、植物纤维纸创始于东汉的历史定论相继遭到篡改。全国中小学统编《中国历史》课本、大学历史教材、许多工具书以及其他的书刊里都塞进了"灞桥西汉纸"。

2.蔡伦由造纸发明家被贬成造纸改良者……国内外有些博物馆里的蔡伦画像被拿掉了。……例如，日本造纸博物馆中根本不提蔡伦发明造纸术及造纸术由中国传到日本的历史事实。

3.有的人竟把中国古代的"四大发明"改成了"三大发明"，不提造纸术发明了。

4.印度竟然有人乘机提出所谓"印度早在公元前三世纪就发明了造纸"等等……

最后，报告痛心疾首地呼吁："如此谬论流传，使中华民族的历史荣誉受到严重的歪曲和损害，怎不令人痛心！"因此，国家有关主管部门要求"尽速予以澄清，拨乱反正"。

这一调查结果在"纪念蔡伦发明造纸术1882周年大会"召开的第二天，就在《人民日报》《光明日报》等主流报纸的头版或显要版面予以公布。①事情发展至此，有关"造纸术起源"的争议，显然脱离了正常的学术探讨范畴。持"蔡伦发明说"的学者认为，由于蔡伦的宦官

---

① 纪纲：《中国造纸学会在京举行纪念蔡伦发明造纸术1882年周年大会——在公布的"灞桥纸"调查报告中指出：所谓"灞桥纸"根本不是纸，只是一些废麻絮》，《中国造纸》1987年第6期，第62~63页。

身份，反对者就以"唯出身论"的观点将其一竿子打倒。那些否定历史记载、否定蔡伦功绩，让蔡伦"英灵遭厄"的人，抛弃了国内人所共知的"中国古代四大发明"的一贯提法，改用外国人的"三大发明"论点，实际上已走入历史虚无主义与民族虚无主义的歧途！当时，甚至有人向时任中共中央书记处书记胡乔木联名致信，控诉持"蔡伦改良说"的学者"误国误民"，"怀着不良的个人动机"，是"'左'的流毒"①。在这样的背景下，"造纸术起源"问题，彻底从一个纯粹的学术问题，演变为是否爱国、是否维护国家尊严的立场问题。

这场在今天看来颇有些啼笑皆非的学术混乱，如果放到整个学术史中观察，其实是不难理解的，因为迟至20世纪以前，西方学者根本不相信造纸术源自中国。自中世纪以来，欧洲人一直认为以破布造纸的方法是由德国人和意大利人在13世纪发明的。②虽然我国有关蔡伦造纸的史料记载早在17—18世纪就由耶稣会教士传到了欧洲，但一直不被西方人承认。甚至到了19世纪中叶，在中国旅居甚久的著名汉学家、传教士艾约瑟（Joseph Edkins，1823—1905年）还说："为什么我们不说纸、墨是由西方传到中国去的呢？这两种对文明的贡献，中国人在欧洲使用了几百年以后才知道。只是中国人以其技术知识立即仿造，无需再自国外输入而已。"他还引用晋代嵇含《南方草木状》中"大秦献（蜜香纸）三万幅"③的记载，证明"纸大概是丝业贸易的交换

---

① 段纪纲等：《十几位教师干部致中央书记处胡乔木同志的信》（1986年6月24日），《纸史研究》1986年第2期，第1~2页。宗实：《拨乱反正与行政干预分析》，《纸史研究》1987年第3期，第45~46页。宗实：《伦功难泯维国尊》，《纸史研究》1986年第2期，第11~13页。

② A. F. Rudolf Hoernle.(1903)."Who was the Inventor of Rag-paper?". *Journal of Royal Asiatic Society*, p. 663.

③〔晋〕嵇含：《南方草木状》卷中，宋百川学海本。此书相传是晋人嵇含（263—306年）所作，但成书年代仍存疑。

品，由海路经广州传入中国"①。特别是1877—1878年，西方考古学家在埃及发现了大批9—13世纪由破布制成的纸（即格尼扎文书），因此，西方人认为撒马尔罕的阿拉伯人才是以破布制纸的发明者，②这也是长久以来"造纸术起源"问题亟需自证的紧迫外因。

因此，当20世纪七八十年代，中国刚刚历经动荡坎坷，重新打开国门，面对纷繁复杂的国际形势时，那种迫切需要寻找文化根基，树立民族自信的紧张心态，也就不言而喻了。这种复杂的情感，实际上与半个世纪前中国学者在西方列强攻入国门、华夏文明饱受歧视的时代背景下所面临的处境仍有某些一脉相承之处。

1927年5月8日，中瑞西北科学考查团临行的前一天，黄文弼在日记中直言不讳地写下了中方团员此行背负的职责："故余等职务，一者为监督外人，一者为考察科学。"③这是黄文弼第一次与斯文·赫定合作科考。据斯文·赫定晚年所撰的回忆录说："在我们的全部合作期内，总有着一种最完美的和谐。"④但实际情况大相径庭。在经历了近百年割地赔款、丧权辱国的屈辱历史之后，中国知识分子在民族和文化双双濒于沦丧之际，内心中充满着刺痛和屈辱。1987年，已83岁高龄、参加过此次科考的气象学家李宪之（1904—2001年）先生回忆这段经历时说：

---

① Joseph Edkins. (1867). "On the Origin of Paper Making in China". *Notes and Queries on China and Japan*, Ⅰ, no. 6, p. 68.

② 钱存训：《纸的西源说》，《书于竹帛——中国古代的文字记录》，上海书店出版社，2006年，第104~106页。

③ 黄文弼著，黄烈整理：《黄文弼蒙新考察日记（1927—1930）》，文物出版社，1990年，第1页。

④ 〔瑞典〕斯文·赫定著，徐十周译：《中国西北科学考察团诞生经过》，王忱主编：《高尚者的墓志铭》，中国文联出版社，2005年，第605页。

图1-9　1927年5月，西北科学考查团在北平西直门车站出发时的摄影。右数第四位为黄文弼，第十位为斯文·赫定

　　这三年当中，我可以用四个字总结，对我自己来说，就是：刺激、奋斗！……当时外国人看不起中国人，德国人赫德说："……中国人不会别的，就会喝茶、喝茶、喝茶，整天喝茶！"我听到后，非常受刺激。我觉得中国人受到了侮辱，我也受到了侮辱。……他们对中国人看不起，非常的看不起。①

　　其实，在科考期间，中外双方一开始就摩擦不断。今日我们再读

① 李曾中：《浑身尽是"科学魂"——记我的父亲李宪之》，载于中国地球物理学会"西北科学考查团"研究会"八十周年大庆纪念册"编委会编：《"中国西北科学考查团"八十周年大庆纪念册》，气象出版社，2011年，第182~185页。

黄文弼先生的日记，不难发现他时刻充满着一种饱满的爱国主义紧张感，似乎随时都可以跳起来为捍卫祖国尊严而"战斗"。即使是在分配工作地点这类小事上，双方似乎也在暗中较劲。比如在内蒙古时，凡是黄文弼提出要前往的区域，斯文·赫定要么不批，要么就让瑞方考古学家福尔克·贝格曼（Folke Bergman，1902—1946年）去。黄文弼认为，这是斯文·赫定暗藏私心，把最易发现成果的区域留给瑞典人，只给中方学者安排发现机会少的区域。因此，他暗下决心，一定要与外国人一较高低。[1] 之后，黄文弼又勘破了斯文·赫定隐瞒德国汉莎航空公司出资、打着科考的幌子意欲开辟从柏林到北平航线的密谋。彼时中国正处于军阀混战的紧要关头，一旦开放航线，帝国主义就会凭借对军阀的军火支持加剧对中国内政的干涉，这是无论如何也要抵制的。黄文弼在日记中沉痛地分析道：

> 内蒙、甘、新均与苏联毗连。新疆西南濒接英国属地，设东亚战争复起，西北一带皆为战场。……现外国人拟在居延海仔细调查绘图。其用心如何，不可不知！……此次测候、气象、绘画地图，有新疆北部至南部，其用意颇为深远。余意凡关于军事要枢，均当禁止。[2]

这种与屈辱感相伴而生的"警惕"与"不服"，不独是此次西北科学考查团中方团员的特有心态，而是清末以来数代中国学子的心理群

---

① 李寻：《黄文弼的多重意义》，载于朱玉麟、王新春编：《黄文弼研究论集》，科学出版社，2013年，第87~106页。

② 黄文弼著，黄烈整理：《黄文弼蒙新考察日记（1927—1930）》，文物出版社，1990年，第33~34页。

像。在内忧外患的处境下，中国有大批珍贵文物被西方探险家、考古学家打着各种旗号巧取豪夺，运至境外。以至于"现在中外学者谈汉学，不是说巴黎如何，就是说东京如何，没有提中国的"[①]。中瑞西北科学考查团中方团长徐炳昶（1888—1976年）更是在日记中动情地写道："然吾家旧物，不能自家保存整理，竟让外人随便地攫取！譬如一树，枝叶剥尽，老干虽未死，亦凄郁而无色；对此惨象，亦安能不令人愤悒也！"[②]

我们只有了解了这段披荆斩棘、忍泣滴血的学术过往之后，才能理解这一个世纪以来中国知识分子在文化主权觉醒之路上走过的艰难历程。1933年，黄文弼再次进入新疆，发现罗布淖尔纸，并进一步提出"西汉时已有纸可书矣。今余又得实物上之证明，是西汉有纸，毫无可疑"[③]时，当有着怎样的自豪与欣喜！

随着主权的独立和经济的腾飞，21世纪的中国早已今非昔比。今天，国际学术界也早已公认，纸这一对整个人类文明具有重要意义的伟大发明是中国先民的智慧结晶。现如今的华夏子孙可以毫无惧色、从容不迫地自立于世界民族之林，这种根植于我们内心深处的强大文化自信，正是那些不知名的古代匠人和一代代前辈学者留给我们的宝贵财富。

① 郑天挺著，冯尔康、郑克晟编：《郑天挺学记》，生活·读书·新知三联书店，1991年，第378页。
② 徐炳昶著，范三畏点校：《西游日记》，甘肃人民出版社，2000年，第79页。
③《中国出版史研究》编辑部：《造纸技术的滥觞与贡献——访自然科学史研究专家潘吉星先生》，《中国出版史研究》2015年第2期，第51页。

第二章
作为书写的载体

自古书契多编以竹简，其用缣帛者谓之为纸。缣贵而简重，并不便于人。

——《后汉书》①

一、灵光乍现：荡于碧水，采诸山林

（韩）信钓于城下，诸母漂，有一母见信饥，饭信，竟漂数十日。信喜，谓漂母曰："吾必有以重报母。"母怒曰："大丈夫不能自食，吾哀王孙而进食，岂望报乎！"②

公元前3世纪末，汤汤荡荡的淮河从淮阴城（今江苏省淮安市）下

---

① 〔南朝宋〕范晔撰，〔唐〕李贤等注：《后汉书》卷七十八《宦者列传第六十八》，中华书局，1965年，第2513~2514页。

② 〔汉〕司马迁撰，〔南朝宋〕裴骃集解，〔唐〕司马贞索隐，〔唐〕张守节正义：《史记》卷九十二《淮阴侯列传第三十二》，中华书局，1982年，第2609~2610页。

奔流而过。饥肠辘辘的少年韩信正手握钓竿，眼巴巴地等着鱼儿上钩。此时，这位日后成为开国大将、汉初三杰的淮阴侯尚是个贫困潦倒、四处乞食的落魄少年。一位好心的漂絮大娘见他可怜，便施舍给他一些饭食。大娘一连漂洗数十日，韩信就一连被接济了数十日。大受感动的韩信对大娘承诺："有朝一日我发达了，必定报答您的恩德！"结果大娘却怒道："你个大丈夫，自己都养不活自己！我是可怜你这年轻人才给你饭吃，难道是图你的报答吗？"此时此刻，谁也未曾料到，这位食不果腹的年轻人十几年后竟能将兵百万、马上封侯。也更不会有人想到，影响世界2000多年的重要发明造纸术，正是启发自这些正史中不著姓名、日日在水中荡涤丝絮的"漂母"们。

今日，我们反观造纸术的使用原料和制作方法，不难发现纸与纺织品有着千丝万缕的联系。造纸过程中有三大不可或缺的基本要素，即水、纤维和帘模。用细密的帘模将捣碎的纤维从水中捞起沥干，再将残留于帘模之上绞结的纤维薄层揭下干燥，就是纸最基本的制作方法。在造纸术发明后的2000多年中，尽管造纸原料日趋多样、造纸工艺日益精湛，但造纸的原理和工序却和最初并无二致。美国著名纸史专家达得·亨特（Dard Hunter，1883—1966年）就曾说："自公元以前，即有人用平行的帘模将糜腐分解的纤维制成纸张，而时至今日仍以此法制纸，其唯一的区别在于帘模构造与纤维处理方法的不同。"[1]

水、纤维和帘模这三大要素，恰好就是漂絮时必不可少的。在河边捶打破旧麻衣、漂洗敝絮旧绵的劳动妇女们极有可能在偶然间发现，残留于竹篾上的纤维薄层，晾干后能够形成一张张质地轻盈、宛如缣

---

① Dard Hunter. (1932). *Old Papermaking in China and Japan*. Ohio: Mountain House Press. p. 48.

帛的薄片——造纸的最初创意，就这样慢慢地产生了。[①]

早在造纸术发明数百年前，中国古人就时常在水中荡涤丝絮和织物了。成书于公元前3世纪的《庄子·逍遥游》记载："宋人有善为不龟手之药者，世世以洴澼絖为事。"[②]大意是说，战国时期，宋国有人善于制作药膏，能够防止手部皲裂，这些人代代都以漂洗丝絮为业。其中"洴澼"就是"漂洗丝絮"之义。[③]而春秋时期伍子胥与史贞女的故事就更加脍炙人口了。据成书于东汉的《越绝书》记载：

> （伍子胥）至溧阳界中，见一女子击絮于濑水之中。子胥曰："岂可得讬食乎？"女子曰："诺。"即发箪饭，清其壶浆而食之。子胥食已而去，谓女子曰："掩尔壶浆，毋令之露。"女子曰："诺。"子胥行五步，还顾女子，自纵于濑水之中而死。[④]

溧阳史氏之女"击絮"的故事发生于公元前522年。3世纪时，韦昭对《史记》所作的注释即说明，"以水击絮为漂"，可见史氏之女正是一位在水边捶洗丝絮的"漂母"。这一年，被楚平王追杀的伍子胥在逃往吴国时，经过濑水之滨，遇到正在"击絮"的史贞女。走投无路之下，伍子胥不得已向这位素不相识的女子乞讨食物，并嘱咐她藏

---

① 陈槃：《由古代漂絮因论造纸》，《"中央研究院"院刊》1954年第1期，第257~265页。

② 〔战国宋〕庄周撰，〔晋〕郭象注：《庄子·南华真经卷第一·庄子内篇逍遥游第一》，《四部丛刊》景明世德堂刊本。

③ 刘忠华、王双苹：《释"洴澼"》，《现代语文（学术综合版）》2015年第2期，第149~150页。

④ 〔汉〕袁康撰，李步嘉校释：《越绝书校释》卷第一《越绝荆平王内传第二》，中华书局，2013年，第18~19页。

好餐具，以免被追兵发觉。谁知伍子胥刚走了没多远，再度回顾史贞女时，发现这位重信守诺、严守秘密的女子竟已跳入濑水，自溺而亡了！东汉赵晔的《吴越春秋》还续载了此事的结尾。待报得父仇、功成名就，再度经过溧阳时，伍子胥不禁仰天长叹道："'吾尝饥于此，乞食于一女子，女子饲我，遂投水而亡。'将欲报以百金，而不知其家。乃投金水中而去。"[①]

伍子胥与史贞女的故事在后世广为传颂。唐玄宗天宝年间，大诗人李白还撰写过一篇《溧阳濑水贞义女碑铭（并序）》[②]，盛赞"手柔荑而不龟，身击漂以自业"的史贞女"声动列国，义形壮士"。直到现在，溧阳市南渡镇木杓兜村还留有清乾隆年间重修的"贞女墓"，足见历代国人对这个贞义至极的"击絮"女子的崇敬之情。

虽然《越绝书》《吴越春秋》均成书于东汉，但我国先民必定在长期的漂絮实践中积攒了大量的经验。这也使得纸在原料采用和制作过程中，与纺织品产生了天然的联系——它们不仅由相同的原料制成（麻纤维或丝纤维），在外观和性能上也颇为相似，二者最大的区别在于纺织品是由纺成线状的纤维体以物理方法织成，而纸则是利用化学作用使已分裂的纤维体凝结成一种均匀的片状物。[③]

就连"纸"这个汉字的字义和字形，也显露出了造纸与漂絮之间的紧密关系。东汉许慎（约58—147年）在编写我国第一部字书《说

---

① 〔汉〕赵晔撰，周生春辑校汇考：《吴越春秋辑校汇考·吴越春秋·阖闾内传第四》，中华书局，2019年，第48页。

② 〔唐〕李白著，〔清〕王琦注：《李太白全集》卷之二十九，中华书局，1977年，第1348~1355页。

③ 钱存训著，郑斯如编订：《中国纸和印刷文化史》，广西师范大学出版社，2004年，第2页。

文解字》时，对纸的解释为"纸，絮一苫也"①。清代大学者段玉裁（1735—1815年）在为《说文解字》作注时，指明"苫"就是"箈"，两字相通，意即"用蒗席在水中击絮"，他还进一步补充了"纸"的制作方法，"造纸昉于漂絮，其初丝絮为之，以荐而成之"。由此可见，这个绞丝旁的"纸"字，其最初的含义原本指的是一种通过在水中击打敝絮而成的丝质品，而不是后世所谓的植物纤维纸。只不过随着植物纤维纸的日渐普及，两者的制作方法又颇为相似，植物纤维纸才渐渐"顶替"了丝质品"纸"这一名词流传至今，而"纸"字原本的含义反而湮没不传了。②

除了"漂絮法"，还有一种更为古老的工艺，很可能也对造纸术有所启发，其与纺织物的关系也更为显而易见。在《史记·货殖列传》中，司马迁列举了"通邑大都"里令人眼花缭乱的各类行当和商品，除了酒、酱、皮革、木器、铜器等，还有"帛絮细布千钧，文采千匹，榻布皮革千石"③。其中的"榻布"就是一种以桑科植物的树皮经捶打、加工制成的无纺布，也就是俗称的"树皮布"（tapa）。

古代先民，尤其是南方诸民族以树皮为衣的记载在历代典籍中不绝如缕。西汉刘向在《说苑》中记载，周代隐士鲍焦因不满朝政，遁入山林，"衣木皮，食木实"④，最后竟抱树而死。范晔在《后汉书·南

---

① 〔汉〕许慎撰，〔宋〕徐铉等校定，陶生魁点校：《说文解字：点校本》，中华书局，2020年，第434页。
② 符奎：《长沙东汉简牍所见"纸""𢂨"的记载及相关问题》，《中国史研究》2019年第2期，第59~68页。马智全：《从絮到纸：以汉简为视角的西汉古纸考察》，《出土文献》2023年第2期，第28~36页。郭伟涛、马晓稳：《中国古代造纸术起源新探》，《历史研究》2023年第4期，第157~176页。
③ 〔汉〕司马迁撰，〔南朝宋〕裴骃集解，〔唐〕司马贞索隐，〔唐〕张守节正义：《史记》卷一百二十九《货殖列传第六十九》，中华书局，1982年，第3274页。
④ 见《后汉书》李贤注所引《说苑》佚文。〔南朝宋〕范晔撰，〔唐〕李贤等注：《后汉书》卷五十二《崔骃列传第四十二》，中华书局，1965年，第1712页。

蛮西南夷列传》中也说，早在传说时代，南蛮先民就"织绩木皮，染以草实"①。三国时，吴人陆玑的描述就更为翔实了，他说："榖，幽州人谓之榖桑，或曰楮桑……今江南人绩其皮以为布，又捣以为纸，谓之榖皮纸，长数丈，洁白光辉，其里甚好。"②直接指明榖树树皮既可以织布，又可以造纸。到了元朝马可·波罗来访中国时，仍见到居民"用某种树皮织布，甚丽，夏季衣之"③。这种制作和使用树皮布的习俗，在我国的黎族、苗族、傣族、哈尼族、基诺族、独龙族、彝族、布朗族中都曾发现，其制作技艺甚至还经中南半岛席卷东南亚岛屿，从海路上跨过太平洋岛屿进入中美洲，堪称流播广远。直到近现代，我国的云南、海南、广东、广西、福建、台湾等地，还保存着一些古法制作的树皮布制品。

各典籍中所谓的树皮布名目众多，纷繁歧异，有"榻布""苔布""都布""叠布""楮皮布""榖皮布"等许多名称，但经语言学家研究，"都""楮""榖"与构树的"构"声韵完全相同，而"榻""苔""叠"则语音相近，这些词汇的上古语音其实是相同或相近的，都用来表示拍打、粗厚之义。④

更重要的是，制作树皮布与造纸过程中的几大重要工序几乎完全相同。制作树皮布时，首先要将树木的茎皮剥离，再用石灰水沤泡煮沸，促使其发酵脱胶，然后拍打敲击，使植物纤维松动软化，最后漂

---

① 〔南朝宋〕范晔撰，〔唐〕李贤等注：《后汉书》卷八十六《南蛮西南夷列传第七十六》，中华书局，1965年，第2829页。
② 〔三国吴〕陆玑：《毛诗草木鸟兽虫鱼疏》卷上，明唐宋丛书本。
③ 〔意〕马可波罗口述，〔法〕沙海昂注，冯承钧译：《马可波罗行纪》第一二九章《叙州》，商务印书馆，2017年，第285页。据考证，马可·波罗所见树皮布的城市为风古勒（Fungulo），或指叙州，今四川省宜宾一带。
④ 冯青：《"榻布"（Tapa）的文化考察》，《海南广播电视大学学报》2019年第1期，第32~36页。

澼搓洗、滤除杂质，待晾晒脱水后，一张树皮布就制作完成了。这与后世树皮纸的制作流程几无二致，两者在剥皮、沤煮、脱胶、洗涤等基本步骤上的操作和原理，均有异曲同工之妙。二者的区别，无非在于树皮布是将植物纤维浸润后长时间拍打，依靠机械方法使韧皮纤维交错在一起；而造纸则是利用水的力量，使捣碎的植物短纤维交错在一起而已。也正因为此，一些纸史研究者和民族学学者便将中国南方乃至整个环太平洋地区广泛存在的树皮布文化，视为东汉蔡伦采用树皮造纸的技术前身之一。[①]

荡于碧水，采诸山林。到了2世纪初，那些在滔滔江河边漂洗敝絮的妇女和拍打树皮、裁制成衣的先民，已经在中华大地上劳作了至少数个世纪之久。而在蔡伦的家乡湖南耒阳，不仅桑科树木随处可见，而且浸解旧麻残丝以制成"絮纸"的方法也早已为人所知。这些生活中久已存在的工艺方法，很可能为"蔡侯纸"的出现提供了灵感——一个重要的突破，正在酝酿当中。

二、需求与创新：划时代的伟大创造

元兴元年（105年）十二月，东汉的第四位天子刘肇在洛阳寒冷的章德前殿宾天。这位年仅27岁的皇帝生前曾北击匈奴、荡平西域，使东汉国力臻于极盛，一度开创了"永元之隆"的盛世景象，却在身故后留下了刚刚出生百余日的幼子和年仅25岁的皇后独掌朝局。就在汉

[①] 一些学者认为树皮布文化，即中国的榻布（tapa）和稼布（kaba），是环太平洋地区的古文化特质之一，且与中国发展造纸术有直接关系。见凌曼立：《台湾与环太平洋的树皮布文化》，《树皮布印文陶与造纸印刷术发明》，（台湾）"中央研究院"民族学研究所，1963年，第211~249页。但亦有学者反对此观点。

和帝刘肇驾崩当夜，皇后邓绥（81—121年）在一片哀戚声中，抱着还在襁褓中呱呱而泣的刘隆登上帝位。[1]这位时值妙龄的邓皇后，自此便以皇太后的身份，临朝称制长达16年。

在东汉短短100多年的历史中，前后竟有多达六位太后临朝，她们大多并不具备执政才能，因而不得不委任父兄或宦官执掌朝政，造成东汉外戚、宦官专权，尾大不掉的局面。唯有皇太后邓绥，不仅能亲理政务，而且整体上政治清明，其统御之术是东汉后期的安、顺、桓、灵诸帝远不能及的。

身为东汉开国元勋、太傅邓禹的孙女，邓绥不仅"姿颜姝丽"，且自幼饱读诗书，志在典籍，《后汉书·皇后纪》说她"六岁能史书，十二通《诗》《论语》。诸兄每读经传，辄下意难问"[2]。她的母亲阴氏嗔怪她："你不学习女红缝纫，天天读书务学，难道还要当博士不成？"邓绥便在白天遵照母亲的训导练习女红，晚上照旧吟诵经典。家人因此给她取了个绰号，唤作"诸生"。

永元十四年（102年），和帝的原配阴皇后因行巫蛊之术被废，22岁的邓贵人被立为皇后。这位继后深受儒家礼教影响，一方面崇简抑奢，另一方面大兴文教。据《东观汉记》记载："和熹邓后即位，万国贡献悉禁绝，惟岁时供纸墨而已。"[3]约300年后，范晔在撰写《后汉书》时，依然沿用了这一说法。晋代袁宏的《后汉纪》还把邓皇后与阴皇

---

① 刘隆是中国古代封建王朝年龄最小的皇帝，登基后仅8个月就病死于襁褓之中，谥号汉殇帝。之后，邓太后又迎立清河孝王之子、时年13岁的刘祜为帝，即汉安帝。

② 〔南朝宋〕范晔撰，〔唐〕李贤等注：《后汉书》卷十上《皇后纪第十上·和熹邓皇后》，中华书局，1965年，第418页。

③ 〔汉〕刘珍等撰，吴树平校注：《东观汉记校注》卷六，中华书局，2008年，第204页。

后拿来做对比，说"初，阴后时诸家四时贡献，以奢侈相高，器物皆饰以金银。（邓）后不好玩弄，珠玉之物，不过于目。诸家岁时裁供纸墨，通殷勤而已"①。直接把和帝的原配阴皇后映衬成了不学无术、穷奢极欲的代名词。

此时，年约不惑的蔡伦（？—121年）已在宫中侍奉了20余年，官至中常侍。史书评价蔡伦"有才学""尽心敦慎"，在政务中不仅能够"豫参帷幄"，还敢于匡弼得失，直言进谏，可见是帝后身边的心腹之人。永元年间（89—105年），蔡伦加位尚方令，成为少府属官，负责制造兵器及宫内器用。对于器物的制造，蔡伦有着一种倾注全力的钻研精神，《东观汉记》说他"每至休沐，辄闭门绝宾客，曝体田野"②，亲力亲为地反复实验，不断摸索。他制作的器物在当时就获得了极高的评价，永元九年（97年），蔡伦"监作秘剑及诸器械，莫不精工坚密，为后世法"，可见达到了当时的最高水平。

冥冥之中，历史让厉行节俭、喜爱纸墨的邓皇后与专掌监造、竭心尽力的蔡伦组合到了一起。元兴元年（105年），即邓绥登上后位的第3年，一项具有划时代意义的"创造"问世了：

> 缣贵而简重，并不便于人。（蔡）伦乃造意，用树肤、麻头及
> 敝布、鱼网以为纸。元兴元年奏上之，帝善其能，自是莫不从用
> 焉，故天下咸称"蔡侯纸"。③

---

① 〔晋〕袁宏撰，张烈点校：《后汉纪·孝和皇帝纪下卷第十四》，中华书局，2002年，第285页。
② 〔汉〕刘珍等撰，吴树平校注：《东观汉记校注》卷十八，中华书局，2008年，第816页。
③ 〔南朝宋〕范晔撰，〔唐〕李贤等注：《后汉书》卷七十八《宦者列传第六十八》，中华书局，1965年，第2513~2514页。

这段记载出自正史《后汉书》，而105年也因此成为以往传统上认为造纸术的发明之年。按照书中的说法，由于缣帛昂贵、简牍笨重，两者既不方便使用，又不符合时下崇简抑奢的风气，于是蔡伦利用树皮、麻头、破布和渔网造出了纸。这种物美价廉的纸张进献给汉和帝后，立刻获得高度评价，自此纸也被广泛使用，世人都称之为"蔡侯纸"。

《后汉书》虽历来被誉为信史，但其作者范晔却生活在5世纪，比蔡伦生活的年代晚了300多年，仅凭他的记述，很难让后世学者信服。而年代更早的《东观汉记》不仅在创作之初就未能完稿，且成文的部分也久已亡佚。所幸，这部史书的吉光片羽被收入后世类书当中，得以保存至今，[①]其中关于蔡伦造纸的记载，几乎与《后汉书》一致，可见《东观汉记》正是范晔修史时所采用的史料之一。

《东观汉记》的佚文虽然甚为简略，但据唐代刘知几的《史通·古今正史》所言，《东观汉记·蔡伦传》是汉桓帝时期（146—168年）崔寔、曹寿、延笃等人所作。这就意味着，《东观汉记》中有关蔡伦的传记在蔡伦进献"蔡侯纸"之后仅仅四五十年的时间里就编纂成篇了，可以说是蔡伦同时代的记述，从史源上来讲是可信的。

然而，正如第一章所述，20世纪以来的考古发掘表明，似乎早在蔡伦以前就已有植物纤维纸存在，那么，我们该如何看待史书中关于"蔡侯纸"的记载呢？

综合《东观汉记》《后汉书》两部传世史料，蔡伦采用树皮、麻头、

---

① 各本异同，见〔汉〕刘珍等撰，吴树平校注：《东观汉记校注》卷十八，中华书局，2008年，第817页。有学者研究，《东观汉记》中关于蔡伦造纸之事，是清乾隆修《四库全书》时从《永乐大典》中辑出。见张德钧：《关于"造纸在我国的发展和起源"的问题》，《科学通报》1955年第10期，第85~88页。

破布和渔网为原料，其创造性贡献是无比巨大的。首先，蔡伦显著地扩大了新原料的使用范围。尽管在蔡伦以前，西汉匠人早已有了利用残丝旧麻制成"絮纸"的观念和实践（如传世文献中赵氏姐妹所用之"赫蹏"当即"絮纸"），[①]但丝、麻等纤维原本是用于纺织的，并非特用于造纸，其所能利用来造纸的原料，只不过是在漂洗过程中残留下来的极小一部分，这导致造纸在原料供应上几近无源之水，无本之木。蔡伦创造性地开发了树皮这种不断再生的新原料，又将破布、渔网等麻类制成品加以废物利用，使造纸原料变得廉价、易得，为日后纸张全面替代缣帛和简牍，成为通用的书写材料提供了最根本的优势。

再者，新原料的采用，也必然意味着新技术的应用。我国史书素来倾向于将具体的工艺方法视为"雕虫小技"，对科学发明略而不谈。实际上，通过观察出土的西汉古纸，可以发现这些"蔡伦前纸"大多质地粗糙，纤维分布不均，无帘纹，表明其在技术上采用的是"浇纸法"，这正是百余年来古人制作"絮纸"的惯用方法。源于漂絮的"浇纸法"固然为"蔡侯纸"提供了极大的启发，但要把树皮、麻布改造为植物纤维纸，其中必然涉及一整套工艺，除"捣""锉"等基础操作外，纸浆在制作过程中还包含蒸煮泡烂、石灰沤麻等必不可少的环节，更为先进、产量更高的"抄纸法"想必也在这一过程中得以应用。这一系列工艺瓶颈的突破正是《后汉书》中所说"伦乃造意"的重要部分。

最为重要的是，有了蔡伦的改造，造纸业才从纺织业中独立出来，开始成长为一个独立的行业，有了自身独有的制造目的和使用需求。没有书写需求的"漂母"和剥树皮制衣的劳动人民，纵使偶然发现了

---

① 马智全：《从絮到纸：以汉简为视角的西汉古纸考察》，《出土文献》2023年第2期，第28~36页。

漂絮成纸、拓树成衣的方法，也不会想要改进技艺、扩大生产。而深知统治阶层的使用需求、努力寻找廉价原料的蔡伦，最终成为造纸业的"祖师爷"。时至今日，每到农历三月十七，位于湖南耒阳蔡伦家乡的"蔡侯祠"仍旧香烟袅袅，游人如织。

至于"蔡侯纸"在进呈之后是否被实际使用过，答案很可能是肯定的。汉安帝元初四年（117年），"帝以经传之文多不正定，乃选通儒谒者刘珍及博士良史诣东观，各雠校（汉）家法，令（蔡）伦监典其事"①。参与此次校对工程的刘珍（？—126年）就是《东观汉记》的纂修者之一。此时，汉和帝已然英年早逝，邓太后代替安帝执掌朝政，令蔡伦、刘珍赴东观校书的诏命显然也是出自邓太后的授意。虽然我们无法断言"蔡侯纸"是否实际应用于此次皇家藏书的书写、校勘工程，但以邓太后为首的统治阶层显然在浓厚的文化氛围中催生了"蔡侯纸"的诞生与应用。

元初元年（114年），邓太后封蔡伦为龙亭侯，食邑三百户。永宁二年（121年），执政16年的邓太后在卧榻之上咳血病亡。27岁的汉安帝甫一亲政，便将蔡伦早年参与宫廷内斗的旧案翻了出来，敕令其自行前往廷尉受审。就在邓太后驾崩当年，年逾五十的蔡伦不堪羞辱，于沐浴更衣后饮药自尽，追随邓太后一同西去——"千里马"蔡伦与"伯乐"邓太后在宫中相伴了20余年的时光，为人类科技史留下了浓墨重彩的一笔。自此之后，造纸术便一直延续着蔡伦的技术路径，在不断寻求廉价、易得的原料上演进。一种自上而下的驱动力不断鞭策着纸这种既古老又新奇的事物，向更加适于书写的方向发展。

---

① 〔南朝宋〕范晔撰，〔唐〕李贤等注：《后汉书》卷七十八《宦者列传第六十八》，中华书局，1965年，第2513~2514页。

三、替代品：从包装、绘画到书写

我们知道，在3—5世纪纸作为书写载体逐渐流行之前，中国古人普遍通用的书写材料是竹木简，也就是把竹子或木头削成薄片，用笔墨书写文字后，再按顺序编连起来，形成"典册"——这是纸张出现之前书籍、档案的基本形态。其他书写材料，如甲骨、石、砖、金属等，要么原材料难以轻易获取，要么体积庞大、质量沉重、不易移动，所以纵然有记录甲骨文、金文和石刻文字的材料出现，但也大多限于特定目的、特定场合，并非人们记录文字的通用载体。

缣帛和皮革可以在一定程度上弥补金石、甲骨的不足，相对而言，它们质地轻薄，幅面宽阔，不仅可以记录文字和图像，还能够折叠收纳，随身携带；但丝织品和皮革的缺点也是显而易见的，相较于随处可见的竹子和木头，缣帛和皮革在当时无疑是专属于权贵阶层的"奢侈品"，只有像马王堆三号墓墓主那样的贵族阶层才能够享受阅读"帛书"的特权，更何况，丝、革是纺织业的重要材料，且一旦染上墨迹便难以改动或去除，在生产力并不发达的年代，以丝、革作为纺织品而非书写材料显然是更为理性的选择。

正如前文所说，纸无论在原料使用还是制作方法上都与丝织品有着密切关联，可以说，自其发明伊始，纸就是作为缣帛的廉价替代品而出现的。也正是出于这一原因，蔡伦才在邓太后崇俭抑奢的政策号召下扩大了原料选材，改良了造纸方法，使其得以标准化量产。不难想见，蔡伦与邓太后的目的，正是希望以廉价的纸张替代昂贵的缣帛，降低"帛书"的制作成本。

从纸张的最初功用来看，我们也能够窥探出纸张在包装、绘画和书写各个领域逐渐替代缣帛的发展路径。在西汉时期出土的9种"蔡伦前纸"中，[①] 有3种值得留意：灞桥纸出土时被压在三面铜镜之下，很可能像布帛一样是用于包裹铜镜的；中颜纸也出土于铜器周围，大体用于填塞铜器之间的缝隙；最有趣的是悬泉置纸，悬泉置遗址出土的纸张残片有500多片，其中绝大多数是无字纸，即使少数有字的纸，上面也仅有寥寥数语，让人实在感到困惑不解，为何在一座远离中原腹地两千余里的边境驿站中需要囤积如此多空白纸张？这些纸又是用来做什么的呢？

细看西汉时期出土的3片写有文字的悬泉置纸，纸上的文字内容和书写位置非常有趣。3片纸中，第1片隶书"付子"，第2片隶书"细辛"，第3片则隶书"薰力"，每片纸都只写着两个字，且全部是药材的名称。[②] 更有意思的是，这些字迹全部都斜写于纸张的右下侧，虽然历经2000多年，但仍能看出纸上曾经的折痕。任何一个用纸包裹过中药的人恐怕都不难理解，药材被几经折叠的纸张包裹完毕后，其右下角写有字迹的位置，恰好就被翻折到了包裹表面可以一望即知的地方。人们不禁恍然大悟——这不是与《汉书》中赵氏姐妹下毒的小药包一模一样嘛！可见早期纸张在相当长的时间内主要被用作包裹物，而不是书写材料。

在传世史料中也能找到纸张用于包装的证据。唐代杜佑在编撰《通典·礼典》时引用了东汉郑众的《百官六礼辞》。在谈及婚礼仪式

---

① 即罗布淖尔纸、灞桥纸、金关纸、中颜纸、马圈湾纸、放马滩纸、悬泉置纸、玉门关纸及蒙古国高勒毛都纸，然学界对灞桥纸和放马滩纸是否为植物纤维纸仍存争议。此外，还有一种南越王墓纸（又称象岗纸），曾一度被误判为植物纤维纸，后被认定为麻絮麻布在墓中水分和外力长期作用下形成的纸状物。

② 〔日〕猪饲祥夫：《甘肃省敦煌の悬泉置遗址から出土した汉代の纸と药名》，《汉方の临床》2001年第48卷第6号，第95~100页。

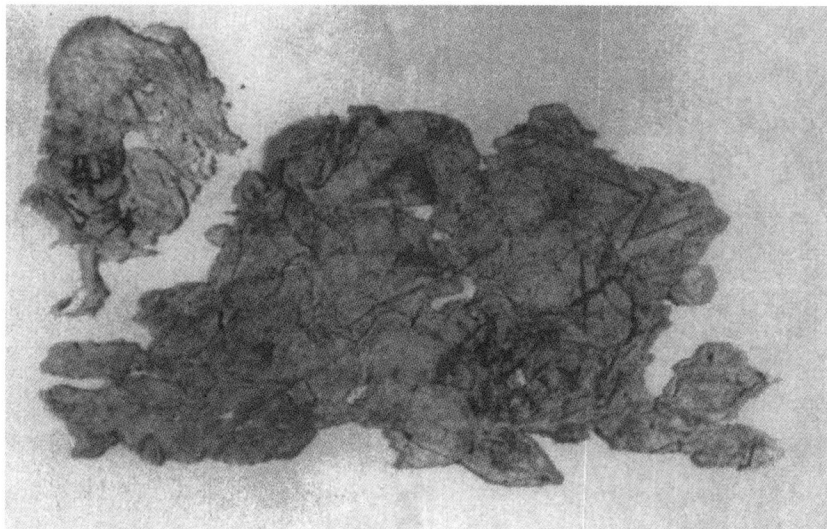

图2-1　敦煌悬泉置出土的2片西汉古纸，左侧的写有"细辛"，右侧的写有"薰力"

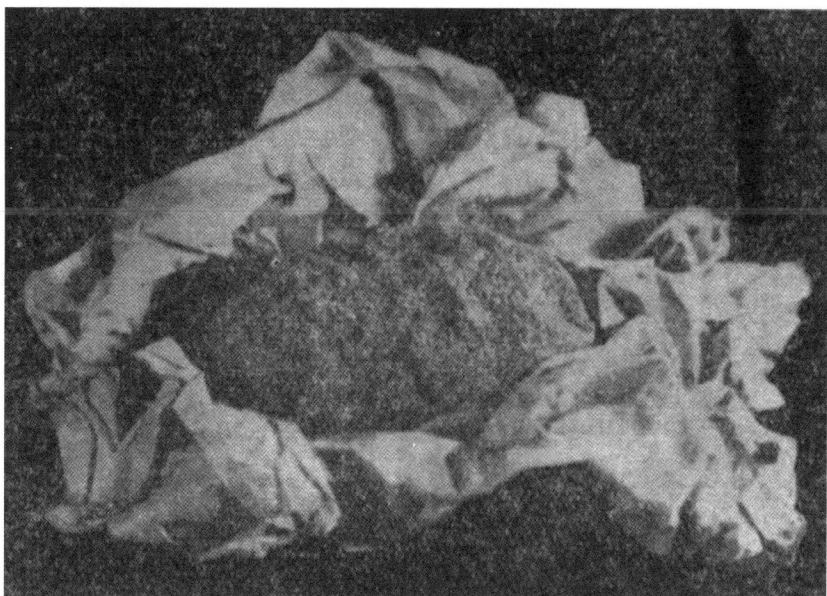

图2-2　新疆阿斯塔那唐墓（64TAM30:9）出土的中药"葳蕤丸"，外用白麻纸包裹，纸上还留有指甲痕

的繁缛程序时，郑众这样记载：

> 六礼文皆封之，先以纸封表，又加以皂囊，著篋中，又以皂衣篋表讫，以大囊表之，题检文言：谒篋某君门下。[①]

其大意是说：像六礼文这样贵重的东西，是需要层层加封的。首先要以纸作为外包装，将六礼文封裹好，再放入用绢帛制成的囊中，最后置于篋里。同样，篋也要用绢帛包裹起来，再放到更大的囊中，题写上"谒篋某君门下"的字样。

郑众是和蔡伦同时代的人，两人同为宦官，且都很受汉和帝、邓太后的赏识。在郑众的记述中，纸与帛、囊并列出现，可见并非指那种与缣帛类似的"缣纸"，而是经过蔡伦"造意"的新纸。也就是说，即使到了蔡伦的时代，纸张仍然保留着包裹的功用。

那么，"蔡侯纸"诞生之后，很快就替代缣帛、进入书写材料的普遍应用阶段了吗？实际情况可能并非如此。从传世史料和出土文物综合来看，终西汉、东汉400余年，皇室藏书绝大部分仍书写于竹木简和缣帛之上。据《后汉书》记载，待到汉末群雄竞起，董卓（？—192年）火烧洛阳、迁都长安时，"自辟雍、东观、兰台、石室、宣明、鸿都诸藏典策文章，竞共剖散，其缣帛图书，大则连为帷盖，小乃制为滕囊。及王允所收而西者，载七十余乘，道路艰远，复弃其半矣"[②]。可见到了王朝倾颓、天下扰攘之际，那些皇室所藏的皇皇巨著仍主要以

---

① 〔唐〕杜佑撰，王文锦等点校：《通典》卷第五十八，中华书局，1988年，第1649页。
② 〔南朝宋〕范晔撰，〔唐〕李贤等注：《后汉书》卷七十九上《儒林列传第六十九上》，中华书局，1965年，第2548页。

竹简、缣帛为书写材料：凡写在竹简上的，全部被剖散遗弃；写在缣帛上的，也被裁改成帷盖滕囊；少数保存完整、随驾迁都的，仅运了70多辆车而已，实乃继秦始皇焚书坑儒之后的又一大"书厄"。

虽然同为书写材料，竹木简与缣帛却各有侧重。据东汉应劭（约153—196年）的《风俗通义》记载："（刘向）为孝成皇帝典校书籍，二十余年，皆先书竹，改易刊定，可缮写者，以上素也。"[1] 应劭是东汉末年桓、灵时期的学者，其所论一方面说明汉末洛阳东观中的皇家藏书仍以竹、素为主；另一方面也指明，西汉在校勘书籍时，一般都要先书写在竹简之上，待校改厘定、形成定本之后，再将最终文本誊写于缣帛之上，即"可缮写者，以上素也"。换句话说，由于竹木价格低廉，材料易得，因而在撰写、传抄书籍时，一般首选使用竹简或木简，类似于今日的"平装本"；而缣帛制作工艺繁复，价格昂贵，只有上层阶级在缮写定本时才会选用，以显示典籍本身的珍贵和收藏者的奢靡，这就像是今天的"精装本"或"典藏本"，其无论在版本校勘还是装帧用料上，都可谓优中选优。

20世纪以来考古出土的帛书，多少也能印证缣帛大多用于缮写书籍定本的猜测。我国古人很可能自商、周时起，就在缣帛上书写文字了，但由于丝织品轻薄易朽，保存不易，现已发现的帛书实物相比于竹木简，数量非常有限，且年代最早也不过战国中期。迄今为止，帛书只出土了两批：一次出于著名的大墓，即"马王堆帛书"，另一次出自小墓，即"子弹库帛书"，两者都是战国时期楚国的"楚缯书"。

以震惊中外的马王堆汉墓为例，在三号墓东椁箱一只长方形黑漆

---

① 〔汉〕应劭撰，王利器校注：《风俗通义校注·佚文·古制》，中华书局，1981年，第494页。

奁中，一共出土了50种帛书，字数总计12万余字，既包括《周易》这类的经部典籍，也有《老子》《战国纵横家书》等诸子之书，以及《天文气象杂占》《五星占》《出行占》《五十二病方》《阴阳十一脉灸经》《胎产书》《养生方》《相马经》等术数之书，涵盖天文、历法、五行、杂占、医经方，且大部分是失传了一两千年的古籍，其文献价值和学术价值可谓空前。就文本抄写情况来看，马王堆帛书虽出于众手，但文本考究，字体既有一丝不苟的小篆，也有生动流利的隶书，大部分帛书还绘有朱丝界栏，如《五星占》，其笔触沉凝紧致，仪态清丽秀雅，字距舒朗而行间茂密，甚至能够达到如珠玉散落而参差有致的视觉效果。这样用料精良、抄写工整的作品，显然是雇主请书吏以"精装本"为定位进行誊写的。

另外，帛书还有一项优势为竹木简所不能及，那就是幅面宽大，可供描绘。竹木简宽度小，每枚竹简都需要用丝革线绳编连在一起才

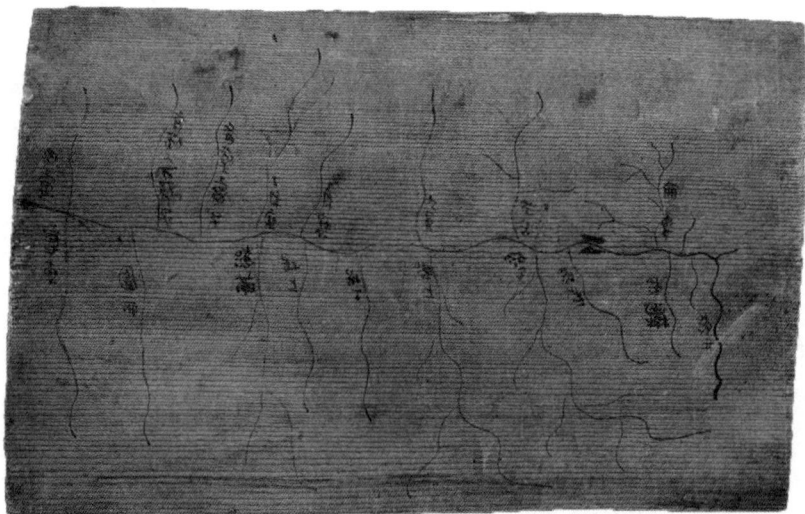

图2-3　天水放马滩出土战国晚期木板地图

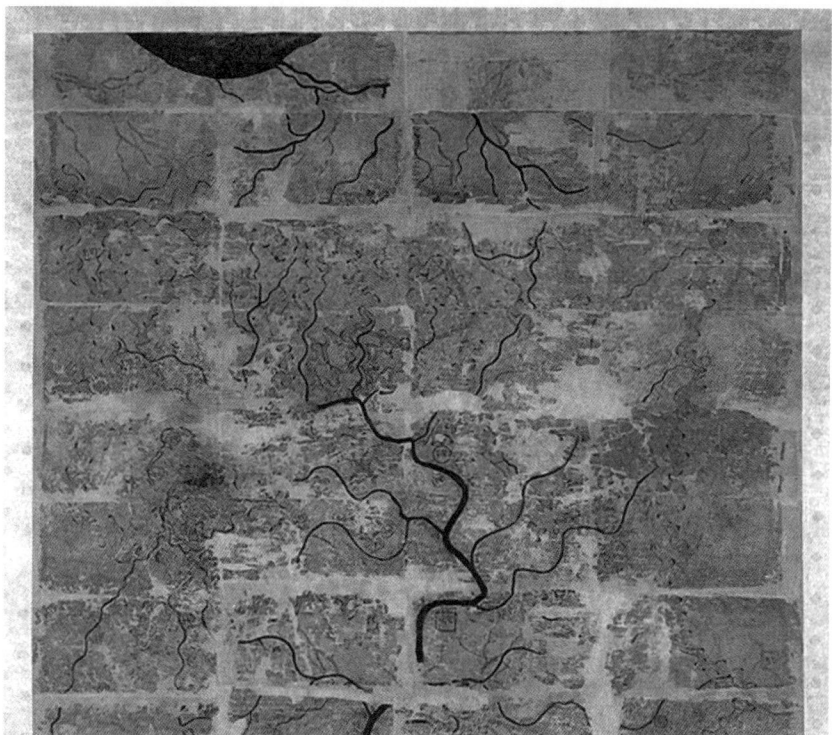

图2-4　马王堆汉墓出土帛书《地形图》

能"缀简成篇"，在这样有缝隙的简册上是很难插附图表的（但也有例外，如睡虎地秦简《日书》中就有图）。因此，在纸没有广泛应用之前，绘画和配图大多作于木牍、皮革和缣帛之上。天水放马滩一号秦墓曾出土7幅地图，绘于松木板上，是目前所见年代最早的古地图。西汉时的马王堆帛书中也有大量的图像，是配合文字一同呈现的，如医学类的《导引图》、阴阳术数类的《卦象图》《居葬图》《宅形宅位吉凶图》，以及我国现存最早的2张帛书地图——长沙国南部边防驻军图和长沙国南部水路地形图。此时的地图已经绘制得非常复杂，图上标有山脉、河流、城市、集镇、村庄、道路；驻军图标有营房、城堡和各

图2-5 《墓主人生活图》，1964年吐鲁番阿斯塔那13号墓出土，共由6小幅画拼接而成，约创作于东晋时期。该作品一度被誉为我国出土年代最早且保存完好的纸画。新疆维吾尔自治区博物馆藏

种军事设施，在地图的四边还写有"东""南"等字样标明方向。这样精密的地图，如果绘制在凹凸不平、有条条缝隙的竹简上，显然难以使用，而只有木板、皮革、缣帛和纸张这样平滑宽阔的载体才符合需求。考古发掘的实物也多少印证了这一演变过程，从秦墓出土的木地图，到秦末汉初的马王堆帛地图，再到西汉文景时期的放马滩纸地图，纸张正一步步取代沉重、昂贵的材质，成为人们绘图的重要工具。

这些20世纪以来的考古成果，逐渐动摇了我们曾经的固有观念——纸张这个在今人眼中无比轻巧便利的材料，似乎并不是在发明之初就一蹴而就地全面替代了竹木简和缣帛，它更像是沿着不同的发展路径缓慢演进：那些最初质地粗糙、不宜书写的纸，有的被当作包装材料，有的甚至沦为厕纸、火芯之类的东西，以供杂用。以"蔡侯纸"为分水岭，纸张被改良得更适宜书写，并开始向着普及化的方向

发展。这种用树皮、麻头制成的廉价新纸，先是替代了沉重的木牍和昂贵的缣帛用以绘画作图；继而，当上层社会为求节俭，希望为昂贵的"奢侈品"帛书寻找一种更为经济、实用的替代品时，纸制品才逐渐应用于书写。

　　至于纸张完全取代竹木简，成为普遍、通行的书写材料，那还要经过一段漫长而曲折的发展历程。

第三章
以纸代简的艰难历程

古无帋，故用简，非主于敬也，今诸用简者，皆以黄纸代之。

——《桓玄伪事》[1]

  研究书写材料的演变时，有一个困扰各国学者多年的问题一直得不到较为完美的解答。既然我国自 1 世纪起就发明了植物纤维纸，那为何竹木简作为通行的书写材料，却一直沿用到 3—4 世纪才被彻底取代？在竹、纸并行的 300 年间，除了最初的技术和经济原因可能造成纸张书写效果不好、价格昂贵、不易推广，还有其他因素阻碍着新产品的应用吗？为了解答这个问题，一些学者将研究视点从纸张本身上移开，再次投向遥远的大漠，企图在浩瀚的黄沙下寻找答案。

---

[1] 《初学记》转引自《桓玄伪事》，见〔唐〕徐坚等著：《初学记》卷第二十一《文部》，中华书局，2004 年，第 517 页。

叹为观纸

一、缀简成篇：临时文档的强大生命力

1930年4月26日，在春季凶猛的沙尘暴和气温骤降的轮番突袭下，中瑞西北科学考查团从奥龙托依绿洲穿过浩瀚的沙地，抵达了额济纳河沿岸的一处汉代烽燧遗址——波罗桑齐。在之前长达半年的漫长寒冬中，考查团团员、瑞典考古学家福尔克·贝格曼和同伴们侥幸从蒙古士兵的枪击和追杀下虎口脱险。旅途中，除了强盗的不时骚扰，还有-30℃、风速5 m/s的暴风雪，团员们在能见度不足百米的荒漠中失去方向，与低温冻伤做殊死搏斗……

当历经磨难的贝格曼站在波罗桑齐饱经侵蚀的废墟之前时，内心对这座遗址几乎没有任何期待，如果他不是恰巧弯腰去捡掉落在地上

图3-1　福尔克·贝格曼及其助手贾贵站在车顶

图3-2　途中遇到沙尘暴及被沙尘暴撕碎的帐篷

图3-3　1930年贝格曼在居延考古时的留影

　　　　　　　　叹为观纸

的一支钢笔，那么居延汉简这一巨大的文献瑰宝还将继续沉睡在黄沙之中。据贝格曼的《考古探险手记》记载：

> 在一个强侵蚀山顶上的烽燧和旁边房屋废墟下面，我发现有院墙的痕迹。当我测量这个长方形墙体时，钢笔掉在地上。我弯腰捡钢笔的一刹那，意外发现钢笔旁有一枚保存完好的汉朝硬币——五铢。于是，我开始仔细四处搜寻，不一会儿又发现了一个青铜箭头和另一枚五铢……第二天，从最东边开始挖掘，很快就发现了窄条的木简，其形状大致与斯文·赫定在楼兰古城找到的写有一篇手稿的木简一样。斯坦因也在甘肃西北部和新疆发现过这种东西。……这个发现使我激动不已。我们带着极为兴奋的心情又开始四处搜寻起来。果然，不一会儿就找到另几块保存更好的木简。①

这就是史称20世纪中国档案界"四大发现"之一的居延汉简的发现经过。在一个月的时间内，贝格曼等人在居延地区一共发掘出1万多枚汉简，是当时所发现的汉简中数量最多的一批。20世纪，埋藏于中国各地的竹木简仿佛从长达2000多年的沉睡中苏醒了一般，从沙漠废墟和中原的墓穴、窖藏中陆续现世，在短短的100年中，其总数已超过23.2万枚，如将残素简也统计在内，其数量有二十七八万之多。②

时至今日，简牍出土数量仍在不断增加，然而与想象不同的是，只有少量的出土简牍是现代概念中的"书籍"，绝大多数简牍的内容都

---

① 〔瑞典〕贝格曼著，张鸣译：《考古探险手记》，新疆人民出版社，2000年，第120页。

② 斯琴毕力格、关守义、罗见今：《简牍发现百年与科学史研究》，《中国科技史杂志》2007年第4期，第469页。

是通行凭证、随葬品清单、律令、历法及大量的官府文书、官吏名籍和财务账簿等，也就是我们当今概念中的"文书档案"。这些记录公私事务的档案材料，占出土简牍总数的四分之三，[①]而矗立在额济纳河沿岸的这些烽燧遗址，正是一座座贮藏汉代边塞屯戍文书的宝库。

1931年5月下旬，居延汉简运抵北平，立即引起学者们的关注。但如何拼接和复原这些废墟中的断简残篇，成了野外挖掘之后的另一个棘手问题。在历经2000多年的时光沉淀后，原本编连在一起的简册早已散乱残损，有的竹简甚至在当时就已被废弃，与柴草、粪便、废弃物、灰烬和沙砾乱七八糟地混杂在一起。以居延汉简为例，往往同一个遗址出土的竹木简就有上万枚之多，如居延肩水金关遗址，经过20世纪30年代和70年代两次发掘，总共出土简牍1.2万余枚。有时候，考古工作者和古文献学者就像是在玩一个无比复杂的拼图游戏，游戏中有着无穷无尽的排列组合和永远不能确知的谜底。

1961年10月，日本学者大庭脩从居延地湾（A33遗址）出土的2300多枚木简中，发现有8枚木简似乎可以编连起来，组成一篇完整的诏书。[②]前两枚简（简称［a］和［b］）是西汉宣帝的"秘书长"御史大夫丙吉上奏给皇帝的奏文，其大意如下：

---

① 李均明：《〈汉代官文书制度〉序二》，载汪桂海：《汉代官文书制度》，广西教育出版社，1999年，序第2页。
② 其实早在大庭脩之前，我国学者陈梦家在《汉简历表叙》中及日本学者森鹿三在《论敦煌和居延出土的汉历》中已提出《元康五年诏书》这8支简当属一册的看法；大庭脩对此册诏书的文书程序又做了深入研究。〔日〕大庭脩：《居延出土の詔書冊》，《秦漢法制史の研究》，創文社，1982年，第235~284页；〔日〕大庭脩：《元康五年（前61年）诏书册的复原和御史大夫的业务》，《齐鲁学刊》1988年第2期，第3~8页。

御史大夫丙吉上奏陛下：丞相魏相呈报了大常苏昌的奏文，文中奏明大史丞定上报的一封文书，内容如下：

"元康五年五月二日壬子是夏至，这一天应该解除军备，从井中汲水。特此上报，以便通知相关人员。"

臣丙吉对此做了咨询，按照惯例，水衡都尉应从大官的御井中汲水，……在庚戌至甲寅这五日之间，解除军备，停止公务。特此呈告陛下。

（10.27；5.10）[①]

[ab] 这两枚竹简内容可分为三部分，第一部分明确写明了由大史丞→大常→丞相→御史大夫这样的上奏顺序；第二部分是大史丞的上奏内容，提醒皇帝夏至快到了，按照惯例当解除军备，从井中打水；第三部分是御史大夫接到这封奏文后的处置情况："秘书长"丙吉特地咨询惯例，向皇帝建议了具体举措，并请求皇帝批准。

第三枚竹简 [c] 则是汉宣帝的批复，只有简单的三个字：

制曰可

（332.26）

---

① 以下木简编号均出自谢桂华、李均明、朱国炤：《居延汉简释文合校》，文物出版社，1987年。

"制曰可"或"制可"是汉代诏书中的习惯用语，表示对〔ab〕两枚竹简的内容予以批准。如此一来，〔abc〕三枚竹简连缀在一起，就形成了一篇完整的诏书。接下来，这封由〔abc〕三枚竹简组成的诏书，就以"某官下某官承书从事下当用者如诏书"（即"某官向某官下达行政文书，着即依诏执行"）的形式，像树形图一样一层一层地由中央传达到遥远的边疆。

图3-4　元康五年诏书

　　　　　　　叹为观纸

原文如下：

a.御史大夫吉昧死言，丞相相上大常昌书言，大史丞定言，元康五年五月二日壬子日夏至，宜寝兵，大官抒井，更水火进，鸣鸡谒以闻，布当用者●臣谨案比原宗御者，水衡抒大官御井，中二＝千＝石＝令官各抒，别火

10.27

b.官先夏至一日，以除燧取火，授中二＝千＝石＝官在长安云阳者，其民皆受以日至易故火，庚戌寝兵，不听事尽甲寅五日，臣请布，臣昧死以闻

5.10

c.制曰可

332.26

d.元康五年二月癸丑朔癸亥，御史大夫吉下丞相，承书从事下当用者如诏书

10.33

e.二月丁卯，丞相相下车骑将＝军＝、中二＝千＝石＝、郡太守、诸侯相，承书从事下当用者如诏书／少史庆、令史宜王、始长

10.30

f.三月丙午，张掖长史延行太守事，肩水仓长汤兼行丞事，下属国、农、部都尉、小府、县官，承书从事下当用者如诏书／守属宗助、府佐定

10.32

g.闰月丁巳，张掖肩水城尉谊以近次兼行都尉事，下候、城尉，承书从事下当用者如诏书／守卒史义

10.29

h.闰月庚申，肩水士吏横以私印行候事，下尉候长，承书从事下当用者如诏书／令史得

10.31

　　元康五年（公元前61年）二月癸亥（十一日），御史大夫丙吉在诏书［abc］后增加了简牍［d］，将［abcd］递给丞相。4天后，也就是二月丁卯（十五日），丞相魏相又在［abcd］后增加了简牍［e］，批示将诏书下达给中央官厅的诸机关（车骑将军、将军、中二千石、二千石）及地方官署（郡太守、诸侯相）。一个多月后，这封由［abcde］组成的诏书从首都长安经过长途跋涉，于三月丙午（廿四日）传到了西北边地的张掖郡，但由于当时郡太守、郡丞都不在，于是张掖长史"延"和肩水仓长"汤"代为批示，增加了简牍［f］，继续把诏书下达给张掖郡内的属国都尉、农都尉、部都尉、小府和诸县。13天之后，［abcdef］在闰三月丁巳（六日）抵达张掖郡下属的军事行政机构肩水都尉府，由于长官肩水都尉不在，便由肩水城尉"谊"代接诏书，继续增加简牍［g］，下达给肩水都尉府下属的各个候官和城尉。又过了3天，在闰三月庚申（九日），这封诏书终于到达了位于A33遗址的肩水候官，一名叫"横"的士吏用自己的私印代替肩水候，将［abcdefgh］

一共8枚简牍组成的诏书下达给肩水候官下属的各尉候。

就这样，这封最初由［abc］组成的诏书，从担任诏书起草工作的"秘书长"御史大夫，到边境基层单位的小吏，各级均不断追加批示内容，每批示一次，诏书的末尾就会新增一枚简牍。新增的简牍可以很方便地用绳子编缀到简册的尾端，因此，每经过一级机关，诏书的长度就增加一分。从文本学的角度来看，这就像是一个出于众手且可以不断追加编辑的"开放性临时文档"。由于木简可以不断缀连，所以从理论上来讲，这个文档的容量几乎可以说是无限的。

从二月十一日到闰三月九日，这封从长安发出的诏书用了50余天的时间，跨越了1400多千米，终于抵达了远在河西走廊戈壁沙漠中的肩水候官。这时，这封诏书已被连续批示了5次，且不出意外的话，还应该有一枚最后的竹简［i］，由尉候长将整个诏书［abcdefghi］下达给其下级的各个烽燧长①——至此，来自大汉帝国的中央政令才算完成了整个文书流程，像巨树的根茎一般深深地扎进了最偏远、最基层的土壤里。而这封保存在肩水候官遗址中的出土诏书，其实只是流程尚未完结时作为档案留存的一个副本而已。

另一个值得深思的问题是，《元康五年诏书》并不是单独下发居延一地，而是下达给全国各地的。那么，像这样以［abc］为开头的"临时文档"一共有多少份呢？可以想象，在皇帝→御史大夫→丞相这一传达路径中，接收者都是单数，但当丞相再把［abcd］下发给中央和

---

① 西汉边境地区在郡下设有军事行政机关部都尉，部都尉下设候官，候官下辖若干烽燧，几个燧称为一部。都尉府→候官→部→燧一方面是军事基地，一方面也是军队单位的名称。就额济纳河流域居延地区而言，张掖郡设有10个县，上游还设有肩水都尉府。肩水都尉府之下有肩水、广地、橐他等候官，间隔5千米~10千米设置一燧。

各地方衙署之后，同文诏书的数量就会瞬间飙升，其数量肯定至少达到3位数。据《汉书·地理志》记载，平帝元始二年（2年）时，郡的数量已达到103个，县的数量则多达1587个。也就是说，有100余封［abcde］编缀的册书发往地方，再裂变为1500多封［abcdef］发往各县及都尉府，其数量由3位数变成4位数。之后，诏书数量继续裂变，在中原内地，从县下发到乡→亭→里；在边境则从都尉府下发到候官→部→燧。就这样，在50余天的时间内，汉朝天子的诏书以几何级数爆炸式增加——这就像是一副呈三角形排列的多米诺骨牌，一旦推动了第一枚，其后不断追加的简牍就像潮水一般涌向全国各地，直至西北边境的最末端。

从书写载体的角度来看，竹木简这种可以不断扩容的特性，使其作为文书档案的载体有着得天独厚的优势，因为竹木简可以根据批示内容很方便地编连缀合，以适应文书内容不断扩容的特点，尤其是像名册、田籍这样的簿籍档案，还可以根据需要，像"移动单元格"那样，在编连时调整竹木简之间的顺序；而纸张的幅面尺寸却是固定的，一旦出现字数过多、超出幅面的情况，就需要裁取新纸、熬制浆糊、把两张纸黏合在一起，如果文本次序有变，也无法轻易修改，只能另纸重抄。在经折装、册页装等书籍装帧形式尚未出现的汉代，续编新简总归比用浆糊黏合易断易裂的纸张要便捷、简单得多，也更符合古人几个世纪以来的使用习惯。

此外，竹木简还有一种特性是纸张不能替代的——前者是一种三维的物体，而后者只是二维的平面。也就是说，一旦简牍被当作"三维载体"使用，它的功能就比纸张扩展了整整一个维度。以"符"为例，符是由一分为二的两支简构成的，每支简的侧面都刻有齿痕，需要核验时，就把左右分开的两支简拼对在一起，如果文字和刻痕恰好吻合，就说明两支简同属一符，其唯一性即得到了验证。这有点类似古代用以调兵遣将、任免官员的兵符、虎符或鱼符，其目的都在于甲乙双方持有某一具有唯一性且能够勘验的凭信物。

这种类似"三维验证码"的文字载体在居延地区也有大量出土，其功用是作为吏役往来关卡所需的"通行证"或买卖双方用以保存凭据的"契约券"，如A33肩水候官遗址出土的编号65.7简，上面写有：

始元七年闰月甲辰，居延与金关为出入六寸符券，齿百，从第一至千，左居官，右移金关，符合以从事。●第八

65.7

大意是说：始元七年（公元前80年）闰月甲辰，居延与金关两地制作六寸的出入符券，左半边符放在甲渠候官，右半边符移送居延金关。这样的符从编号1到1000，一共有1000号。

隶役来往出差时，需要随身携带左半支符，而右半支符则通常保存在关卡中，通关时，需要拿出随身所带的左符与关卡保存的右符相对合。如果左右两支符的齿痕都"符合"，就许其放行。如果是日常、定期往来的事务，则关卡中就需要准备很多份符传，简文中的"第八"，就代表这是编号1至1000中的第8号。除此之外，A33遗址还出土了写有同样简文的"第七"（274.10）、"第十八"（65.9）和"第十九"（274.11）。

所谓的"齿百"，并非指木简上有100个齿痕，而是指齿痕的形状，不同形状的刻齿代表不同的数值，如"百"对应的刻齿形状就是">"，"千"对应的刻齿形状就是"Σ"。如果简文上写的是"千三百"，

则木简侧方刻齿的形状就应该是"Σ＞＞＞"。①现代集邮爱好者对这种以齿痕来防伪的手段应该相当熟悉，因为现代邮票就是根据不同尺寸的齿度和不同形状的齿孔来判别真伪的，可谓与2000多年前的汉代符传有异曲同工之妙。从某种意义上说，19世纪中叶才出现的邮票齿孔，相当于是把三维的符传压扁成了二维的纸片而已。只不过在古代行旅之中，木质的符要比轻薄易碎的纸更便于勘验。而三维的兵符、鱼符也被古人一直沿用到了唐代。

简牍质地坚硬、形态立体、便于连缀，这些因素都使其在以"文书行政体系"为骨架支撑的庞大帝国中焕发出强大的生命力。早在秦代，律令文书中就明文规定"有事请也，必以书，毋口请，毋羁请"②（睡虎地秦简《内史杂律》简188），意思是说，凡是政府公务，必须通过公文往来，禁止口头报告，也禁止由他人代为请示。在扫灭六国后，面对幅员万里的国家，秦政府就是利用一支支竹简，把以往分散割裂的诸侯国统摄到一起，以至于"天下之事无小大皆决于上（秦始皇），上至以衡石量书，日夜有呈，不中呈不得休息"③。也就是说，每天呈递给始皇帝的表牍奏请足有百余斤重，实可谓到了堆积如山的地步！到了汉代，由于"汉承秦制"，大汉朝廷不仅很好地继承了秦代的文书行政制度，还进一步将其发扬光大，《北堂书钞》引用《汉杂事》时感叹

---

① 〔日〕籾山明著，胡平生译：《刻齿简牍初探——汉简形态论》，载中国社会科学院简帛研究中心编：《简帛研究译丛》（第二辑），湖南人民出版社，1998年，第147~177页。

② 睡虎地秦墓竹简整理小组：《睡虎地秦墓竹简》，文物出版社，1990年，第30、62页。

③ 〔汉〕司马迁撰，〔南朝宋〕裴骃集解，〔唐〕司马贞索隐，〔唐〕张守节正义：《史记》卷六《秦始皇本纪第六》，中华书局，1982年，第258页。

说"公府掾多不视事，但以文案为务"①，批评官府负责文书的掾吏只埋头于文案，反而成了无视民间疾苦的庸官。也难怪像《元康五年诏书》中那种季节性例行公务的小事，都要一丝不苟地取得皇帝批准，再一层层坚决彻底地执行下去，直到戈壁沙漠的最基层——中央集权制国家的基石，就这样通过一支支往来的简牍建立起来了。

二、竹纸并用：书籍和尺牍的演变

可以看出，在公文诏书这类文本内容随时变动的领域，纸张在与简牍的对阵中暂时败下阵来。代表先进技术的纸张非但没能迅速取代"老旧""落后"的竹木简，反而进入了一个相当长的"竹纸并用"时期。那么，在文本体量相对固定的领域，是否潜藏着变革的暗流呢？让我们来看看书籍和信札的情况。

早在"蔡侯纸"问世之前，纸张就已经用于书籍定本的缮写了。据《后汉书》记载，东汉建初元年（76年），经学家贾逵受诏入宫讲解《左传》。汉章帝对贾逵的奏对十分满意，除了赏赐他"布五百匹，衣一袭"，还令贾逵亲自挑选原本学习《春秋公羊传》的儒生20人，向他们传授《春秋左氏传》，并赐予其"简纸经传各一通"②。这或许表明，东汉前期贾逵誊写儒家经典的书写材料已然是竹纸并行了（当然，亦不排除此处"纸"字仍取其原义，即某种质量稍次的丝质品）。然而，在汉安帝时期（107—125年），也就是蔡伦进献"蔡侯纸"后不久，经书仍旧普遍写在竹简之上。当时，南海太守吴恢在上任前"欲

---

① 〔唐〕虞世南：《北堂书钞》卷第六十八《设官部二十》，清文渊阁四库全书本。
② 〔南朝宋〕范晔撰，〔唐〕李贤等注：《后汉书》卷三十六《郑范陈贾张列传第二十六》，中华书局，1965年，第1239页。

杀青简以写经书"①，吴恢年仅12岁的儿子劝阻道："想要带走这些经书，非得装整整两大车不可。父亲此行需要翻山越岭，携带如此显眼的两车重物，恐怕会惹人猜疑，届时，不仅朝廷会怀疑您携带珍宝贿赂地方，沿途的豪门大户也会希望您有所馈赠。"吴恢听后，这才不得不作罢。与吴恢同时期的东汉儒学家周磐也惯用竹简来书写经典。建光元年（121年），73岁的周磐忽有一日梦见自己的先师在幽暗的角落里向自己讲授儒学，由此预感自己大限将至，于是嘱托两个儿子，待其命终之日，丧仪一切从简，所求不过"编二尺四寸简，写《尧典》一篇，并刀笔各一，以置棺前，示不忘圣道"②。结果不出半月，周磐果然无疾而终。这些史料表明，东汉时期纸书尚未普及，仍有相当多的书籍写在竹简上，否则吴恢远赴岭南上任时，便断不会因竹简过重、不便携带而苦恼了。

周磐所说的简牍和刀、笔是汉代常见的文具组合，一些汉墓出土的实物正好可与这段史料相印证。如1976年广西省贵县罗泊湾一号汉墓就曾出土一枚木牍，上面写有墓主人的随葬品清单（即《从器志》），其中就有"研笔刀二椟"③的字样。"研"就是石砚，"笔"即毛笔，"椟"指的是文具盒，这些都是古今通用的文具；"刀"却并非武器或餐具，而是指书刀，是古人笔误时刮削竹木简做修改用的，其用途类似于今日的"橡皮"——刀、笔组合的出现，意味着简牍仍没有退出历史舞台。

---

① 〔南朝宋〕范晔撰，〔唐〕李贤等注：《后汉书》卷六十四《吴延史卢赵列传第五十四》，中华书局，1965年，第2099页。
② 〔南朝宋〕范晔撰，〔唐〕李贤等注：《后汉书》卷三十九《刘赵淳于江刘周赵列传第二十九》，中华书局，1965年，第1311页。
③ 广西壮族自治区文物工作队：《广西贵县罗泊湾一号墓发掘简报》，《文物》1978年第9期，第25页。

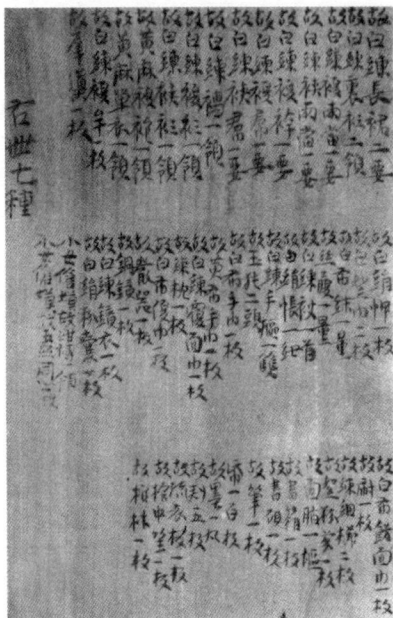

图3-5 江西省南昌市西晋吴应墓出土的木方

进入三国时期后，出土实物中竹、纸的比重开始慢慢改变。1979年，江西省南昌市三国东吴高荣墓出土两枚木方遣册，上书"书刀一枚，研一枚，笔三枚……官纸百枚"[1]，这个随葬品清单向我们传递的信息是，虽然与简牍配套使用的刀、笔仍在使用，但官方作坊生产制作的纸张也已作为常用文具一并出现；此外，就珍稀程度而言，纸张作为殉葬品埋入地下也不甚可惜了。进入两晋之后，书刀出现在出土文物组合中的频率愈发降低，如1974年江西省南昌市西晋吴应墓出土的木方，上面只写有"故书箱一枚，故书砚一枚，故笔一枚，唭一百枚，故墨一丸"[2]，而此前用于修改简牍错字的书刀已不见记载，一定程度上说明现实世界中纸张对简牍的替代。

除了书籍，2—4世纪书信材质的演变也非常明显。书信旧称"尺牍"，因古人惯将信件书写于一尺（约合今23.1厘米）长的简牍上，故而后世虽改用信纸，但"尺牍"的名号却沿用下来。与书籍定本相似，书信的字数也是大体固定的，并不用像公文诏书那般需要不断增加幅

---

① 江西省历史博物馆：《江西南昌市东吴高荣墓的发掘》，《考古》1980年第3期，第227页。

② 江西省博物馆：《江西南昌晋墓》，《考古》1974年第6期，第375页。

图3-6　白雀元年（384年）随葬衣物疏。出土于吐鲁番哈拉和卓古城。到十六国后秦时期，就连随葬清单本身也从木板转移到了纸上

面容量；且不论公私信件大都体量短小，言简意赅，其对书写材料的首要需求是质地轻便、容易传递。这些特点都使纸张的优越性凸显出来。

我们先看西汉中晚期至东汉初期的尺牍。在荒凉孤寂的居延肩水金关，曾出土过一枚无名戍卒的家书残简，上面只有寥寥十余字：

病，远野为吏，死生恐不相见□。毋它，昆弟与□□

73EJT6:35

从出土地点来看，这封家书恐怕并未寄出，不知其远在家乡的亲人是否知晓在边塞为吏的兄弟已身染重病。信中一句"死生恐不相见"，蓦然勾勒出一位在塞外苦寒之地垂死病中、遥望故乡的军士形象，其孤苦哀戚之情跃然"简"上，即使2000年后读来也不禁让人为之动容。

除了与病魔做斗争，边塞戍卒也常常陷入衣食无着的窘境。在居延甲渠候官遗址中，还出土过一封言辞恳切的"借裤信"，信中这样写道：

> 敞叩头言，子惠容□侍前，数见，元不敢众言，奈何乎，昧死言。会敞绔元敞，旦日欲使僵持归补之。愿子惠幸哀怜，且幸藉子惠韦绔一、二日耳，不敢久留。唯赐钱非急不敢道，叩头白。

> EPT51:203A/B

从简文推测，这是一位名叫"元敞"的戍卒写给"子惠"的信。信中没有过多寒暄，开门见山地写道："此前好几次见到您，不过当着众人的面，实在难以启齿，可我现在实在无可奈何，不得不厚着脸皮向您开口。我的裤子破了，需要差人送回家缝补。希望您可怜可怜我，把您的裤子借给我一两天，我不敢久留，过后即当奉还。"信的结尾，元敞还申明，自己不到万不得已，不会劳烦子惠。时隔千年，我们不知道这一看似十万火急又令人哭笑不得的借裤请求是否得到回应，但边塞戍卒缺衣少食的处境，却多少可从中窥见一斑。

像这样书写在竹木简上的信件在边境地

图3-7　居延肩水金关出土家书简（73EJT6:35）

区有大量出土，它们还保留着"一尺长的简牍"的最初"尺牍"形态。而与此同时，缣帛上的"尺牍"也被人发现，只不过其数量远较简牍书信为少。

1990年，在甘肃敦煌悬泉置遗址出土了一件迄今为止保存最完整、字数最多的西汉晚期帛书。这封书信出土时被折叠成小方块，展开后长23.2厘米，恰好是"尺牍"的标准长度，可见正是仿照竹木简书信的规格制作的。上面用工整的汉隶写着共10行，322字。这是西汉成帝时期（公元前32—前6年）一位名叫"元"的下级军官写给同僚兼友人"子方"的信，也就是著名的《元致子方书》①。信中除了问候语，元还请子方代办四件事。一是请其为自己买皮鞋、毛笔等日常用品，原文中说："敦煌乏沓（鞜），子方所

图3-8　居延甲渠侯官出土信简
（EPT51: 203A/B）

---

① 甘肃省文物考古研究所：《甘肃敦煌汉代悬泉置遗址发掘简报》，《文物》2000年第5期，第13~14页。

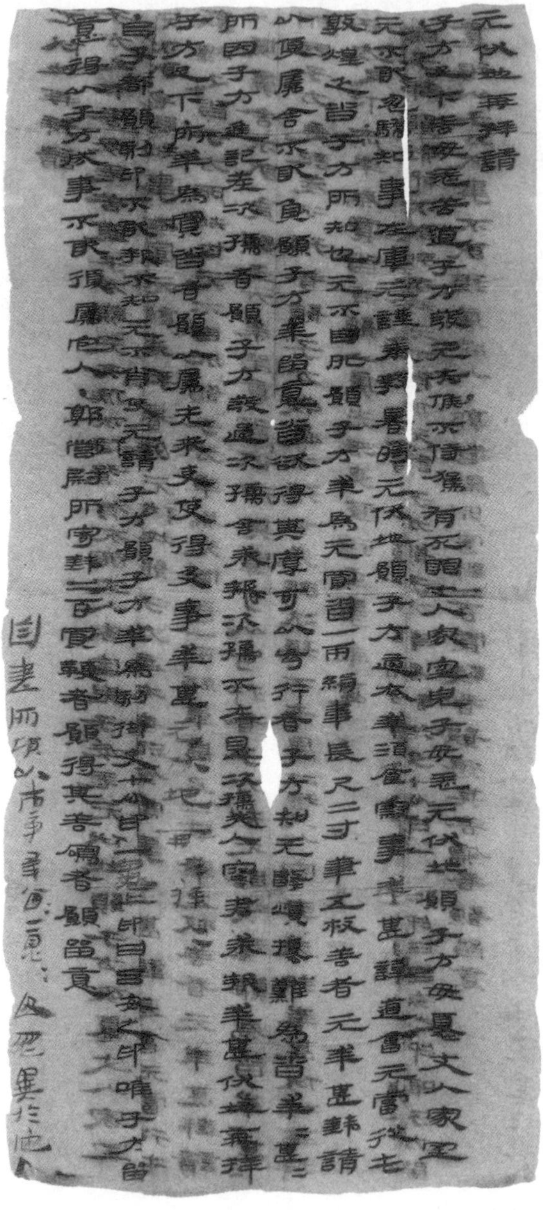

图3-9　汉代帛书《元致子方书》，敦煌甘肃悬泉置遗址出土

叹为观纸

知也。元不自外，愿子方幸为元买沓（鞜）一两，绢韦，长尺二寸；笔五枚，善者。元幸甚！"意思是说，敦煌地区缺少皮鞋，这子方你是知道的。我自己不见外，希望你替我买一双一尺二寸（约今43码）的皮鞋和质量上好的毛笔五支，不胜感谢。此外，元还事无巨细地嘱咐："愿子方幸留意。沓（鞜）欲得其厚可以步行者。子方知元数烦扰，难为沓（鞜），幸甚幸甚！"意思是：你知道我杂务缠身，难有闲暇自己做鞋，所以请千万留意买一双厚实耐穿、适合长途步行的皮鞋，感谢感谢！除了请友人为自己采买物品，元还请子方去次孺的家中拜访；为吕安刻一方"御史七分印"；并为郭营尉买一条"善鸣"的响鞭。①

这封书信向我们透露出许多敦煌地区士官生活的点滴，也透露出书信载体从简牍向缣帛演变过程中的一些蛛丝马迹——《元致子方书》写得"顶天立地"，字迹距离天头、地脚的边缘几无空隙，造成这种现象的原因，除了缣帛昂贵，需物尽其用，或许也是由于写信者已事先在简牍上起草了初稿，然后再字斟句酌地誊抄到缣帛上。不仅如此，长度一尺的书信规格、由上至下的书写方式等惯例，也都从旧材料照搬到了新材料上，延续着古人传统的书信习惯。

进入东汉后，史籍中以纸传情的事例就屡见记载了。唐代李贤等人在注释《后汉书》时，曾引用东汉经学家马融写给窦章的《与窦伯向书》，信中表达了马融在收到窦章亲笔信时的欢喜之情："孟陵奴来，赐书，见手迹，欢喜何量，见于面也。书虽两纸，纸八行，行七字。"②

---

① 王冠英：《汉悬泉置遗址出土元与子方帛书信札考释》，《中国历史博物馆馆刊》1998年第1期，第58~61页。胡平生、张德芳编：《敦煌悬泉汉简释粹》，上海古籍出版社，2001年，第184页。

② 〔南朝宋〕范晔撰，〔唐〕李贤等注：《后汉书》卷二十三《窦融列传第十三》，中华书局，1965年，第821页。

或许正是由于窦章的书信是写于信纸之上的，其载体和书法都显露出了有别于传统尺牍的风韵，所以马融才喜不自禁，甚至详细介绍了纸质书信的行款格式。窦、马通信约在汉顺帝时期（126—144年），同一时期使用信纸的现象已非孤例。唐代大书法家虞世南在《北堂书钞》中也记载，马融的弟子延笃在与张奂通信时说：我与君一别三年，十分思念，幸而你的儿子给我捎来你的书信，"惠书四纸，读之反覆，喜不可言"[①]。可见东汉文人在蔡伦献纸后不久，就开始用纸张通信，而且还对这种新颖的书写载体表现出了很大的好奇与热情，以至于到达爱不释手的地步。这些文献史料和出土文物都明确无误地表明，从两汉到魏晋，书籍和信件的载体正慢慢从简牍过渡到纸张。

粗略看来，在东汉、三国直至魏、晋、十六国这长达两个世纪的时间里，古人似乎进入了一个书写材料的"大乱炖"时期，但实际上，不同文体、不同用途的文字信息开始"选择"不同的书写载体，沿着不同的路径独立发展。有趣的是，上苍仿佛正是为了方便历史学家一般，竟特意为这段竹纸并行时期按下了暂停键，把3—4世纪不同材质的书写材料一并封印在了一座失落千年的神秘废墟之中——现在，我们可以不慌不忙地拿起放大镜，把焦点对准罗布泊西北岸的楼兰古城，好好看看这座号称"中亚庞贝"的考古圣地了。

三、楼兰遗珍：以纸代简的前夜

1900年3月27日，原本为绘制孔雀河古河床地图而来的斯文·赫定在穿越罗布荒漠时，发现了一个平平无奇的小土岗和三间风蚀的木

---

① 〔唐〕虞世南：《北堂书钞》卷一百四《艺文部十》，清文渊阁四库全书本。

图 3-10　斯文·赫定在罗布泊上泛舟观测

屋废墟，屋子远处还耸立着几座泥塔，"这里见不到任何形式的生命。只有枯死的树林和被沙子侵蚀的灰色多孔的树干"[1]。在这里，斯文·赫定一行人搜集到了一些古代钱币、几把铁斧和一些木雕。由于缺水的缘故，大队人马不能久留，第二天，赫定带着一丝不舍离开了这个地方。当时，他丝毫没有意识到，这几间破烂到只剩几根木梁的房子，就是历史上湮灭已久的楼兰古城的遗址。

第二天，一行人继续向南行进了近20千米，直到要挖井取水时，才发现此行所带的唯一一把铁铲不小心遗落在了昨天的破房子里——在干旱缺水的荒漠无人区，铲子是生死攸关的工具。随行的当地向导

---

[1]〔瑞典〕斯文·赫定著，周山译：《亚洲腹地旅行记》，江苏凤凰文艺出版社，2017年，第264页。

奥迪克冒着巨大的风险，在午夜时分骑着斯文·赫定的坐骑独自动身折返。谁知两小时后，一阵猛烈的大风暴便从东方袭来，一时间，荒漠中飞沙走石，直到天亮，奥迪克都杳无踪迹。迷路的奥迪克误打误撞地走到一座泥土塔楼跟前，又有一些房屋的废墟出现在眼前，被狂风掀起的黄沙之下，还露出了许多半埋在沙土中、雕刻精美的木板。多番寻找之后，奥迪克才终于找到了先前的营地和铁铲，此外，他还为斯文·赫定带回了几枚偶然发现的钱币和两块木雕。若非木板太过沉重，奥迪克显然还能带回更多的"战利品"——"这样的东西那里还有很多"。

斯文·赫定听过奥迪克的叙述后，立刻意识到，"那些废墟比我见到的还要多得多"！他立刻派奥迪克再次返回去取那几块木板，当看到木板上雕刻精美的犍陀罗艺术纹样时，斯文·赫定不禁目眩神迷，他在《亚洲腹地旅行记》中这样写道：

> 我真想回去。但是这个念头太愚蠢了！我们的存水只够喝上两天。去那边会把所有的旅行计划都打乱。明年冬天我一定要再回到这个沙漠里来！奥迪克（答应）带我去看他发现木刻板的那个地方。真是多亏他把铲子忘了，不然的话，我就不会再回到这个古城，从而完成这项重要的发现。有了这个发现，亚洲最中心地区的历史向世界展现出崭新的一面。①

险些与楼兰失之交臂的斯文·赫定没等到第二年冬天，就急不可

---

① 〔瑞典〕斯文·赫定著，周山译：《亚洲腹地旅行记》，江苏凤凰文艺出版社，2017年，第266~267页。

图3-11　楼兰"三间房"遗址，1901年斯文·赫定摄（左）。"三间房"遗址现状（右）

耐地于1901年2月重返阿尔特米什布拉克绿洲，寻找去年遗失铁铲的那个房屋废墟。3月上旬，当他再次置身楼兰古城中时，"感觉自己俨然是一位坐守国都统管天下的君王。这世上再没有人知道还有这么一个地方存在"。更何况，这座废墟足以与因火山爆发而瞬间"冻结"的古罗马遗址庞贝古城（Pompeii）相媲美，"（屋舍废墟中）有一扇门实际上就是敞开着，遥想一千五百多年前这座古城里的最后一位居民将门推开，此后就没有变样"[①]。

　　赫定令随行人员大肆挖掘遗址内所有的房屋废墟，[②]并拿出一笔诱人的奖金，许诺说："谁第一个找到任何有字迹的东西，谁就可以把钱拿走。"人们被丰厚的酬劳燃起斗志，挨家挨户地挖掘起来，"只要这

---

① 〔瑞典〕斯文·赫定著，周山译：《亚洲腹地旅行记》，江苏凤凰文艺出版社，2017年，第299页。

② 1901年，斯文·赫定在发现楼兰古城的同时，其"挖宝"式的挖掘也给遗址造成了严重破坏，导致我国1979—1980年3次考古调查不得不在其挖掘扰乱的基础上进行。

片荒芜之地还有一点点光线，手下人就四下里搜寻个不停"。这次"挖宝"式的考察果然不负众望，有人在一栋状似马厩的屋舍里，最先发现了一张写有汉字的纸片。

> 这张纸埋在两英尺深的沙土里。我们又往下挖了挖，把沙土从指间过滤掉。结果一张又一张纸片重现人世，一共有三十六张，每一张都写有文字。此外我们还发现一百二十一根刻有铭文的小木杖（即木简）。……所有找到的东西放在一块儿，看起来就像是个垃圾堆。然而我有一种预感，那些纸页里包含的东西会对世界历史的研究小有贡献。[1]

斯文·赫定所料不差，但他的发现远非"小有贡献"那么简单。当发现楼兰遗址的消息从大漠中不胫而走后，这座神秘古城和其中的出土文献完全可以用"震惊中外"来形容。继斯文·赫定之后，各国探险家纷至沓来，美国地理学家埃尔斯沃思·亨廷顿（Ellsworth Huntington，1876—1947年）、英籍匈牙利探险家斯坦因及日本大谷探险队的橘瑞超（Tachibana Zuicho，1890—1968年）等人纷纷追随斯文·赫定的步伐，想到这座沙漠古城中一探究竟。

最终，在这座位于塔里木盆地最东端、孔雀河下游干三角洲南部[2]的古城中，一共出土了残纸162件、木简413件，共计文书575件（包括斯文·赫定发现的157件，斯坦因两次挖掘发现的304件，橘瑞超

---

① 〔瑞典〕斯文·赫定著，周山译：《亚洲腹地旅行记》，江苏凤凰文艺出版社，2017年，第300页。

② 新疆楼兰考古队：《楼兰古城址调查与试掘简报》，《文物》1988年第7期，第1~22页。

发现的49件，以及新疆社科院考古研究所发现的65件）^①。这些文书中，纪年最早的是曹魏嘉平四年（252年），最晚的是前凉建兴十八年（330年），而在这近80年的时间里，出现频率最高的是西晋武帝时期的泰始年号（265—274年），也就是说，这些出土文献大多都是魏晋时期的遗物——这恰恰正是一个竹纸并行的时期。历史以惊人的巧合，在纸张全面替代简牍、成为通用书写材料的前夜，把时光定格在了因孔雀河水系变迁而被废弃的古城里。难怪身为瑞典人的斯文·赫定在横向环顾西方文明的坐标系时，会以无比饱满的浪漫主义情怀写道：

> 直到今天，我仍爱幻想楼兰古城远在公元267年左右盛极一时的诱人魅力，那时候哥特人（Goths）进攻雅典，却被历史学家戴克西帕斯（Dexippos）打退，罗马皇帝瓦莱里安（Valerian）沦为波斯大帝沙普尔（Sapor）的阶下囚。我还能回想起心中的那份惊异，因为瑞典最古老的刻有北欧古文字的石头，没有一块能比我在楼兰发现的脆弱木杖和碎纸片历史更久远。马可·波罗在1274年完成著名的穿越亚洲之旅时，这座沉睡的古城早已默默无闻地在沙漠之中静躺了一千年，为人世所遗忘。而在这位威尼斯人结束伟大旅程之后，古城又沉睡了六百五十年，城中的幽灵才得以重见天日，其古老的文件和书信才为过往的历史和神秘的人类命运投注一道崭新的光芒。^②

---

① 侯灿：《楼兰出土汉文简纸文书研究综述》，《西域研究》2000年第2期，第97~101页。此为文书发掘编号数，若以考释著录发表的件数计算，当总计709件。
② 〔瑞典〕斯文·赫定著，周山译：《亚洲腹地旅行记》，江苏凤凰文艺出版社，2017年，第306~307页。

那么，这些"古老的文件和书信"带给我们怎样的启示呢？我们还是先看书籍的情况。

在楼兰出土的文书中，有古籍抄本《战国策》《左传》《孝经》《急就章》《九九术》和各种古医方等，这些书籍残片的数量可达十余片，它们无一例外，全部都是写在纸张上的，不包含一枚简牍。如 M.253 是《左传·昭公八年》的文句，M.259 是《左传·襄公二十五年》的文句。[①] 这些书籍的字体颇为相似，皆用近于楷书的工整字体写成，且在纸的天头位置都留有几厘米的空白，并仿照简册画出纤细规整的栏线。此外，纸本《左传》中还出现了以小号字体并行两列的注释，即后世书籍中常见的插注。通观这些特点，说明 M.253、M.259 等一系列书籍残片都是精心抄写、品类上乘的书籍，而不是草草抄就的文本。

与之相反，除了精心抄写的必读书，楼兰还出土了一批用于习文练字的废纸。如 C.30.2，书写者横、竖、正、反地写了很多相同的文字，字迹虽不甚工整，但楷、草、行书皆有，明显是将这张纸当作练习或试笔用的废纸。与此相似的还有多张《急就章》残片。《急就章》本是初学文句的学生或文吏用于识文断字的教材，如 M.169~M.173 等5张残片正好可以缀合为《急就章》的开篇部分，其字迹稚嫩拙朴，就书法水平而言，较之《左传》残片相去甚远；栏线粗糙杂乱，有随意添加断线的痕迹；纸上的文字也并非全部写在栏线之内，似乎只是出于"必须有栏线区隔"这种固有观念，才勉强将栏线画上。这些歪七扭八的纸书墨迹，与其说是《急就章》的抄本，倒不如说是以《急就章》为教材的习字作业更加合适。从这个意义上讲，我们似乎可以判

---

① 编号采用斯坦因、沙畹、马伯乐、孔好古及日本龙谷大学图书馆藏编号。释文参考：林梅村编：《楼兰尼雅出土文书》，文物出版社，1985年。侯灿、杨代欣编著：《楼兰汉文简纸文书集成》（1—3），天地出版社，1999年。

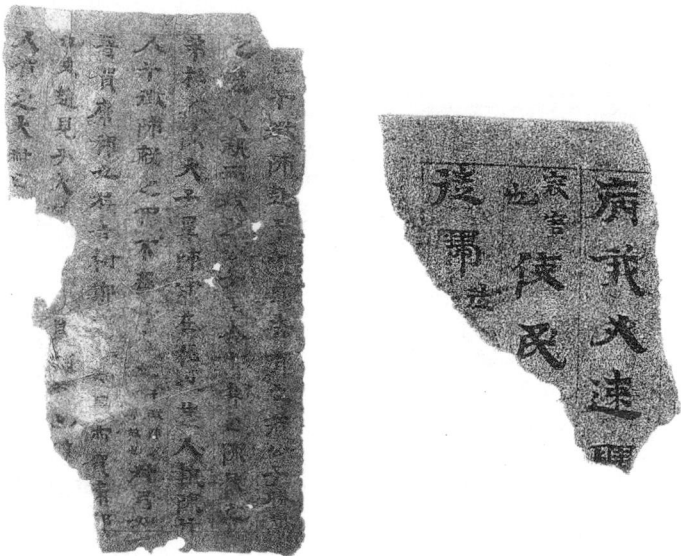

图3-12 《左传·昭公八年》（M.253）及《左传·襄公二十五年》（M.259）残片

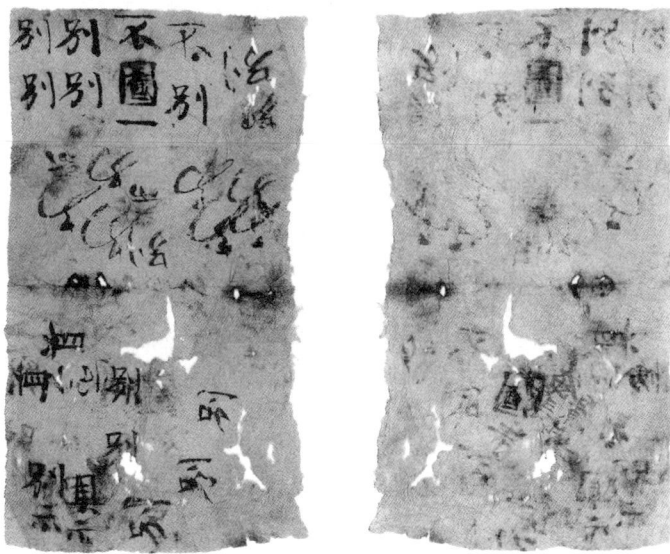

图3-13 习字废纸（C.30.2）

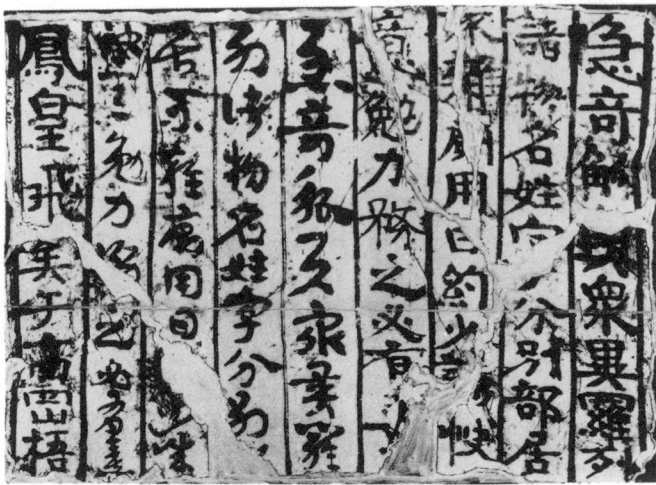

图3-14 《急就章》残片（M.169~M.173）

叹为观纸

断，魏晋时期的书籍基本上完成了从简牍到纸张的过渡，即使是在地处河西走廊的边境地带，把纸张当作练习或随意涂抹的材料也不是什么值得大惊小怪的事情了。

与书籍类似，纸质书信及书信草稿在楼兰似乎也算得上司空见惯。在1901年3月斯文·赫定发现的36件纸质文书中，就有数件"张超济家书"草稿，这些残纸上的文辞基本相似，一些纸上还有反复练习的痕迹，可知是书

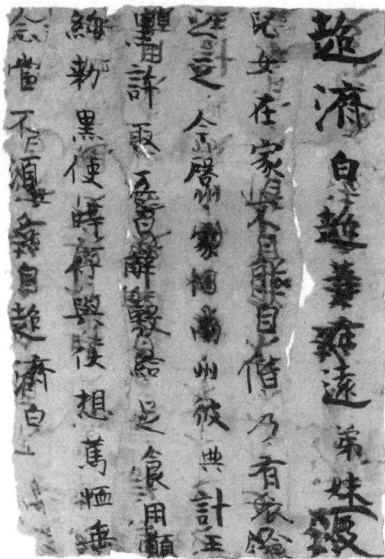

图3-15　张超济家书草稿之一（C.3.1）

写者在正式提笔写信前所打的底稿。其中一封底稿上这样写道：

> 超济白。超等在远，弟妹及儿女在家，不能自偕，乃有衣食之乏。今启家愲南州，彼典计王黑许取五百斛谷，给足食用。愿约□黑，使时付与。伏想笃恤垂念，当不须多白。超济白。
>
> C.3.1

从内容上来看，这是一位名叫"张超济"的中下层官吏在戍守楼兰时所写的私信。信中，张超济向收信人诉说自己远在楼兰，而弟妹、儿女在凉州家中遭遇饥荒，"有衣食之乏"，如今为求生存，要举家迁往中原。好在张超济已与典计王黑约定，取用谷物五百斛，当作为家人预备的物资，希望收信人替自己与王黑交接，按时接收这批粮食。

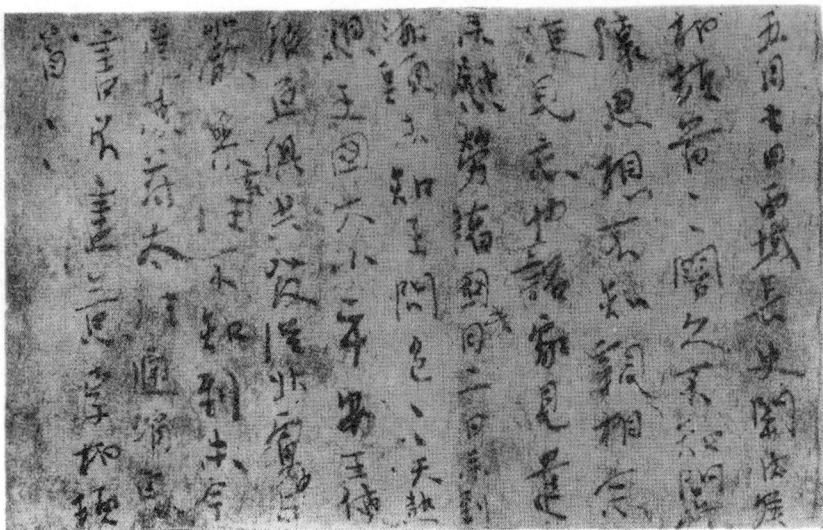

图3-16 《李柏致焉耆王书稿》（538A）

更为著名的书信是楼兰出土的一组"李柏文书"（包括两封书信草稿和39件有类似词句的碎纸片）。这组文书由于出土地点的错乱，在国际学术界引起了长达几十年的争论。与历史上寂寂无闻的小人物"张超济"不同，"李柏"是《晋书》中有明文记载的前凉西域长史，而收件人则是当时西域诸国的君主之一焉耆王。据内容推断，这是李柏受前凉统治者张骏之命，慰劳焉耆国遣使来朝的书信。从两国互通使臣及"天热，想王国大小平安"等词句，不难想见前凉与西域诸国之关系密切。

实际上，楼兰出土的书信中，草稿恐怕占了大部分。虽然也有一部分书信是写在简牍上的，但值得注意的是，不论是正式投递的信件，还是用于斟酌用辞的草稿，乃至包裹信件的封皮，书信用纸在3世纪后半叶都已然是十分寻常的物件了。

既然书籍和信件都普遍在纸张上写就，那么楼兰出土的大量简牍又记载着哪些内容呢？回到我们之前对简牍的讨论上来，前文说过，竹木简是一支一支编连在一起的，因此具有相当程度的"文档"性质，其在功能上，既有和纸张相一致的方面，又有纸张无法替代的功能。以账簿为例，书写者可以手持单支木简，一边清点，一边记录，待全部清点完毕，再把全部单支的木简连缀在一起。如有需要，还可以在编连时排列重组木简的次序，就如同在电子表格中随意挪动单元格一般。对文本的拆分和组合，使简牍相对于纸张拥有更大的灵活性，因此，对账簿、户籍、名册、器物簿等所有处于"汇总过程中"的文档而言，简牍都具有更大的优势。

楼兰出土的简牍之中就有许多类似的簿籍，如M.235就是米、麦、杂物的价格账单，木简上记录着"米三斗三百一十五；米三斗三百卌[1]；

---

① 原文的符号，按原式抄录。林梅村编：《楼兰尼雅出土文书》，文物出版社，1985年，第77页。

图3-17　屯田簿（CH.753）

米三斗三百六十三……麦五斗三百"等价目。还有楼兰戍卒的屯田记录，如CH.753，木简正反两面均有字迹，起首记载某地的戍卒及人数，作为"母项"，之后再详细记录其屯垦和灌溉情况，作为其"子项"，由此真实地反映了当时楼兰地区的社会经济情况：

（正面）
　　　　　　　大麦二顷已截廿亩下床九十亩溉七十亩
将张金部见兵廿一人小麦卅七亩已截廿九亩
　　　　　　　禾一顷八十五亩溉廿亩菿九十亩
（背面）
　　　　　　　大麦六十六亩已截五十亩下床八十亩溉七十亩
将梁襄部见兵廿六人小麦六十二亩溉五十亩
　　　　　　　禾一顷七十亩菿五十亩溉五十亩

CH.753

在书籍和信件都已基本完成纸质化的3—4世纪，具有文档性质的文本似乎还顽强地以竹木简为载体。粗略观之，不免令人感到在"蔡侯纸"诞生一两百年之后的魏晋时期，古人仍然"停滞"在一个竹纸并用的时代。实际上，尽管楼兰地区出土的简牍数量仍旧可观，但也有种种迹象表明，就算是这些处于"汇总过程中"的文档也正在向纸张过渡。

楼兰出土的M.260就是一份写在纸张上的户籍名册，其记录规则和书写格式都与简牍上的账簿相同，也是先写明某一户的户主、籍贯及年龄（"母项"），再在其下标明"子项"，即与之有亲属关系的其他家庭成员的情况。值得注意的是，这份户籍不仅是纸质的，细致观察还会发现其上的字迹有浓、淡两种墨色，且有勾抹涂改和添加标记的

图 3-18　户籍簿（M.260）

释文：

蒲陳宲成年卅　妻焉申金年廿　　　　　　　　［上残］□年卅［下残］
息男蒲笟年六　　死　　　　　　　　　　　　□□□年□死
蒲陳陷林年卅 妻司文年廿五　　　　　　　　　□□萬奴年五十 妻句文年卅
息男皇可龙年五　　　　　　　　　　　　　　　息男公科年廿五
蒲陳渠支年廿五 妻温宜□年廿　　　　　　　　勾文□安生年卅五 死
蒲陳□□曾年七十二 死　　　　　　　　　　　五十三除十一
息男奴斯年卅五■ 死　　　　　　　　　　　　年卅［下残］

M.260

痕迹。如"息男奴斯年卅五■ 死"的"死"字，可以看出是涂抹掉原
先的字迹后，再将其改为"死"字，其墨色远浓于其他部分，字体也
不一致，明显是出自他人之手。除此之外，各"子项"记有年龄的位
置之后，还画有浓重的墨点标记，其墨色与"死"字浓淡一致。种种
迹象表明，浓淡不同的两种字迹大概率不是同一时间写成的，可能在
户籍编成之后，吏员按籍核查时，又在纸上做了追记，如在亡故者的
条目后登记"死"字、对核查无误的人员加墨点以做标记等。如果这

一推断无误，也就说明，至少在西晋时期，就已经存在具有官方性质、可以用于核查的纸质版户籍了。

从楼兰出土文书的情况来看，虽然简牍的数量仍旧可观，但从某种意义上讲，已经算得上是纸的时代了，或至少可以说处于"书写材料全面纸质化"的前夜。

鉴于这些出土实物中的种种变化，有学者推测，古人在具体选用简牍或纸张时并不是随机的，而是有明确的区分；如书籍、信件这类内容率先采用了新材料；而像簿籍这类具有文档性质、可以一件件追加起来的文体，仍然沿袭传统惯例，以竹木简为书写载体，待到某一阶段需要汇总整理、形成固定的文本时，再誊抄到纸张上，从而完成由简到纸的转移。[①]

至于像公文、户籍这种全国统一、数量庞大且以中央官府和文书行政系统作为支撑的文本，自先秦以来的数百年间，早已形成了固定一致的程式和规制，想要在一朝一夕间全面"化简为纸"，似乎不是依靠个人力量就能够实现的。要使纸张成为通用的书写材料，似乎还要等待某个自上而下的大规模变革施加最后一点推力——历史的巨石就要滚动起来了，契机在哪里呢？

四、战火与重建：文书户籍的纸质化

要探究官府文书和户籍的材料演变，我们不妨暂且告别遥远的西域边塞，把视线转回到帝国权力的中心，看看统治阶层对纸张的使用情况。

---

① 〔日〕冨谷至著，刘恒武译：《木简竹简述说的古代中国——书写材料的文化史》，中西书局，2021年，第135~161页。

元康九年（299 年）十二月，西晋惠帝皇后贾南风策划了一件足以影响华夏历史走向的事件。为谋害太子司马遹，贾南风谎称惠帝身体不适，传太子入宫觐见。茫然不知大祸将至的太子甫一入宫，便被贾后的侍婢陈舞引至别室，赐予酒食，强行灌醉。趁太子浑浑噩噩间，贾后又命人呈上纸、笔和一篇早已拟好的"祷文"，让太子一字不落地照抄下来。

"祷文"中写道："陛下宜自了；不自了，吾当入了之。中宫又宜速自了；不了，吾当手了之。……茹毛饮血于三辰之下，皇天许当扫除患害，立道文为王，蒋（氏）为内主。愿成，当三牲祠北君，大赦天下。要疏如律令。"这篇伪造的"许愿誓词"，即使在今日看来，也足够大逆不道了，其大意是说：皇帝老儿和中宫皇后都赶紧自我了断吧；你们若不死，我就入宫亲手宰了你们。老天爷就应当扫除这些祸害，立我的儿子司马虨（字道文）为王，立我的嫔妃蒋氏为新后。如果我的愿望达成，我一定大赦天下，以三牲为祭祀犒劳神灵，要疏如律令！

这张半醉半醒间抄写的"祷文"，毫不意外地被贾南风呈送给了皇帝。结果贾后奸计得逞，太子司马遹虽未被直接赐死，却也被废为庶人，落得妻离子散的下场。事后，司马遹在写给太子妃王惠风的信中仔细追忆当日情形：

> （酒）饮已，体中荒迷，不复自觉。须臾有一小婢持封箱来，云："诏使写此文书。"遹便惊起，视之，有一白纸，一青纸。催促云："陛下停待。"又小婢承福持笔、砚、墨、黄纸来，使写。急疾不容复视，实不觉纸上语轻重。父母至亲，实不相疑，事理如此，实为见诬，想众人见明也。①

---

① 〔唐〕房玄龄等：《晋书》卷五十三《列传第二十三》，中华书局，1974 年，第 1459~1461 页。

可惜，沦为庶人的司马遹最终还是没能逃脱贾南风的毒手，成了皇权斗争中的牺牲品。而贾后逼害储君的行为，则直接成为点燃"八王之乱"的导火索。这场历时16年的内乱，为中原社会经济带来严重破坏，不仅导致西晋王朝覆灭，还引发了历史上著名的五胡入华。北方近300年的混乱时期就此开启。

回到书写材料的视角上来，西晋末期宫廷用纸不仅相当普遍，而且还有了颜色之分，与此相对应，封建王朝的等级制度也在书写用纸上体现出来。摆在酩酊大醉的太子司马遹面前的白、青、黄三种颜色的纸张，其用途实际大有不同。特别是青纸，一般特用于皇帝的亲笔诏书，也就是帝王的手诏，其隐含的权威性要比一般写在黄纸上、由大臣们拟定誊写的诏书高得多。自汉末乱世以来，使用青纸伪造皇帝手诏的"矫诏"事件便在史书中屡见记载，这也进一步表明，两晋之际除了有像《元康五年诏书》那种用简牍编连的诏书，一部分皇帝诏书也已经被挪移到了纸张上。

其实早在三国时期，官府在处理公务时使用纸张的情况便逐渐见于史册。《艺文类聚》援引佚书《文士传》记载，三国知名谋士杨修（175—219年）才思机敏，担任曹操的主簿时，每每在汇报工作之前，就已事先猜到了曹操将会提到的问题。于是杨修便提前把回复的内容按次序写在纸上，汇报时再按照纸张次序一一作答。谁知天公不作美，"已而，有风吹纸乱，遂错误，公怒推问，修惭惧，以实答"[1]。即由于

---

[1]〔唐〕欧阳询等：《艺文类聚》卷五十八《杂文部四》，清文渊阁四库全书本。《三国志》裴注引《世说新语》记载："（修）为植所友，每当就植，虑事有关，忖度太祖意，豫作答教十余条，敕门下：'教出以次答。'教裁出，答已入。太祖怪其捷，推问始泄。"与"风吹纸乱"之说不同。见〔晋〕陈寿撰，〔南朝宋〕裴松之注：《三国志》卷十九《魏书十九·任城陈萧王传第十九》，中华书局，1982年，第561页。

纸张次序错乱，导致杨修答非所问，所以才在曹公面前暴露。后来杨修牵扯进曹丕、曹植两兄弟之间的立嗣之争，一向城府深沉、多疑猜忌的曹操担心杨修机智多谲，恐为祸患，最终还是将其诛杀了。

从史书上来看，曹魏阵营也的确是较早推进公文用纸的政权，建安十一年（206年），曹操正式颁布《掾属进得失令》："自今诸掾属、侍中、别驾，常以月朔各进得失，纸书函封。主者朝，常给纸函各一。"[1]要求众掾属每月将工作得失都写在纸上，呈报给上级，并发放"纸函各一"。《掾属进得失令》以法律形式规定官府公文统一使用纸张，从规章制度和后勤保障两方面确保纸张在官府系统中的应用，进而推动了驿送公文的纸质化。

《晋书》中使用纸张的记载更是不胜枚举。西晋开国元勋何曾（199—278年）生性豪奢，史书描述他"帷帐车服，穷极绮丽，厨膳滋味，过于王者"。相传何曾在饮食之道上尤其讲究，蒸饼上如果没有绽裂开的十字纹就不吃，每日在饮食上的花费高达上万钱，由此还衍生了成语"食日万钱"[2]，专门用于形容奢华无度。《晋书》记载，凡是别人奏报给何曾的公文，"以小纸为书者，敕记室勿报"，也就是说，公文若写在尺寸较小的纸张上，何曾连看都不看，可见其奢侈到何种地步。这种遭到何曾鄙弃的"小纸"是下级呈报给上级的上行文书，除此之外，臣下启奏皇帝的上行文书也是写在纸上的。《晋书·张华传》载，贾南风把司马通醉后所抄的那篇骇人听闻的"祷文"公之于众后，一些大臣为防有诈，请求对比太子笔体，"贾后乃内出太子素启事十余

---

① 〔唐〕徐坚等：《初学记》卷第二十一《文部》，中华书局，2004年，第517页。
② "（何曾）每燕见，不食太官所设，帝辄命取其食。蒸饼上不坼作十字不食。食日万钱，犹曰无下箸处。"见〔唐〕房玄龄等：《晋书》卷三十三《列传第三》，中华书局，1974年，第998页。

纸，众人比视，亦无敢言非者"[1]。太子平日间用于启奏的公文纸多达十数张，可见以纸张作为上行文书的载体已是寻常之举。

至于下行文书，如"书青纸为诏""书赤纸为诏"的事例亦时常见于宫廷。例如，"八王之乱"中，赵王司马伦不仅诛杀了始作俑者贾南风，还逼迫智商低下、昏聩无能的晋惠帝退位，之后自立为帝，任用奸佞小人孙秀执掌朝柄，并大肆封官收买人心。《晋书·赵王伦传》称："（司马）伦之诏令，（孙）秀辄改革，有所与夺，自书青纸为诏，或朝行夕改者数四，百官转易如流矣。"[2] 其大意是说，孙秀擅自以"青纸"伪造帝王手诏，朝令夕改，朝廷官员如流水一般轻易改黜。这些文献史料均表明，无论上行文书还是下行文书，公文的纸质化在西晋基本得以实现。

不仅如此，这一时期还出现了一个新的专有名词——板诏书，也就是用木板书写的诏书。这个词汇在汉代用语中并不存在，因为两汉时期用竹木简书写诏书是全社会的共识，不需要特意指明材质。而板诏书的出现，从语言学的角度来看，正是在纸质诏书已经普遍应用的情况下，为了有所区别才特意指明的。[3] 以诏书为代表的公文用纸的普及化，是我们判断纸质化进程的一个重要风向标。不难发现，在西晋末期，下到随意抄写的书信草稿，上到朝臣奏章和皇帝手诏，中国社会从整体而言已经脱离简帛时代，进入了人类文明史上以纸为载体的新时期。唯一还保留着简牍形态的文献类型，只剩下簿籍了。

全国统一制式、定期登记造册的户籍是最庞大、最复杂的簿籍种

---

① 〔唐〕房玄龄等：《晋书》卷三十六《列传第六》，中华书局，1974年，第1073页。

② 〔唐〕房玄龄等：《晋书》卷五十九《列传第二十九》，中华书局，1974年，第1602页。

③ 陈静：《诏书的以纸代简过程——兼论"板诏书"的出现及应用》，《济南大学学报》2000年第10期，第62~65页。

类。追溯户籍的发展历史，可以发现，在西晋早期，国家的正式户籍还是书写在简牍上的，这从泰始四年（268年）晋武帝颁布的《晋令》中可以找到证据，此时的国家律令明文规定："郡国诸户口黄籍，籍皆用一尺二寸札，已在官役者载名。"[1]其中的"札"指的就是木简，可知当时的户籍虽名曰"黄籍"，实际上还是写在简牍上的。可以想象，全国上下各地官署中所藏的户籍简，数量应相当庞大，即使在纸质公文已经广泛应用的西晋末期，想要把原先一卷卷简牍户籍替换为纸质户籍，恐怕都是一项极为浩大的工程，就算采用逐步替换的方式，慢慢把新户籍写在纸上，逐渐淘汰旧户籍，也必然需要一个非常漫长的过渡时期。这项工作的困难程度，可以类比我国20世纪末以来不断推行的户籍档案电子化工程，其差别在于西晋时需要把简牍户籍移录到纸张上，当今社会则是把纸质户籍录入到电脑中。即使在信息、通讯无比发达的互联网时代，这种户籍档案电子化的任务迄今为止都未能完全收尾，更不用说1700多年前道路险阻、人力匮乏又内忧外患的西晋王朝了。

步入东晋后，这个浩大到几乎不可能实现的工程，却意外地以一种推倒重建、暴力破坏的方式，实现了历史性的转变。

东晋成帝咸和年间（326—334年），声势浩大的"苏峻之乱"爆发。这场动乱是继西晋"八王之乱""永嘉之乱"和东晋"王敦之乱"之后，对晋王室核心统治区域的又一次重大打击，几乎摧毁了都城建康（今江苏省南京市），据史书记载，"（苏峻）遂陷宫城，纵兵大掠，侵逼六宫，穷凶极暴，残酷无道""裸剥士女，皆以坏席苦草自鄣，无

---

① 《太平御览》转引自《晋令》，见〔宋〕李昉等编：《太平御览》卷六百六《文部二十二》，《四部丛刊三编》景宋本。

草者坐地以土自覆，哀号之声震动内外”①，简直一幅人间炼狱景象。“苏峻之乱”平定后，由于建康城内“宗庙宫室并为灰烬”，其损失之惨重，甚至到了朝臣不得不商议迁都的地步。也正是由于这一事件，纸质户籍才得以全面普及开来。据《南史·王僧孺传》记载：

> 先是，尚书令沈约以为“晋咸和初，苏峻作乱，文籍无遗。后起咸和二年以至于宋，所书并皆详实，并在下省左户曹前厢，谓之晋籍，有东西二库。此籍既并精详，实可宝惜……”②

南朝时期的史学家沈约（441—513年）在追述前朝户籍时，称东晋咸和初年，由于“苏峻之乱”，国都化为焦土，官府文籍尽毁。自咸和二年（327年）以后，东晋王朝重新编制了户籍，“此籍既并精详，实可宝惜”，被称为“晋籍”，贮藏于户曹东西二库之中，一直到沈约所在的南朝齐、梁之际都保存完好。而此次大规模重建的户籍，就是书写在纸张上的了。也即，最迟在东晋咸和年间，连体量庞大、变动频繁的户籍档案也已经实现了由简牍向纸张的过渡。

东晋末年，桓玄（369—404年）代晋自立，并于元兴三年（404年）颁布了著名的“禁简令”，宣布“今诸用简者，皆以黄纸代之”③，以政令的形式宣告简牍退出历史舞台。这道“禁简令”曾被简单地视为中国历史中以纸代简的“分界线”，“线”以前是简牍的世界，“线”以后

---

① 〔唐〕房玄龄等：《晋书》卷一百《列传第七十》，中华书局，1974年，第2629~2630页。
② 〔唐〕李延寿：《南史》卷五十九《列传第四十九》，中华书局，1975年，第1461页。
③ 《初学记》转引自《桓玄伪事》，见〔唐〕徐坚等：《初学记》卷第二十一《文部》，中华书局，2004年，第517页。

就一下跨入了纸的天下。但被人们忽略的是，桓楚政权只是个短命王朝，就连桓玄本人也在短短几十天内，就被日后登基的宋武帝刘裕赶出建康，落得众叛亲离的下场。他的这道"禁简令"在当时能起到的作用恐怕极为有限。与其把"禁简令"当作纸张日益推广普及的"起点"，倒不如说是顺应历史大势而作的"总结"，正如李学勤先生所说，"禁简令"反映了以纸代简的趋势。[1]自此之后，那些在战火中惨遭焚毁的竹木简终化为历史中的缕缕青烟，成为华夏文明中的一段过往，而纸张上的笔墨文字开始奔腾呼啸着铺陈开来。

纵观这数百年的变化发展，可以看出以纸代简的过程显然并非新旧事物的简单更替，其中还夹杂着许多行政因素、文化因素和社会经济因素。以往，我们总是把汉末以后的历史称为"乱世"，认为这一时期战乱频仍，民不聊生。实际上，自三国鼎立、魏晋嬗代到刘宋建立，这二三百年的历史为人口迁移、技术传播和科技创新创造了巨大契机。动荡的政治局势虽然阻碍了社会经济的发展，但也为纸张的普及创造了新生。

在这段漫长的发展过程中，纸张沿着不同的演进路径，最先替代了书籍和信件，满足了人们最基本的书写要求。而功能多样的单简（如符传）和具有文档性质的编缀简（如文书、簿籍），由于在文字载体的功能之外还发挥着凭信物、标识物的功能，可追加、可扩展的特性使其在文档的记录和整理上有着更为突出的优势。纸张对简牍这些"附加功能"的消化，经历了相当长的历史时期，最终在内外因素此消彼长的合力下，才完成了这一伟大的历史变革。

在晋代，这一张张轻薄柔韧、洁白可爱的纸张，也已然开始脱离

---

[1] 李学勤：《比较考古学随笔》，广西师范大学出版社，1997年，第144页。

其实用功能，被文人赋予方正贞洁的高尚品格和忍辱负重的人生态度，从而脱离了物质属性，提升到文玩雅趣的精神层面。西晋文学家傅咸（239—294年）甚至专门为纸作赋，称其"廉方有则，体洁性真""揽之则舒，舍之则卷。可屈可伸，能幽能显"[①]——这或许就是对纸张最为贴切的赞美吧！

---

① 〔晋〕傅咸：《纸赋》，引自〔唐〕徐坚等：《初学记》卷第二十一《文部》，中华书局，2004年，第517~518页。

第四章
制好纸如烹小鲜

> 蜀中多以麻为纸，有玉屑、屑骨之号。江浙间多以嫩竹为纸。北土以桑皮为纸。剡溪以藤为纸。海人以苔为纸。

——《文房四谱》[1]

老子在《道德经》里作了一个十分精妙的比喻，"治大国，若烹小鲜"[2]，告诫人们烹饪小鱼时不能过分扰动鱼肉，否则鱼肉易烂，难成菜品，正所谓"无为而治"，其本质就是要尊重物性，顺应物理，让万物和人民都能"各得其所"——烹饪如此，治国也是如此，放诸造纸工艺，这个道理也同样适用。

自汉代人们开始有意识地生产纸张以来，匠人们就不断尝试着各种可能性。蔡伦用树皮和麻织物废料制成的"蔡侯纸"，或许称得上是

---

[1]〔宋〕苏易简：《纸谱·二之造》，引自〔宋〕苏易简等著，朱学博整理点校：《文房四谱（外十七种）》，上海书店出版社，2015年，第56页。

[2]〔魏〕王弼注，楼宇烈校释：《老子道德经注校释》第六十章，中华书局，2008年，第157页。

"中华古纸食谱"中的第一道"名菜",但远远不足以管窥全豹,以一概全。蔡伦之后的一代代古纸匠人上山入海,孜孜以求,始终以寻访更优质的"食材"、更合理的配比为使命,直到今天,实验和运用新材料仍旧是造纸业的重大议题之——所谓大道无极,或许正体现于这种对自然本性的探索之中。

尽管华夏神州地大物博,却并不是所有动植物资源都适合造纸,只有那些纤维素含量多、容易处理、来源充足、成本低廉的材料才堪当其用;而能够提供较多修长纤维素而较少黏合体的材质则更为理想。[1]现在,我们不妨把自己设想成一位执掌大勺的造纸大厨,试着考察一番"食材"的特性、地域、产量和性价比,看看选择哪种材料当作"主菜"才是上上之选。

一、丘中有麻:从平民化到高端的麻纸

"丘中有麻,彼留子嗟。彼留子嗟,将其来施施。"[2]

2000多年前,东周洛邑城外,那一望无际的大麻地里,少女浅声低吟着深情款款的情歌:"山丘上的麻田里啊,有君留下的情谊。君留下的深情啊,盼君能快快到来。"这首收录在《诗经》中的情歌从先秦时起就回荡在伊洛平原一蓬蓬绿油油的麻田里,也广泛传唱于遍布华夏的大麻产区之中。

世界上最早驯化野生麻类作物的国家就是中国。早在公元前

---

① 钱存训:《李约瑟中国科学技术史》第五卷《化学及相关技术》(第一分册《纸和印刷》),科学出版社、上海古籍出版社,1990年,第46页。
② 〔汉〕毛亨传,〔汉〕郑玄笺,〔唐〕陆德明音义,孔祥军点校:《毛诗传笺》卷第四《国风·丘中有麻》,中华书局,2018年,第104~105页。

4500—前3500年，我国先民就开始出于不同目的培育麻类作物，通过不断地种植、隔离和选育，作物种类日渐多样，产区也不断扩大。到唐代时，包括大麻、黄麻、亚麻和苎麻在内的各种麻类植物产区几乎遍布全国各地。到20世纪90年代，西藏、新疆、云南和太行山等地仍有成片的野生大麻，可见我国的麻类资源极为丰富。[①]

麻类作物不仅可以榨油、入药，还是纺织业的重要原料。大名鼎鼎的"蔡侯纸"除了掺有"树肤"，其余的"麻头""敝布"和"渔网"应该都是以麻纤维为主的制品，由此不难想见，"蔡侯纸"的主要成分就是修长而坚韧的麻类茎皮纤维。考古出土实物也证明了这个推测，现今见诸实物、可供检测的两汉时期古纸，几乎都是麻纸；在自汉至唐这1000多年的时间中，麻纸在所有同时期古纸中的占比竟然高达80%，呈压倒性优势。[②]换句话说，在纸张诞生后的千年当中，古人所用的纸张八成都是麻纸，这显然与麻类作物产地广、产量大、纤维质地良好有着密不可分的关系。

如此看来，麻类植物作为造纸"食材"似乎是个不错的选择。古代的造纸大厨们也的确没少在改良麻纸的道路上花心思。自南北朝时期以来，工匠们除了延续"蔡侯纸"的旧法，回收破旧麻袋、麻绳、麻鞋等材料并二次利用，也将采集的野生麻纤维直接用于造纸，进而摆脱造纸业对成品物料的强烈依赖，降低生产成本。[③]

[①] 孙安国、陈恕华、姜贵轩、果瑞平：《中国大麻品种资源研究》，《中国麻作》1992年第3期，第17~21页。

[②] 2018年，我国学者以过去50年（1966—2016年）发表的493例古纸（两汉到明清）纤维鉴别结果为研究对象，利用统计学方法得知，从两汉到隋唐，麻类纤维一直是使用频率最高的造纸原料（占80%左右）。李涛：《古代造纸原料的历时性变化及其潜在意义》，《中国造纸》2018年第1期，第33~41页。

[③] 潘吉星：《中国科学技术史——造纸与印刷卷》，科学出版社，1998年，第139~140页。

继蔡伦之后，第一个提高麻纸质量的造纸"大厨"兼大书法家是东汉末年的左伯。左伯，字子邑，东莱郡（今山东）人，是"擅名汉末""特工八分"的书法名家，也是历史上一位十分神秘的人物。左伯的书法墨宝在南朝时期就已极为罕见，时至今日，就连关于他的史料记载也大多散佚不存了。关于这位"大厨"和他创制的"左伯纸"，我们只能从后世传抄的字里行间寻找线索。

　　相传曹魏青龙年间（233—237年），洛阳、许都、邺城三座都城的宫观楼台相继建成，魏明帝曹叡下诏，命当时的书法名家、"尤精题署"的韦诞为新落成的建筑题写匾额。为了更好地装点皇室"门面"，魏明帝还特地给韦诞配备了宫廷御用的文房四宝，可韦诞却觉得这些御用的笔墨纸砚不称手，于是郑重其事地跑到魏明帝跟前讨价还价说："陛下啊，俗话说'工欲善其事，必先利其器'，您给我配的那些御用纸墨实在不好使，用这样的文具可写不出有神韵的匾额。若是能找来'左伯纸'和'张芝笔'，再加上微臣我自制的墨，这三样文具配齐，再以臣的书法技艺融会贯通，如此才能达到'逞径丈之势，方寸千言'的效果！"①

　　这条史料辑自佚书《三辅决录》，其成书年代应与左伯生活的时代相近，这也是如今能够见到的汉末魏初时人对左伯的唯一记述，可见在那个时代，"左伯纸"已经与"张芝笔""韦诞墨"并驾齐驱，是比御用文具品质还要上乘的极品。精于草书的南朝梁武帝萧衍对"左伯纸"也

---

① "洛阳、邺、许三都宫观始就，命诞铭题，以为永制。以御笔、墨皆不任用，因奏曰：'夫工欲善其事，必先利其器。用张芝笔、左伯纸及臣墨，兼此三具，又得臣手，然后可以逞径丈之势，方寸千言。'"见〔汉〕赵岐撰，〔晋〕挚虞注：《三辅决录》卷二，〔汉〕赵岐等撰，〔清〕张澍辑，陈晓捷注：《三辅决录 三辅故事 三辅旧事》，三秦出版社，2006年，第68页。

有极高评价，认为"左伯之纸，妍妙辉光"，是渺不可追的"妙物"。①

虽然"左伯纸"在梁武帝时代就濒于绝迹，但通过史籍中的蛛丝马迹，我们仍可对这种改良麻纸稍作推测。其一，韦诞讨要"左伯纸"是为了题写宫观建筑的匾额，其字不仅要大而醒目，且需有"径丈之势"，如此方能展现出官方建筑的巍峨庄重。这种需求反映到纸张上，就要求所用之纸幅面巨大，与之前一尺长的普通纸张迥然有别。由此可见，"左伯纸"的抄造工艺或许较之从前更为精进。其二，书法行家梁武帝萧衍评价"左伯之纸，妍妙辉光"，可见"左伯纸"的纤维组织均匀细密，光泽鲜亮，还有的研究者推测其纸面已经采用了研光技术，即对纸张表面做过研磨，使墨汁不易渗透进纸张内层，反光良好，因此有"妍妙辉光"之誉。②虽然我们从现有的史料中已很难得知"左伯纸"确切的工艺方法和原料配比，但经左伯改良的麻纸品质显然比东汉时期的普通纸张高出一筹。

虽然不能一睹"左伯纸"的真容，但考古实物证明，即便是东汉晚期的普通麻纸，其质量也比此前出土的西汉麻纸提高了一大截。1974年，甘肃省武威县柏树公社生产队在旱滩坡兴修水利时，意外发现了一座东汉古墓，从中出土了一批东汉晚期的残纸。③这些纸出土时黏为三层，粘贴在木牛车模型的外侧，是东汉晚期的冥器工匠用来糊车棚用的（个别残片带有字迹，因此推测这些纸可能是工匠二次利用的文书废纸）。但即便是这种用于制作冥器模型的废纸，经过科学检测，也已经

---

① 〔唐〕张怀瓘：《书断》，引自〔唐〕张彦远撰，武良成、周旭点校：《法书要录》卷九《张怀瓘〈书断下〉·能品》，浙江人民美术出版社，2019年，第249页。

② 王菊华主编：《中国古代造纸工程技术史》，山西教育出版社，2006年，第105页。

③ 党寿山：《甘肃省武威县旱滩坡东汉墓发现古纸》，《文物》1977年第1期，第59~61页。

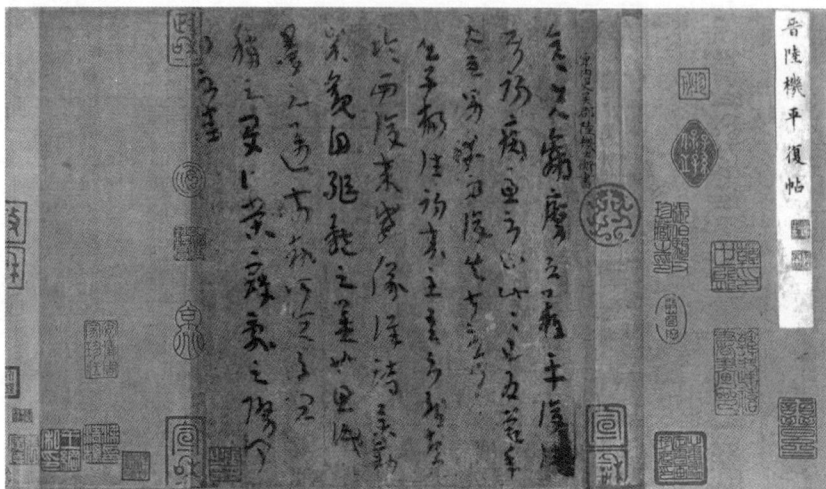

图4-1 〔西晋〕陆机《平复帖》，麻纸，约创作于3世纪，故宫博物院藏。《平复帖》是现存年代最早并真实可信的西晋名家法帖，内容是陆机仓促写成的一封书信，采用的纸张是当时的普通麻纸。秃笔与麻纸的组合，使《平复帖》看起来风格质朴，笔意婉转

比西汉时期的古纸好了很多。研究人员将西汉早期的"灞桥纸"与此次出土的"旱滩坡纸"进行检测对比后，发现"旱滩坡纸"厚度仅为0.07毫米，已经与现代一般机制原稿纸（40 g/m²）相差无几，几乎比"灞桥纸"薄了二分之一！此外"旱滩坡纸"还改良了"灞桥纸"质地粗厚、表面纤维束较多、纤维组织松散不均的缺点，[1]两相对比，可见东汉时已经能够制造出纤维分散度较高的纸浆，也能生产出滤水性较好的抄纸设备，这些必要环节都推动麻纸制造技艺发生明显的进步。

如果把唐代以前的所有古纸样本汇聚到一起加以检测，就更容易看清麻类纤维在汉唐时代造纸工业中所处的统治地位了。远处西北边

---

① 潘吉星：《谈旱滩坡东汉墓出土的麻纸》，《文物》1977年第1期，第62~63页。

陲河西走廊的敦煌莫高窟藏经洞恰好提供了这样一个绝佳的试验场。1900年，王道士偶然间打开敦煌藏经洞的大门后，超过6万件纸质文书横空出世，其年代横跨4—11世纪，正好给了人们一个在超长时间跨度下检验纸张演变的好机会。但时至今日，人们对敦煌遗书纸样的研究还很不充分，加之20世纪帝国列强横行劫掠，导致敦煌遗书分散世界各地，更为开展系统性研究增加了难度。尽管如此，20世纪60年代以来，各国学者对敦煌纸样进行的为数不多的几次研究都得出了一个非常统一的结论，那就是敦煌遗书纸张原料绝大多数都是麻类（以苎麻为主，大麻为辅）。[①] 在这段漫长的造纸发展期中，浇纸法逐渐被淘汰，抄纸法日渐成熟，淀粉施胶、染潢、涂蜡等纸张加工技术也日趋完善，但以麻为主的原材料配比却始终稳定如初。

---

① 20世纪60年代，潘吉星对23件敦煌遗书做了物理外观检测，对其中15件进行了取样和纤维分析；王菊华曾对中国国家图书馆馆藏11件敦煌遗书纸样和英国国家图书馆藏4件敦煌遗书纸样进行显微观察；日本学者江南和幸等人曾采用扫描电镜和X荧光分析方法，对英国国家图书馆藏20件敦煌遗书纸样进行成分分析；杜伟生对中国国家图书馆馆藏敦煌遗书提取纤维样本进行成分分析；李晓岑等对甘肃省博物馆藏19件北魏至唐代的敦煌遗书进行微损取样分析；石塚晴通采用电子显微镜摄影和帘纹机械测定，对斯坦因、伯希和收集的有纪年的汉文敦煌遗书进行测定。以上检验结果表明，敦煌遗书以麻纸为主，有少量皮纸，个别为藤纸和竹纸。见潘吉星：《敦煌石室写经纸的研究》，《文物》1966年第3期，第39~47页。王菊华主编：《中国古代造纸工程技术史》，山西教育出版社，2006年，第188~193页。〔日〕江南和幸、〔日〕加藤雅人、〔日〕矢野隆次、〔日〕河野益远、〔英〕马克、〔日〕松冈久美子：《大英图书馆斯坦因收集品纸张样品的成分和形态分析》，收录于林世田、蒙安泰主编，中国国家图书馆善本特藏部、英国图书馆敦煌项目编：《融摄与创新：国际敦煌项目第六次会议论文集》，北京图书馆出版社，2007年，第37~42页。杜伟生：《敦煌遗书用纸概况及浅析》，收录于林世田、蒙安泰主编，中国国家图书馆善本特藏部、英国图书馆敦煌项目编：《融摄与创新：国际敦煌项目第六次会议论文集》，北京图书馆出版社，2007年，第67~77页。李晓岑、贾建威：《甘肃省博物馆藏敦煌写经纸的初步检测和分析》，《敦煌学辑刊》2013年第3期，第164~174页。〔日〕石塚晴通著，唐炜译：《从纸材看敦煌文献的特征》，《敦煌研究》2014年第3期，第118~122页。

图4-2 〔唐〕韩滉《五牛图》，麻纸，故宫博物院藏。韩滉是唐代中期著名画家，贞元年间任宰相、封晋国公，其传世名作《五牛图》即绘于麻纸之上，笔意生动，被誉为"中国十大传世名画"之一

到了唐代，麻纸制造工艺已十分精湛，以至于唐代社会似乎有一个共识，即凡是重要内容，如皇帝制敕、官府藏书和佛经抄本，都应采用麻纸写就，以凸显文献本身的贵重。自唐玄宗开元十三年（725年）起，皇帝诏书特用黄麻纸书写，[①]当时官修的行政法典《唐六典》中也明文规定，"制书、慰劳制书、发日敕用黄麻纸"[②]。到了唐肃宗时，翰林学士的职权进一步扩大，不仅执掌制诰，而且不经两省批准就能直接颁布诏令。[③]据唐代李肇《翰林志》记载，翰林学士专用白麻纸拟定制书，内容包括立后、建储、拜免三公宰相、对外诛讨叛逆

---

① "（开元）十三年十月，始用黄麻纸写诏。至上元三年闰三月，诏制敕并用黄麻纸。"见〔宋〕王溥：《唐会要》卷五十四《省号上 中书省》，中华书局，1960年，第927页。

② 〔唐〕李林甫等撰，陈仲夫点校：《唐六典》卷九，中华书局，1992年，第274页。

③ "故事，中书舍人专掌制诰。开元始置学士，大事直出禁中，不由两省。凡制用白麻纸，诏用白藤纸，书用黄麻纸。"见〔唐〕李肇：《翰林志》，清知不足斋丛书本。

等重大事项，[①]这些能够左右整个大唐帝国命运走势的重要政令，被翰林学士们精心缮写在代表皇权的麻纸之上，影响着成千上万的大唐子民。

珍贵的内府藏书也是抄写在麻纸上妥善保存的。开元时期（713—741年），长安、洛阳两京建有官方"藏书库"，分别贮藏正本、副本各一套。藏书分经、史、子、集四部，共12万余卷，"皆以益州麻纸写"[②]。为了保证如此浩大的皇室藏书工程能够顺利完成，朝廷每月为集贤院学士配备"蜀郡麻纸五千番"，每个季度发放"上谷墨三百三十六丸"，每年拨发河间、景城、清河、博平四郡的兔皮1500张制作笔材。[③]最后，这些用"蜀郡麻纸""上谷墨""兔毫笔"精心缮写的集贤院"御书"，还要加配象牙、紫檀制成的轴头和各种颜色的缥带以示

---

① "凡敕书、德音、立后、建储、大诛讨、免三公宰相、命将，曰制，并用白麻纸，不用印。"见〔唐〕李肇：《翰林志》，清知不足斋丛书本。

② 〔后晋〕刘昫等：《旧唐书》卷四十七《志第二十七 经籍下》，中华书局，1975年，第2082页。

③ 〔宋〕欧阳修、〔宋〕宋祁：《新唐书》卷五十七《志第四十七 艺文一》，中华书局，1975年，第1422~1423页。

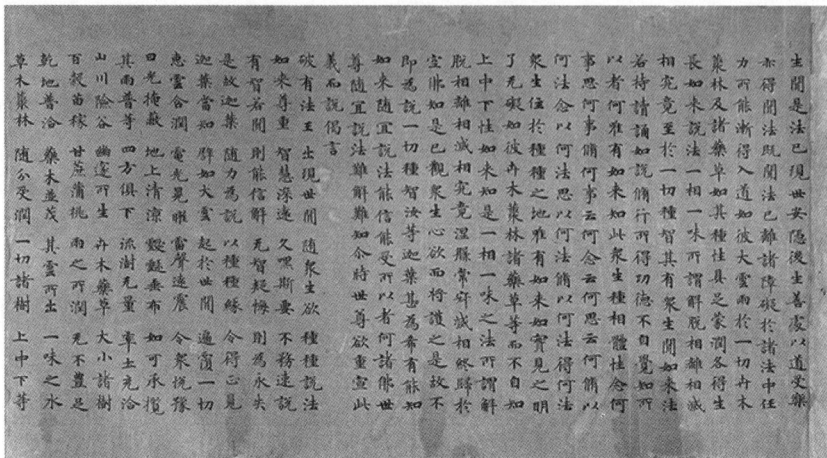

图4-3　敦煌遗书S.5319《妙法莲华经卷第三》（局部），咸亨二年（671年），英国国家图书馆藏。唐高宗李治时期的宫廷写经，采用上等麻纸（硬黄纸），用纸考究精良，体现出皇室奢华的物质生活与虔诚的佛教信仰

区分。如此不惜工本的文化工程，选用的自然是当时最好的材质，而"蜀郡麻纸"作为皇室藏书的首选，亦可见其品质实属当世一流。

　　精装书用麻纸，供奉神佛的经卷就更不必说。2014年，英国国家图书馆、法国国立图书馆和日本龙谷大学古籍数字档案研究中心对20世纪斯坦因、伯希和劫掠而去的部分汉文敦煌遗书进行检测，发现了一个有异于以往笼统推测的现象，即从隋代起，民间私人抄写的佛经其实已经开始以其他纸材（楮纸）逐渐替代麻纸，但到了初唐时期，宫廷写经却没有选用新材料，而是在造纸工艺史上"逆流而上"，仍以上等麻纸（硬黄纸）作为抄写经文、供奉佛祖的纸材。[1]由此可见，隋

----

① 〔日〕石塚晴通著，唐炜译：《从纸材看敦煌文献的特征》，《敦煌研究》2014年第3期，第118~122页。

唐时期，麻纸与当时其他纸材相比，显然是"高级纸"的代名词；但另一方面，麻纸也逐渐呈现出一种"奢侈化""小众化"的趋势。

这种隐隐的变化，在华夏民族步入大唐盛世之后更加凸显。从贞观十三年（639年）到天宝十二载（753年），唐朝人口由1235万增至5097万，人口年增长率高达12.6‰，在短短114年间，大唐人口增长了4倍有余。[1] 在安史之乱爆发前，唐朝的人口峰值达到8000万~9000万，到了北宋徽宗大观元年（1107年），中国人口总数攀升至1亿左右，明代的人口数比之宋代峰值又增加了约50%。[2] 与人口暴涨如影随形的是棉麻制品需求的与日俱增。麻类作为纺织业、轻工业的重要资源，不得不首先用以解决百姓穿衣制鞋、榨油入药等衣食刚需；黄河、长江流域的千亩良田也首当其冲，主要用以解决最为紧迫的粮食问题；而当今人们习以为常的棉花，却直到元代以后才开始大面积种植。[3]

俗话说"物以稀为贵"，唐宋600余年间，棉麻资源短缺的乌云始终笼罩在华夏大地的上空，不仅麻纸成了宫廷和官府才能消耗得起的金贵之物，许多如今惯以丝绵制成的日用品也不得不改用其他材料替代（见第五章）。大约从唐代中晚期开始，麻类纤维在造纸原料中的占比骤然降低，[4] 先秦时期那一片片阡陌纵横的麻田，在唐代已成为老百

---

[1] 张德美：《试论唐前期人口重心北移及其影响》，《河北师范大学学报（哲学社会科学版）》2001年第1期，第101~107页。据葛剑雄推算，从唐高祖武德五年（622年）算起，到唐玄宗天宝十四载（755年）这130余年间，开始的80年人口年平均增长率保持在12‰，此后年平均增长率为8‰。见葛剑雄：《中国人口发展史》，四川人民出版社，2020年，第183页。

[2] 葛剑雄：《中国人口发展史》，四川人民出版社，2020年，第182、213页。

[3] 游修龄编著：《农史研究文集》，中国农业出版社，1999年，第443页。

[4] 宋、金、元时期，麻类纤维的出现频率显著降低（骤降至10%以下），让位于树皮类纤维。见李涛：《古代造纸原料的历时性变化及其潜在意义》，《中国造纸》2018年第1期，第33~41页。

图4-4　1964年吐鲁番阿斯塔那37号墓出土唐代麻鞋，新疆维吾尔自治区博物馆藏。当时民众普遍穿麻鞋

姓必不可少的生存资源。那么，除了麻类植物之外，还有没有其他性价比更高的"食材"可供造纸呢？"大厨"们一边试验，一边探索，视线意外落在溪谷边的藤蔓上。

二、绵绵葛藟：濒临灭绝的藤纸

唐文宗大和二年（828年）四月某夜，江陵城内，荆南节度使官署内发生了一件怪事。二更天时，负责值宿的文书小吏许琛无缘无故暴毙。谁知到了五更天，这人竟又悠悠转醒，死而复生了。出了这等神异之事，同僚们大惊失色，而许琛这一夜的亲身经历，听来就更让人瞠目结舌了。

　　　　　　　　叹为观纸

从停尸的木板上坐起来后，许琛揉了揉僵硬的四肢，绘声绘色地讲了一遍当晚的见闻。入夜不久，许琛恍惚见到两个"黄衫人"，急匆匆地把他叫出官署。许琛不明就里，莫名其妙被这两人领走，足足向北行了六七十里，在一片荒凉的荆棘丛中看到一座大门，门楣上写着"鸦鸣国"三个大字。门内更是一片凄凉景象，目力所及之处，天色昏黄，渺无人烟，只有数以万计的古槐树，树上群鸦盘旋，呱呱鸣噪。又走了四五十里，方才见到一座城池，许琛糊里糊涂地被押入一栋巍峨的官署之中，只听"黄衫人"汇报说："报告大人，'取鸦人'被我们带来了。"厅堂上坐着一位身穿紫衣的高官，居高临下地问许琛道："你可知何谓'取鸦'吗？"许琛更糊涂了，只得老实回答："小人与父兄几人在节度使衙门当差，都是做文案工作的，不是干捕鸟活计的啊。"高官闻言大怒，申斥两个"黄衫人"怎么不搞清楚就胡乱拿人，之后对许琛解释道："实是官府拿错了人，本官再打发人把你送回去吧。"

　　原来这个"鸦鸣国"终日昏暗，不分昼夜，只能靠鸦鸣声分辨时辰，故而凡是阳限已满之人，就会充当"取鸟人"，捕捉乌鸦来聒噪报时，其作用似乎和西洋钟里按时打鸣的布谷鸟差不多。可怜许琛莫名其妙被押上公堂，正惊魂未定，待要退下时，又见堂上有一位紫衣官宦，头上缠着绷带，似乎被人所伤。听闻许琛在荆南节度使手下当差，紫衣官人当下便叫住他，私下嘱托道："烦请你回去见到节度使王潜王大人，务必替我转达一番话，就说武相公每每收到王大人所寄财物，十分感激，只可惜这些钱物实在品质低劣，不堪使用。如今我遇上急事，'切要五万张纸钱，望求好纸烧之'。"此外，武相公还说，自己不久就将与王大人相见，请许琛一定把话带到。

　　许琛懵懵懂懂，答应这位武相公后，就被黄衫衙役送了回来。待他一醒转，便赶忙把当晚见闻报告给节度使王潜。王潜细细盘问，发现许琛所见"武相公"的面容身材，果真与自己那位相熟的故人武相公一模一样，只不过这位武相公早已亡故，自己还常于月晦岁暮之时给其烧送纸钱，报答往日官场提携之情。两相核验，王大人不禁惊出一身冷汗，又听闻"不久将与之相见"等话，更是坐立难安，于是赶忙到市肆上买了"藤纸十万张"，比武相公所求的足多了1倍，尽数烧送过去。

至于"鸦鸣国"一夜游的小文员许琛，其邻居恰有同名同姓之人，第二天晚上便暴毙而亡了。而一口气买了10万张藤纸的王大人也不出所料，不到一年时间便驾鹤西去，或许亦如武相公所言，去异世相见了吧。

这个神乎其神的小故事，出自唐代一本早已散佚的传奇小说《河东记》[1]，其中有十几篇鬼话，文笔辛辣诙谐，充满讽刺意味，因被其他类书收录而流传至今。《许琛》这篇鬼话看似写得怪力乱神，实则虚中有实，如王潜王仆射和宰相武元衡，不仅历史上确有其人，且生卒年、履历都对得上。[2]因此，此文虽情节怪诞，但亦不妨视之为展现唐代中后期现实生活的一面镜子。[3]

---

[1] 〔唐〕薛渔思：《河东记》，见〔宋〕李昉等编：《太平广记》卷第三百八十四，中华书局，1961年，第3066~3067页。

[2] 王潜，字弘志，其祖父为驸马都尉、光禄卿王同皎，祖母是唐中宗之女定安公主，生母是唐玄宗之女永穆公主。王潜曾任泾原、荆南节度使，大和初年，检校尚书左仆射，为官颇有治绩，后卒于任上。见〔宋〕欧阳修、〔宋〕宋祁：《新唐书》卷一百九十一，中华书局，1975年，第5508~5509页。

[3] 王潜烧纸故事亦见于《北梦琐言》，内容大同小异，但更为简略。见〔五代〕孙光宪撰，贾二强点校：《北梦琐言》卷十二《王潜司徒烧纸钱》，中华书局，2002年，第261~262页。

故事中，被"鬼"打伤而急需用钱上下打点的武相公，因嫌王大人平日所烧纸钱"皆碎恶，不堪行用"，于是转托被误抓的"取鸦人"传话，请王大人赶紧"汇款"5万张好纸。节度使王潜又惊又怕，丝毫不敢怠慢，赶紧去市面上采购了"藤纸十万张"。一口气购买10万张纸当然只是故事的夸张虚构，但官官相护、沟通阴阳的嘴脸却被勾勒得入木三分，同时也可以想见，唐代的藤纸与那些"糊弄鬼"的寻常纸钱比起来，品质当属上乘，产量也实属不低。那么，这所谓的"好纸"究竟是何物呢？

这还得从今浙江省嵊州市曹娥江上游的剡溪一带开始说起。汉唐之际，剡溪一带先后归属于会稽郡和越州，据地方史志记载，剡溪两岸群山环绕，冈峦起伏，其间"壁立万仞，佳木老树，阴翳森挺"①，有"千岩竞秀，万壑争流"②之美。最为难能可贵的是，"剡溪上绵四五百里，多古藤"③——丰富的植物纤维、充足的水资源，似乎为造纸工业创造了天然的"温床"，一个新的纸种就要"破壳而出"了。

"剡溪藤可造纸"的说法，最早源于西晋张华《博物志》的一条佚文。④如果佚文来源可靠，以张华生卒年推算，似乎可以认为，早在三国孙吴时期，古人可能就成功创制了藤纸。此时距离蔡伦进献"蔡侯纸"不过百年左右，可见古纸匠人始终在毫不懈怠地寻找着性价比更高的替代原料，并且，这次造纸"大厨"们可算得上相当成功。

---

① 〔宋〕高似孙：《剡录》卷二《山水志》，引自〔宋〕高似孙著，王群栗点校：《高似孙集》（全三册），浙江古籍出版社，2015年，第55页。
② 〔宋〕乐史撰，王文楚等点校：《太平寰宇记》卷九十六《江南东道八·越州·会稽县》，中华书局，2007年，第1932页。
③ 〔唐〕舒元舆：《吊剡溪古藤文》转引自《剡录》卷五，见〔宋〕高似孙著，王群栗点校：《高似孙集》（全三册），浙江古籍出版社，2015年，第99~101页。
④ 〔晋〕张华著，唐子恒点校：《博物志》，凤凰出版社，2017年，第155页。

经过不断改良发展，藤纸的品质很快就得到了官方认可。到东晋时，剡溪的地方官、曾任余杭令的范宁就直接下令："土纸不可以作文书，皆令用藤角纸。"①直接把藤纸抬升为官方规定的文书专用纸，可见此时藤纸的品质已达到相当水平，不是寻常"土纸"所能比拟的了。到唐宋时期，藤纸的生产范围进一步扩大，杭州、台州、衢州、婺州、信州、循州均有生产，产地遍及今浙江、四川、广东等地，且作为"贡品"每年进献朝廷。尤其是杭州余杭县的由拳山（今属浙江省嘉兴市）和台州黄岩所产的藤纸，前者号为"由拳藤纸"②，后者称作"台藤"，与剡溪地区所产的"剡藤"一样，都是唐宋时期的"名纸"。

从现代造纸工艺的角度来看，藤类植物的茎蔓韧皮纤维与麻类纤维和树皮纤维相比更细、更短，经过高度打浆后，制成的藤纸更易达到细、平、匀、滑的优良效果。③唐代时，藤纸受追捧的程度，据传从洛阳到长安，所经数十百郡，"见书文者，皆以剡纸相夸"④。从历代诗人大量吟咏之词中，也足以看出藤纸在文房四宝中的地位，如唐代诗人皮日休就把宣城所产的毛笔与剡溪所产的藤纸并举，有"宣毫利若风，剡纸光与月"⑤之称。北宋黄庭坚更是在藤纸的功能性价值之外，

---

① 〔唐〕徐坚等：《初学记》卷第二十一《文部》，中华书局，2004年，第517页。对于"藤角纸"的定义，学者有许多不同见解，但大多认为"角"字为虚词，并无实际意义，所谓"藤角纸"实则就是"藤纸"。见刘仁庆：《论藤纸——古纸研究之四》，《纸和造纸》2011年第1期，第69页。

② 〔唐〕李吉甫：《元和郡县志》卷二十六，清武英殿聚珍版丛书本。

③ 王菊华主编：《中国古代造纸工程技术史》，山西教育出版社，2006年，第121~122页。

④ 〔唐〕舒元舆：《吊剡溪古藤文》转引自《剡录》卷五，见〔宋〕高似孙著，王群栗点校：《高似孙集》（全三册），浙江古籍出版社，2015年，第100页。

⑤ 〔清〕彭定求等编：《全唐诗》卷六百九，中华书局，1960年，第7028页。

为其赋予了瘦硬、强劲、极富生命力又充满禅趣的"韵外之致"①，发出"安得剡藤三千尺，书九万字无渴墨"②的豪迈之语。北宋末年，人们甚至认为"俗人雪句如翻水，陈言堪吊剡藤纸"③，意思就是寻常俗人的陈词滥调根本不配写在剡藤纸上，只有诗文大家才配使用，否则不啻牛嚼牡丹，浪费至极。就算是到了藤纸早已停产的近代，北平琉璃厂南纸店招牌上仍写着"剡藤蜀茧"四字，用来招揽生意，④可见其品质之佳实已深入人心。

　　质量上乘的藤纸很快便被唐代官府指定为麻纸之外的主要公文用纸。据史书记载，唐代最高等级的诏书用黄麻纸，即杜甫所说的"黄麻似六经"，意即尊黄麻纸为纸中最高一品，地位堪比儒家"六经"；而次一等的敕旨（论事敕及敕牒）用黄藤纸；⑤凡涉及赐与、征召、宣索、处分的诏书，用白藤纸；太清宫道观用于书写荐告词文的纸张，则用青藤纸。⑥从封建礼仪上讲，藤纸虽"降于黄麻"⑦，但已然处于"麻纸之下，众纸之上"的地位。专门记载唐代典章制度的《唐会要》中就记载，唐德宗贞元三年（787年），皇帝下敕修写经书，除了让地方诸道提供"写书功粮钱"，还拨给"麻纸及书状藤纸一万张，添写经籍"⑧。

---

① 李月寒：《黄庭坚诗歌中的藤意象分析》，《文学教育（上）》2016年第6期，第44~46页。

② 〔宋〕黄庭坚：《庭诲惠钜砚》，见〔宋〕黄庭坚撰，〔宋〕任渊、〔宋〕史容、〔宋〕史季温注，刘尚荣校点：《黄庭坚诗集注》，中华书局，2003年，第1586页。

③ 〔宋〕葛胜仲：《卫卿弟和诗佳甚复和一首》，见〔宋〕葛胜仲：《丹阳集》卷十八，清文渊阁四库全书本。

④ 张秀铫：《剡藤纸刍议》，《中国造纸》1988年第6期，第61页。

⑤ 〔唐〕李林甫等撰，陈仲夫点校：《唐六典》卷九，中华书局，1992年，第274页。

⑥ 〔唐〕李肇：《翰林志》，清知不足斋丛书本。

⑦ 〔宋〕程大昌撰，许沛藻、刘宇整理：《演繁露》卷之四，大象出版社，2019年，第87页。

⑧ 〔宋〕王溥：《唐会要》卷六十五《秘书省》，中华书局，1960年，第1125页。

连官方文化工程中也只不过供纸1万张,《许琛》那篇鬼话中,节度使王大人竟买了10万张公文纸当作纸钱烧给武相公,足见是下了血本。

在誊写公文之外,文人墨客写文作画,自然也钟爱藤纸。唐代问世的绘画通史《历代名画记》中就记载,早在南齐时期(479—502年),画家毛惠远就曾创作"《七贤》藤纸图"①,虽然实物早已不可追见,但顾名思义,想来是将代表着魏晋风骨的"竹林七贤图"绘制在具有奇崛、古朴意味的藤纸之上,图像与纸材相互映衬,极具中国古典审美意趣。就书画装裱而言,藤纸也是难能可贵的材料,北宋著名书画大家米芾对各种装裱用纸早有评判,称"台藤背书,滑无毛,天下第一,余莫及"②,意即台州所产的藤纸光滑无毛,用于裱褙书籍,可谓独步天下。米芾还曾将"台州黄岩藤纸硾熟",装裱后,据称有"滑净软熟"的效果。③

作为文字载体,藤纸在唐宋时期的应用十分广泛,且与麻纸一样,都是优质纸张的代名词。唐代宗时,朝廷下诏召集14位高僧大德在安国寺校订佛教律疏,每日供给斋饭、茶水、藤纸及笔墨,④可知藤纸在公文系统之外,也被积极用于官方支持的其他文化工程。唐后期会昌灭佛期间,武宗下令拆除天下佛寺,烧毁所有佛教文献。执行过程中,僧人在上元县瓦棺寺阁楼中意外发现"生白藤纸数幅",题名为《南部烟花录》(又名《大业拾遗记》)。正要烧毁之时,僧人们因舍不得卷尾的木质卷轴,争相撕去纸尾部分,待把轴头拆下一看,才发现上面刻

① 〔唐〕张彦远:《历代名画记》卷第七《南齐》,浙江人民美术出版社,2019年,第117页。
② 〔宋〕米芾撰,吴晓琴、汤琴福整理:《书史》,大象出版社,2019年,第159页。
③ 〔宋〕米芾撰,吴晓琴、汤琴福整理:《书史》,大象出版社,2019年,第160页。
④ 〔宋〕赞宁撰,范祥雍点校:《宋高僧传(全二册)》卷第十五《唐京师西明寺圆照传》,中华书局,1987年,第377~378页。

着隋末唐初的大儒颜师古的名讳，而被撕毁的数张白藤纸，正是颜师古所撰手稿。[①]历代学者均视《南部烟花录》为假托颜师古的伪作，造伪者为了增加作品可信度，就编出了一个佛寺阁楼暗藏秘籍的故事。但无论真实与否，在人们的想象中，这种记载着隋炀帝宫闱秘闻的神秘作品，大概只有与上好白藤纸、精致轴头和秘密阁楼相配，才更符合故事逻辑的合理性。

藤纸不单是文人书斋中的珍品，也广泛出现在老百姓的日常生活中。随着唐代茶文化的兴起，书桌上的藤纸开始"入侵"到餐桌之上，据陆羽《茶经》记载，包裹茶饼的"纸囊"，就是以"剡藤纸白厚者"缝制而成的，以此来烘焙茶叶，可"使不泄其香也"[②]。更寻常的或许是折扇，北宋宣和年间（1119—1125年），出使高丽的徐兢记载高丽国人使用一种白折扇，以竹为骨，"裁藤纸鞔之"，扇骨上还有银铜钉饰，竹扇骨越多，就越贵重。[③]要知道，折扇发明自日本，而藤纸起源于中国，高丽国人使用的这种"竹骨藤纸折扇"是典型的文化融合的产物，况且"藤纸扇面"在距离原产地千里之外的高丽国境内也能得见，可见其流传之广。此外，民间还有许多以藤纸入药的土法子，比如，在藤纸上涂满"深山黄牛粪"，贴在疮口上，可以治疗痈疽；[④]或是把藤纸烧成灰，与酒调服，可治疗小儿心肺蕴热、鼻衄出血之类。[⑤]唐代还有一位叫灵鉴的和尚，擅长制作弹丸，且能百发百中。灵鉴法师所做的弹丸里，除了寻常沙土，还添加榆皮半两、紫矿二两、藤纸五张等配

---

① 佚名：《大业拾遗记》跋，见〔唐〕颜师古：《大业拾遗记》，清香艳丛书本。
② 〔唐〕陆羽：《茶经》卷中，宋百川学海本。
③ 〔宋〕徐兢撰，虞云国、孙旭整理：《宣和奉使高丽图经》卷二十九，大象出版社，2019年，第278页。
④ 〔宋〕杨士瀛：《仁斋直指》卷二十二，清文渊阁四库全书本。
⑤ 〔明〕朱橚：《普济方》卷三百八十九，清文渊阁四库全书本。

料。不得不说，就连娱乐用的小小弹丸中都暗藏藤纸的身影，藤纸确实称得上"飞入寻常百姓家"了。

藤类纤维价格低廉，所造纸张又质地优良，造纸"大厨"们似乎终于找到了一种性价比很高的"食材"，可以放心庆祝一番了。然而，还没沿用多久，生活在唐代中后期的人们就发现了一个可怕的苗头。

某年春季，祖籍浙江的唐代文臣舒元舆途经剡溪时，发现正当万物生发的时节，其他植物都迸发出蓬勃生机，唯独溪水两岸绵延四五百里的古藤却"绝尽生意""方春且有死色"。询问之后才得知，"溪多纸工，刀斧斩伐无时，擘剥皮肌，以给其业"，原来竟是剡溪地区的纸工为供应市场需求，肆意砍伐无度，最后造成竭泽而渔的局面。纸工们如此不顾生长周期的开采，或许也与唐宋时期的国家政策脱不了关系。据史志记载，朝廷为确保公文纸的供应，曾以"每张三文"的价格征收藤纸，并且上缴藤纸的纸工可以获得免除户役的巨大利好。① 在经济利益和免除赋役的双重刺激之下，剡溪地区曾经漫山遍野的古藤竟遭到了濒临灭绝的破坏。舒元舆见到这般荒芜景象，大为感慨，甚至动情地为剡溪古藤撰写了一篇吊文，其中写道："藤虽植物……亦将有命于天地间。今纸工斩伐，不得发生，是天地气力，为人中伤，致一物之疾疠若此！"②

然而，舒元舆也明白，在"纸工嗜利，晓夜斩藤以鬻之"的背后，其实是中国知识分子阶层对优质纸张源源不断的庞大需求，所谓"藤生有涯，而错为文者无涯"，只要华夏大地上还存在"为文者"，古

---

① "尚书省施行事，以由拳山所造纸，每张三文，与免户役。"〔宋〕佚名：《趋朝事类》，引自《（嘉庆）余杭县志》卷三十八，民国八年重刊本。
② 〔唐〕舒元舆：《吊剡溪古藤文》转引自《剡录》卷五，见〔宋〕高似孙著，王群栗点校：《高似孙集》（全三册），浙江古籍出版社，2015年，第99~101页。

藤就难以逃脱被剥皮碾骨的厄运。最终，舒元舆得出一个悲观的预测——"恐后之日不复有藤生于剡矣"。此言一语成谶，在继续苟延残喘了两三百年之后，随着其他纸种的崛起，曾经名闻天下的剡藤纸彻底在华夏大地上绝迹了。北宋之后，尽管藤皮纤维也偶尔被用于造纸，但已然不再作为主要原料出现。

行走在生态警戒线边缘的造纸"大厨"们陷入悲痛的沉思。究竟哪种"食材"既能满足造纸业高性价比的原料要求，又有广泛的生长地域和较短的生长周期呢？他们把祖师爷蔡伦传下来的"食谱"翻了又翻，灵光乍现，一个早就被龙亭侯试验成功的原料出现在脑海——树肤！

三、南有乔木：从配料升级为主料的皮纸

《后汉书》中明确记载了中国最早的古纸配方："（蔡）伦乃造意，用树肤、麻头及敝布、鱼网以为纸。"后三样配料显然同属麻类纤维，而树肤则是一种木本韧皮纤维。遗憾的是，史书并未详细记载树肤到底是哪种树皮，但可以想象，龙亭侯蔡伦在造纸之初，想来试验了许多材料，最终创制成功并传至后世的植物品种，据现代学者较为一致的推测，应当是构树。

得出蔡伦以构皮纤维造纸的结论，有如下四个理由。其一，蔡伦是东汉桂阳郡人，家乡在今天的湖南南部，而构树则是当时当地一种随处可见的树种，蔡伦对其应十分熟悉。[1]其二，构树在我国分布非

---

① 钱存训著，郑如斯编订：《中国纸和印刷文化史》，广西师范大学出版社，2004年，"绪论"第8页。

常广泛，在长江、黄河和珠江流域都有大面积生长，而"蔡侯纸"的诞生地河南洛阳也是构树的产区之一，可以很便利地解决原材料供应问题。其三，构树有一大优势为剡溪古藤所不及，那就是生长周期快、轮伐期短、生命力旺盛、极易繁殖，不至于轻易出现被砍伐殆尽的情况。最后，在古人充分认识构树的造纸价值之前，这种树一度被视为"恶木"[①]，既缺乏松、柏那样的文人风骨，也没有麻类、蚕丝那般不可替代的工业价值，老百姓除了摘构树叶子喂猪，没有其他哪个领域非构树不可——产地广、生长快且不与其他生产目的冲突，还有什么比这更合适的造纸材料呢？

蔡伦这个以构皮为"佐料"的创意，为古代造纸"大厨"们点亮了一盏明灯。在"蔡侯纸"创制仅仅一百年后，工匠们就沿着麻类纤维和树皮纤维这两条路径分别探索，成功造出了纯麻纤维纸和纯构皮纤维纸。据汉末魏初的给事中博士董巴记载：

> 东京有蔡侯纸，即伦纸也。用故麻名麻纸，木皮名谷纸，用故鱼网作纸，名网纸也。[②]

以现代造纸工艺的角度来看，其所谓的"麻纸""网纸"同属麻纤维纸，只不过在原料来源上略有差异（一为破麻布，一为旧渔网）；而"谷纸"显然是以"木皮"制成的木本韧皮纤维纸。这个原料分流的意义无比重大，它使中国造纸业从此打破了依赖其他工业制成品废料作

---

① "谷，一名楮，恶木也。"〔宋〕朱熹注，王华宝整理：《诗集传》，凤凰出版社，2007年，第141页。
② 〔三国魏〕董巴：《大汉舆服志》，引自〔汉〕刘珍等撰，吴树平校注：《东观汉记校注》卷十八，中华书局，2008年，第817页。

为主要原料的瓶颈，其在造纸技术上的突破性意义，丝毫不比蔡伦开拓麻类废料利用价值的贡献小。在后世造纸术西传的过程中，无论是最先接触造纸工艺的阿拉伯人，还是中世纪的欧洲人，都始终没能走出搜集破麻布造纸的"老路"，因此在近代"木浆造纸法"出现之前，其造纸工艺一直被锁死在相对初级的水平，造纸业的发展也深受麻布生产和城市贸易的影响（见第十章）。而我们的祖先最迟在汉末三国时期，就已经跨越了造纸原料受限于成品废料的发展陷阱。后世我国造纸工艺和纸类品种无比繁荣的盛况，显然正得益于那些不断改良"蔡侯纸"的无名工匠们。

董巴所谓的"縠纸"在古代又称为"楮纸"，其实就是构皮纸。[①]构树、縠树和楮树实则是同一种树，只不过因地域不同称谓有所差别。与董巴年代相近的三国时期吴人陆玑详细地记述了当时全国各地的构树生长情况：

> 縠，幽州人谓之縠桑，或曰楮桑。荆、扬、交、广谓之縠。中州人谓之楮。……今江南人绩其皮以为布，又捣以为纸，谓之縠皮纸。[②]

由此可见，三国时期北方的河北、北京一带及南方的湖北、江苏、广东乃至越南北部地区都有构树生长。不但如此，以构皮纤维造纸的方法也从地处"天下之中"的洛阳传播到了陆玑生活的"江南"。构树

---

① "縠，即今构树也。南人呼縠纸亦为楮纸。"见〔南朝梁〕陶弘景：《名医别录》，引自〔宋〕唐慎微：《证类本草》卷十二，人民卫生出版社，1957年，第300页。
② 〔三国吴〕陆玑著，〔明〕毛晋广要，栾保群点校：《毛诗草木鸟兽虫鱼疏》，中华书局，2023年，第106页。

这个在文人看来毫无用处的"恶木",不仅从东汉时的造纸"配料"一跃升级为"主菜",而且开始进军全国。

与剡溪古藤濒临灭绝的惨状不同,黄河中下游流域早早就出现了以造纸为目的人为栽培构树的生产经营模式。北魏农学家贾思勰在《齐民要术》中专门列有一个章节《种穀楮》,其中详细介绍了构树的栽培方法和造纸盈利情况,指导农户在何处选地、何时育种、何时耕地、何时砍伐等。据贾思勰观察,构树只需生长1年,就高可及人,长到第3年,就可以砍伐使用了。此外,《齐民要术》尤其申明:

> 指地卖者,省功而利少;煮剥卖皮者,虽劳而利大;自能造纸,其利又多。种三十亩者,岁斫十亩,三年一遍。岁收绢百匹。[①]

贾思勰把农户种植构树的副业分为三等,最低一等纯靠卖树换钱,这种模式虽然省事,但是盈利不多;中等生产者可以对构树进行粗加工,将构树砍伐后剥皮蒸煮,制备成造纸所需的纸浆售卖给专门的造纸坊,这种模式虽然费时费力,但是盈利比单纯卖树要多;最高一等的是"自能造纸"的农户,其自身就能实现"产供销一体化"的个体经营,获利当然也是最多的。此外,6世纪北方构树还实现了"连作"种植模式,按照贾思勰的推算,如果种30亩构树,每年砍伐10亩,每3年就能循环一遍。这样一来,每年都有成熟的构树可供伐用,每年盈利高达"绢百匹",可以算得上农民在粮食生产之外起支柱作用的创收途径了。

---

① 〔北魏〕贾思勰:《齐民要术》卷五《种穀楮第四十八》,《四部丛刊》景明钞本。

从隋代开始，佛教弘法的内在需求与日益昂贵的麻纸之间的矛盾渐渐增大，佛教信众便开始采用当时较为便宜的楮纸书写佛经。敦煌遗书中除了部分初唐时期宫廷写经仍使用昂贵的麻纸，许多隋唐时期的民间写经都用楮纸写就。[①]再加之隋唐时期寺院经济发达，僧侣可以"驱策田产，聚积货物，耕织为生，估贩成业"[②]，一些僧人为了更便利地获得纸张，甚至开始自己种植构树，专供制作写经纸。唐代佛教典籍《华严经传记》记载，一位名为德圆的法师曾特地"修一净园，树诸穀楮，并种香草杂华（花）"，每次入园之前，德圆还要沐浴更衣，用沉香水辛勤灌溉。生长3年后，园内楮树"馥气氤氲"，德圆又"别造净屋"，要求造纸工匠们沐浴熏香后才能入园，"剥楮取皮，浸以沉水，护净造纸，毕岁方成"[③]，每一步骤都充满仪式感。显然，德圆法师的"种植园"是专为造纸所建，其原料自生长之初就与鲜花香水为伴，加之佛心护持，在精神层面上更与寻常纸张不同。据传，德圆法师用这种楮纸抄写的《华严经》"每字皆放光明"，是无比庄严的佛门法宝。

与宫廷偏爱的麻纸、藤纸相比，楮纸是当时更接地气的选择。史书记载唐代官员萧仿为官极为清廉，任岭南节度使期间，南方士绅争相贿赂黄金珠宝，都被萧仿拒之门外。一次家人生病，向城里的小贩要了几颗"槁梅"当作药引，萧仿得知后，竟然亲自跑到市集上把这几颗梅子还了回去。正因如此两袖清风、秋毫不取，萧仿被官府树立为典型的"廉吏"而青史留名。当时，"南海多穀纸"，萧仿还打算让

① 〔日〕石塚晴通著，唐炜译：《从纸材看敦煌文献的特征》，《敦煌研究》2014年第3期，第118~122页。

② 〔后晋〕刘昫等：《旧唐书》卷一，中华书局，1975年，第16页。

③ 〔唐〕法藏：《华严经传记》卷五，引自〔日〕大正一切经刊行会：《大正新修大藏经》第51册，新文丰出版社，1983年，第170~171页。

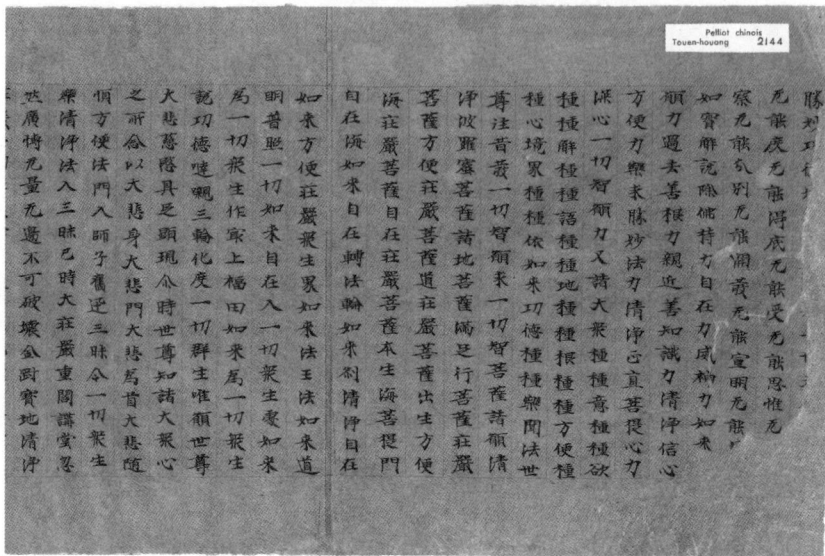

图4-5　敦煌遗书P.2144《华严经卷第卅七》(局部)，隋开皇十七年（597年），楮纸，法国国家图书馆藏

自己的儿子们用当地产的榖纸"缮补残书"[1]，最后因卷帙浩繁、路途遥远，难以运回京城而不得不作罢。萧仿以榖纸修复残书的计划虽未能实现，但这个计划所基于的物质基础想必在当时是具有可行性的：首先，唐代中后期，楮纸生产范围进一步扩大，就连"南海"地区（今广东、广西）都有大量生产；其次，楮纸价格想必不会太高，面对成箱的待修书籍，所耗纸材也当有一定数量，而像萧仿这样白拿了几颗梅子也要亲自送还的廉吏也支付得起，楮纸必定不会像当时的硬黄纸、瓷青纸那般属于奢侈品。

---

① 〔宋〕欧阳修、〔宋〕宋祁：《新唐书》卷一百一，中华书局，1975年，第3959~3960页。

图4-6 〔南宋〕法常《水墨写生图》（局部），楮纸，故宫博物院藏

正因其产量大、价格低，楮纸也逐渐成为隋唐文人重要的书画用纸，许多见诸记载的名家字画都是以楮纸为载体的。如王羲之第七代孙智永和尚的真草《千字文》、唐代大书法家颜真卿的《与夫人帖》《乞米帖》、孙过庭的小草《千字文》等诸多名家真迹，都在楮纸上焕发出耀人的光彩。同时，这也从侧面反映出隋唐时期楮纸工艺精良，润墨性好，运笔无滞涩，因此才能受到文人墨客的垂爱。一些抄造极薄、莹白光滑的优良楮纸，因外观如丝绵一般，被称为"棉纸"。又因楮纸与文人生活息息相关，还被戏称为"楮先生"①；甚至被奉为公爵，尊号

① "（毛）颖与绛人陈玄、弘农陶泓及会稽楮先生友善，相推致，其出处必偕。"〔唐〕韩愈：《毛颖传》，引自〔唐〕韩愈撰，〔宋〕魏仲举编：《五百家注昌黎文集》卷三十六《毛颖传》，清文渊阁四库全书本。

"楮国公"，官居"白州刺史"，职责"统领万字"[①]，俨然成为文具界的地方要员。后世受此影响，乃至在书面用语中以"楮"代"纸"，可见楮纸的深远影响。

到了唐末五代时期，楮纸制造工艺终于超过了地位超然的麻纸和藤纸，一跃成为当世名品，最令人惊艳的当数南唐后主李煜创制的澄心堂纸。这位号称"千古词帝"的风流天子不仅精于书画、通晓音律，有着极高的诗文造诣，对文房四宝的讲究在当时也无人能及。据传，这种由李煜亲自监制的澄心堂纸在制作工艺上有种种精益求精的要求，被诗人总结为：腊月敲冰滑有余、寒溪浸楮春夜月、敲冰举帘匀割脂、焙干坚滑若铺玉。简而言之，就是需要工匠们在寒冷的腊月凿开结冰的溪面，用冬季不含微生物及其他杂质的冰水浸泡楮皮、配置纸浆，之后，用细密的竹帘均匀抄造，刷到平滑的火墙上烘干，最后再小心揭下，双面研光。[②] 如此一来，纸质滑如春冰，坚洁如玉，因此有"纸，李主澄心堂为第一"的盛赞。这种名贵珍品问世之后，李后主将其秘藏在皇宫的"澄心堂"大殿之中，专供宫廷御用。由于澄心堂纸产量不高、用料精良，再兼之"李主用以藏秘府，外人取次不得窥"，更使其蒙上了一层神秘的面纱。

澄心堂纸具体原料配比早已失传，据现代学者推测，澄心堂作为皇家贮藏纸张的"库房"，其中的纸张或许并非单一纸种，且古人大多分辨不清，亦不甚在意不同树皮纤维之间的差别，因此被后世统称为"澄心堂纸"的这种南唐宫廷用纸可能原料大多为构皮，间或有少量桑

---

① "（薛）稷又为纸封九锡，拜楮国公，白州刺史，统领万字，军界道中郎将。"见〔唐〕冯贽：《云仙杂记》卷七，《四部丛刊续编》景明本。
② 汪常明、陈彪：《南唐澄心堂纸考》，《中国书法》2019年第10期，第96页。

皮或青檀皮。但无论如何,澄心堂纸无疑属于一种树皮纤维纸。[1]

随着南唐的灭亡,曾经"百金不许市一枚"[2]的澄心堂纸自然而然成了宋朝统治者的所属物。可惜被李煜视若珍宝的御用澄心堂纸,虽"城破犹存数千幅",但到了武将出身的赵氏皇族手中,起初却并未受到多少重视,堆在仓库里"漫堆闲屋任尘土,七十年来人不知"。直到宋仁宗时期(1010—1063年),崇文爱士的皇帝赵祯才把这些布满尘埃蛛网的前朝旧纸从库房里取出来,少量赏赐给当朝士大夫。此举犹如一石激起千层浪,为数稀少的御赐澄心堂纸在北宋士大夫阶层中轰动一时,文臣们怀着无比崇敬的心情观摩、鉴赏这种前朝珍品,彼此相互赠送、题词吟咏;刘敞和欧阳修甚至专门召开诗会,以"澄心堂纸"为题,分韵赋诗,俨然成为一时诗坛雅事。[3]不少北宋诗人,如梅尧臣、宋敏求等,都有佳作传世,以至于"咏澄心堂纸"成了北宋诗歌中一个独树一帜的咏物主题。

由于澄心堂纸过于珍贵,对澄心堂纸的收藏和使用居然成了士大夫自我衡量才华、地位的标杆。现如今,我们重温宋人"咏澄心堂纸"的诗作时,不难发现收藏者普遍都存在一种"自惭"心理,如梅尧臣

---

① 汪常明、陈彪:《南唐澄心堂纸考》,《中国书法》2019年第10期,第95页。刘仁庆:《澄心堂纸》,《纸系千秋新考:中国古纸撷英》,知识产权出版社,2018年,第112~114页。

② 〔宋〕梅尧臣:《永叔寄澄心堂纸二幅》,《宛陵集》,《四部丛刊》景明万历梅氏祠堂本。

③ 如至和二年(1055年),刘敞得澄心堂纸百枚,自己先以七言诗题其首,并邀欧阳修、韩维等人唱和,是一次专为澄心堂纸而兴起的诗歌唱和。见宁雯:《物之审美与情志寄寓——北宋士大夫关于澄心堂纸的酬赠与文学书写》,《安徽大学学报(哲学社会科学版)》2017年第1期,第69页。此外,欧阳修、吕公著、刘敞等人曾"聚星堂燕集,赋诗分韵。……又赋室中物,公(欧阳修)得鹦鹉螺杯,申公(吕公著)得癭壶,刘原父(刘敞)得张越琴,魏广得澄心堂纸……"见〔宋〕朱弁:《风月堂诗话》卷上,民国景明宝颜堂秘笈本。

在收到友人馈赠的澄心堂纸后，就反复表达了自己不善书法、不忍使用的心情，如"我不善书心每愧，君又何此百幅遗。重增吾赧不敢拒，且置缣箱何所为"①"往年公赠两大轴，于今爱惜不辄开"②。在答谢欧阳修的诗中，梅尧臣还生动地描述了对珍贵古纸的保藏烦恼，"心烦收拾乏匮楼，日畏扯裂防婴孩。不忍挥毫徒有思，依依还起子山哀"，大意是说，自己既没有精美的装具妥善收藏澄心堂纸，又成天担心孩子顽劣将其撕坏，一看到这样的好纸就舍不得下笔，还徒惹出一番国破山河的忧思来。

不单梅尧臣如此自谦，就连名列"宋四家"之一的大书法家黄庭坚也有同样的心情。宋哲宗元祐三年（1088年），秦观之弟秦觌携澄心堂纸看望病中的黄庭坚，黄庭坚在纸上题诗数首，之后极为婉转地表示："余为儿时，见进士刘韶用乌田纸写赋，尝窃笑，以为用隋侯之珠弹雀。使韶今在，岂免一笑邪！"③意思是说，自己幼时曾见庸人暴珍天物，作了几首歪诗俗赋就敢用上好的乌田纸，简直是"以隋侯之珠，弹千仞之雀"，徒惹人耻笑，谁知如今自己也觍然用起澄心堂纸来，反也成了往日自己所嘲讽的庸人了。

与梅尧臣、黄庭坚慎重自谦的态度相比，最为坦然自得的当数一代文宗苏轼。有人不远万里向其求写《宝月塔铭》，东坡当即"使澄心堂纸、鼠须笔、李庭珪墨"④，铺纸研墨，一气呵成。苏轼不仅所用文房

---

① 〔宋〕梅尧臣：《答宋学士次道寄澄心堂纸百幅》，《宛陵集》，《四部丛刊》景明万历梅氏祠堂本。

② 〔宋〕梅尧臣：《依韵和永叔澄心堂纸答刘原甫》，《宛陵集》，《四部丛刊》景明万历梅氏祠堂本。

③ 〔宋〕黄庭坚：《书所作官题诗后》，《豫章黄先生文集》，《四部丛刊》景宋乾道刊本。

④ 〔宋〕苏轼：《题所书宝月塔铭》，引自〔宋〕苏轼撰，〔明〕茅维编，孔凡礼点校：《苏轼文集（全六册）》卷六十九，中华书局，1986年，第2202页。

四宝"皆一代之选",且挥毫泼墨间全无畏缩羞惭之意。这固然与其旷达豪放的天性有关,亦与苏轼身为文坛领袖的超然地位互为因果。[1]就这样,平民百姓无缘得用、普通文人不敢乱用的澄心堂纸,成了检验北宋士大夫才华的"试金石",以至于"古今绝笔所书多在澄心堂纸上"[2],历史上相传用澄心堂纸为材质的字画,如李公麟的《五马图》、蔡襄的《澄心堂纸帖》、米芾的《湖山烟雨图》等无一不是名家名品。名人效应与珍贵纸张的价值相互叠加,让澄心堂纸成为中国古代皮纸中当之无愧的名品。

除了最为常见的构皮纸,桑皮纸也是我国历史悠久的皮纸之一。据传,东晋时,有人家中还收藏着西晋名士张华与其家先祖的书信,其材质"乃桑根纸也"[3]。据现代学者推断,"根"字或是衍文,或是误字,其所谓"桑根纸"其实就是"桑皮纸"[4]。如记载无误,则说明我国造纸"大厨"们早在3世纪就开拓出桑皮纤维这种新的造纸原料。其他历史上曾出现过的树皮纤维还包括瑞香皮、芙蓉皮、青檀皮等,许多种类沿用至今。

实际上,当今学者经统计分析发现,皮纸自汉末登上历史舞台以后即不断壮大。魏晋南北朝时,皮纸在所有纸材中的占比就达15%~20%,地位仅次于麻纸。唐代以后,随着麻纸占比的骤然降低,以楮纸、桑皮纸为代表的各种树皮纤维纸异军突起,在宋金时期达到顶峰,

① 宁雯:《物之审美与情志寄寓——北宋士大夫关于澄心堂纸的酬赠与文学书写》,《安徽大学学报(哲学社会科学版)》2017年第1期,第68页。
② 〔宋〕晁冲之:《晁具茨诗集》卷三,清海山仙馆丛书本。
③ 〔宋〕苏易简著,朱学博整理点校:《文房四谱(外十七种)》卷三《纸谱 三之杂说》,上海书店出版社,2015年,第55页。
④ 潘吉星:《中国科学技术史——造纸与印刷卷》,科学出版社,1998年,第113页。

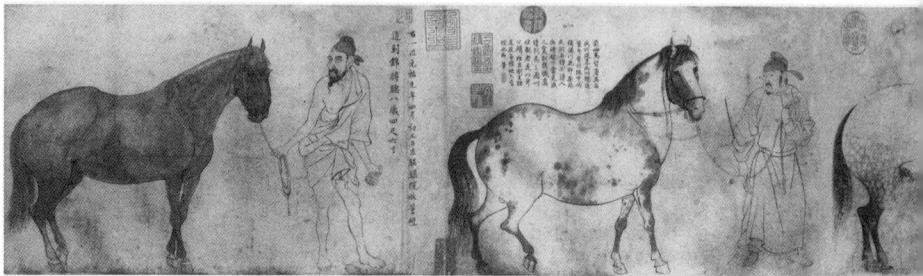

图4-7 〔宋〕李公麟《五马图》，澄心堂纸，日本东京国立博物馆藏。据明代画家项元汴题跋，《五马图》"画于澄心堂纸上，笔法简古……真神品也"。见〔明〕汪珂玉：《珊瑚网》卷二十六《名画题跋二》"龙眠居士李伯时五马图卷"条，清文渊阁四库全书本

图4-8 〔宋〕蔡襄《澄心堂纸帖》，澄心堂纸，台北故宫博物院藏。北宋仁宗嘉祐八年（1063年），蔡襄以这张澄心堂纸真品为样本，写下一封书信，请人照此纸样仿制100幅。信中蔡襄提及某家造纸坊楮料精细，似乎可以达到仿制澄心堂纸的技术需求，但又担心纸匠或不愿为，或不能为，因此蔡襄宁肯多付酬劳，促其仿制成功

释文："澄心堂纸一幅，阔狭、厚薄、坚实皆类此，乃佳。工者不愿为，又恐不能为之。试与厚直，莫得之？见其楮细，似可作也。便人只求百幅。癸卯重阳日。襄书。"

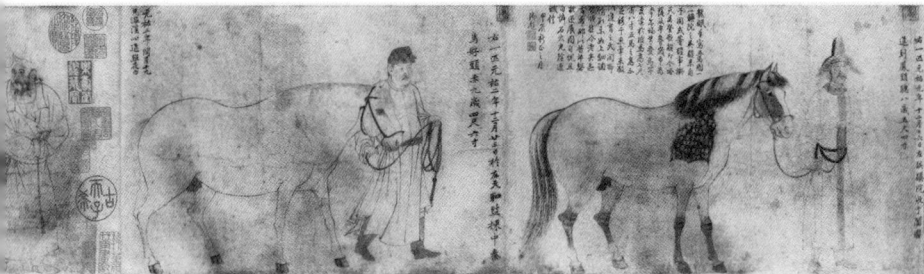

占比高达60%以上，首次超过麻纸，成为使用频率最高的造纸原料。[①]
宋代以降，上到官府公文、宫中簿籍，下到粗使的火纸、包裹纸，都
能看到皮纸的身影，借用《天工开物》中的一句话，就是"万卷百家
基从此起"[②]，生活日用方方面面，都离不开"楮先生"。

继传统麻类纤维之后，造纸"大厨"们终于成功开发出一种经济实
惠、可持续性强的造纸"食材"。但是他们的探索并未止步于此，一个
更大胆的想法冒了出来——还有没有比树皮更便宜、更便捷的材料呢？

四、籰籰竹竿：善打"价格战"的竹纸

清乾隆八年（1743年），一位名叫伯努瓦·米歇尔（Benoist Michel）
的28岁法国年轻人辗转万里，终于乘船抵达广州府澳门港。在这位精
通天文、地理和建筑设计的耶稣会士眼中，清国广袤大地上光怪陆离
的物产、民俗无不充满着奇异色彩。

[①] 李涛：《古代造纸原料的历时性变化及其潜在意义》，《中国造纸》2018年第1期，
第36页。
[②] 〔明〕宋应星：《天工开物》卷中，明崇祯初刻本。

奉乾隆皇帝诏令进京的途中，米歇尔亲眼看见了遍布中国南方郁郁葱葱的茂密竹林——这是出生于法国勃艮第地区的米歇尔从未见过的景色。更让米歇尔感到惊奇的是，大量清国百姓竟然以竹为业，他们以娴熟的手法，将砍伐的嫩竹削成竹片，浸泡漂洗；竹料被反复敲打后，去除粗壳与青皮，再用石灰水反复蒸煮；之后，再把腐烂发臭的竹浆放入水碓，舂成泥状；最后，技艺娴熟的工匠们把竹浆倒入抄纸槽，用大小不同的纸帘把纸浆从槽中抄起，轻荡则纸薄，重荡则纸厚——成千上万张由竹子化身而成的纸就这样产生了！

这与米歇尔认知中的造纸方法大为不同。在米歇尔的老家法国，乃至18世纪以前的整个欧洲，人们都根深蒂固地认为"纸"是"破布"的衍生品——各大城镇中，有专门靠收集旧衣破布为生的"破布收集者"（见第十章）；造纸坊也普遍修建在交通便利、商贸频繁的地区，以便能以低廉的成本收购各地搜集来的破布。造纸坊把破旧的亚麻衬衫、被单、桌布碾碎蒸煮，制成"布浆"，再以类似的方法抄造成纸，这套工艺在米歇尔的世界中传承了千年之久，而神秘的东方竟能用遍地生长、生生不息的植物茎秆造纸，这简直闻所未闻。

30多年后，熟悉满汉双语、深谙孔孟经典的米歇尔已改用"蒋友仁"这个充满儒家思想的汉人名字，参与到圆明园大水法的设计修建和《坤舆全图》的测绘之中，然而，已经是"中国通"的蒋友仁仍对中国"新奇"的造纸方法念念不忘。乾隆四十年（1775年），这位法国传教士过世后，人们发现并出版了他亲手绘成的画册《中华造纸艺术画谱》（*Art de faire le papier à la Chine*），画册中包含27幅水粉画。蒋友仁以一个外国传教士的视角，描绘了一幅幅大清子民早已司空见惯的造纸画面，包括砍伐、刷洗、削皮、碓碎、蒸煮、沤烂、漂白、抄纸、晾干乃至包装、销售这一整套造纸流程。

図4-9 〔法〕蒋友仁绘《中华造纸艺术画谱》

我们很难知道蒋友仁的这本画册在当时的西方世界中是否产生了影响，但当时的欧洲造纸界显然仍对"布浆纸"以外的造纸方法知之甚少，因为仅在《中华造纸艺术画谱》出版14年前，蒋友仁的法国老乡、著名天文学家、法国皇家科学院院士约瑟夫·热罗姆·勒弗朗索瓦·德拉朗德（Joseph Jérôme Lefrançois de Lalande）才刚刚发表了在欧洲引起轰动的造纸论文《造纸的艺术》（"L'Art de faire le papier"）[1]，其中记载了当时欧洲先进的布浆造纸工艺，与东汉时中国纸匠用麻头、敝布、渔网等旧麻废料造纸的方法几乎没有区别。如果蒋友仁生前得以返回故土的话，或许就能够和热罗姆交流一下中国纸匠试验可再生植物纤维时的新发现，从生麻、藤条到各种树皮……在蒋友仁生活的年代，竹子已然是最普遍、最廉价的一种造纸原料。

　　关于竹纸的起源，学术界仍存有争议，但最迟不晚于唐代中期。据李肇《国史补》记载，当时的纸张品类已经有"韶之竹笺"[2]，所谓"韶"就是韶州，即今广东韶关一带，可见竹纸很可能是在幽篁蔽日、竹木繁茂的广东创制成功的。金末文人元好问还曾提到自己在金中都相国寺书市买到一部唐人用竹纸抄写的丛书，[3]由此可见，竹纸在唐代时就已小范围生产并用于书写了。

　　到北宋时，以竹造纸的方法从东南沿海逐渐传播到吴越一带，竹纸的使用也日渐普及，但当时竹纸的质量与已然成熟的皮纸相比仍望

---

① Joseph Jérôme Lefrançois de Lalande (1761). "Art de faire le papier". *Académie des sciences (France)*.
② 〔唐〕李肇：《国史补》卷下，明津逮秘书本。
③ "右《丛书》，予家旧有二本。一本是唐人竹纸番复写，元光闲应辞科时，买于相国寺贩肆中；宋人曾校定，涂抹稠叠，殆不可读。"见〔金〕元好问：《遗山集》卷第三十四《校笠泽丛书后记》，《四部丛刊》景明弘治本。

尘莫及。北宋初期,对文房四宝有着深入研究的苏易简就曾评价"今江、浙间有以嫩竹为纸,如作密书,无人敢拆发之,盖随手便裂,不复粘也"①。也就是说,宋初江浙工匠虽能"以嫩竹为纸",但竹纸易碎且脆,一触就破,还没办法重新粘到一起,质量实在不尽如人意。北宋蔡襄也曾下令不得使用竹纸书写公文,因为往往案子还没办结,写在竹纸上的诉讼文书就已经七零八碎,更谈不上长期保存了。②

　　然而到北宋中晚期时,竹纸就开始沿两条不同的发展策略,分别向"质优"和"价廉"两极分头发展。前者以越州竹纸为代表,致力于改进工艺,提高纸质,努力跻身高端市场。这一过程中,越州竹纸不仅质量大幅度提高,品类、尺寸也丰富起来。据传,位居宰相的王安石就独爱一种"小竹纸",其他士大夫纷纷效仿,直到南宋初年,官场上的书柬往来大多仍用越州所产的这种小幅竹纸。③另一个竹纸质量大幅提升的标志是进军书画领域。文人墨客对书画用纸的要求往往是最高的,但即便如此,竹纸也得到了当时书画名家的肯定。北宋书画大师米芾总结出竹纸的五大优点,包括纸面光滑、发色鲜明、不跑墨、宜笔锋、不易虫蠹等,④可见竹纸经北宋100余年的发展,其中品质精良的竹纸足可与皮纸一竞高下。

---

① 〔宋〕苏易简著,朱学博整理点校:《文房四谱(外十七种)》卷三《纸谱 三之杂说》,上海书店出版社,2015年,第59页。
② "吾尝禁所部不得辄用竹纸,至于狱讼未决而案牍已零落,况可存之久远哉!"见〔宋〕蔡襄:《文房杂评》,引自曾枣庄、刘琳主编:《全宋文》(第四十七册)卷一〇一六《蔡襄二三》,安徽教育出版社,2006年。
③ "自王荆公好用小竹纸,比今卻公样尤短小,士大夫翕然效之,建炎、绍兴以前书柬往来率多用焉。"见〔宋〕施宿:《嘉泰会稽志》卷十七,清文渊阁四库全书本。
④ "滑,一也;发墨色,二也;宜笔锋,三也;卷舒虽久,墨终不渝,四也;性不蠹,五也。"见〔宋〕施宿:《嘉泰会稽志》卷十七,清文渊阁四库全书本。

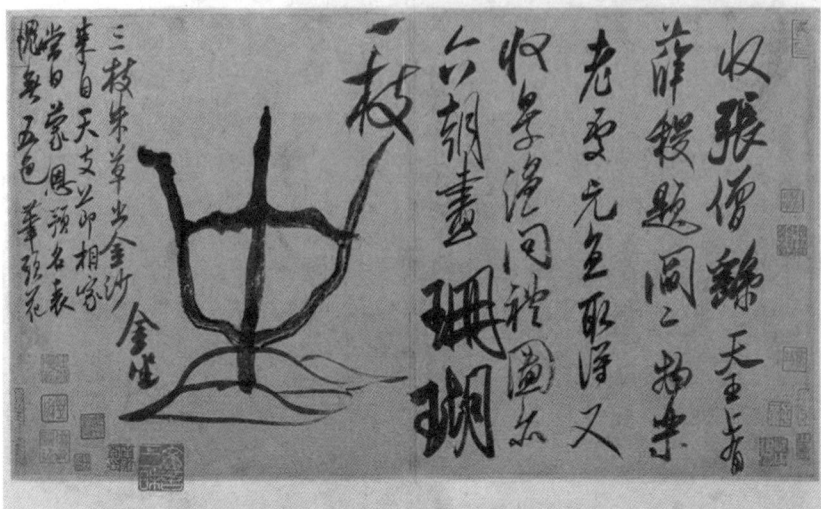

图4-10 〔宋〕米芾《珊瑚帖》，竹纸，故宫博物院藏

从专门记载南宋绍兴府的地方史志《嘉泰会稽志》中，我们可以一窥13世纪初当地竹纸生产的盛况。书中记载："今独竹纸名天下，他方效之，莫能仿佛，遂掩藤纸矣。"也就是说，在南宋嘉泰年间（1201—1204年），越州竹纸已名闻天下，且开发出了当地独有的竹纸加工工艺，获得"今越之竹纸，甲于他处"[①]的好评；而且江浙一带竹料丰富，在原材料获取上比濒临灭绝的剡藤更容易，因此越州竹纸虽为后起之秀，但很快超过了"老牌"特产剡藤纸，成为北宋文人的"新宠"。

竹纸的另一个发展方向则与越州竹纸相反，即不追求品质，转而以量取胜，通过扩大生产、薄利多销的策略占领市场，最具代表性的

---

① 〔宋〕陈槱：《负暄野录》卷下《论纸品》，清知不足斋丛书本。

当属福建竹纸。宋代雕版印刷术的兴起也为造纸业带来重大利好，盛产木材、竹料，靠近水源又交通便利的八闽大地很快占据风口，把竹纸生产与图书出版业紧密结合起来。因竹料易得，价格低廉，福建刻书坊便普遍选用竹纸，大大降低印书成本；反过来，图书出版业也促进了用纸量的激增，进一步刺激造纸坊扩大生产。福建竹纸就这样勃然而兴，后人甚至用"闽中造纸印书，宋时极盛"[①]予以评价。

　　流传至今的宋代福建刻书（即建本古籍），绝大部分都是用竹纸印刷而成的，一些寺院刻印的大部头的佛教典籍，如《毗卢藏》，多达1400余部6000余卷，大多也都是以竹纸印刷而成的。时至今日，日本许多寺院和收藏单位还存有当年留学僧们从福建请回的竹纸经卷。这些廉价竹纸，无疑在大量保存副本、促进文化传播方面起到了重要作用。

　　自宋至清，源源不断的嫩竹被砍伐蒸煮，制成纸张，再被印刷装订成书籍，输送到全国各地乃至朝鲜、日本、越南等邻近国家。然而直到晚明以前，大宗竹纸大多色黄而薄，要么"入手即碎"，要么"稍藏即蠹"[②]，有着短、窄、薄、脆等诸多缺点，是印书纸张中最下一等，这主要是因为竹纤维直而短小，就性能而言不如麻类和树皮纤维柔软纤长。但竹子得天独厚的优势在于生长迅速，所谓"三日掀石，十日齐墙，百日凌云"，造纸所需的嫩竹仅需短短3个月即可成材，况且我国算得上是世界上竹类资源极为丰富的国家之一，约有40属400余个

① 〔清〕叶德辉：《书林清话》卷二，中华书局，1957年，第42页。
② "至于今时，有刚连、连七、毛边之目，尤极腐烂，入手即碎，而人喜用之者，价直轻尔。毛边之用，上自奏牍，下至柬帖短札，遍于天下，稍湿即腐，稍藏即蠹，纸中第一劣品，而世用之不改者，光滑遍于书也。印书纸有太史、老连之目，薄而不蛀，然皆竹料也。"〔明〕谢肇淛撰，韩梅、韩锡铎点校：《五杂组》卷之十二《物部四》，中华书局，2021年，第397页。

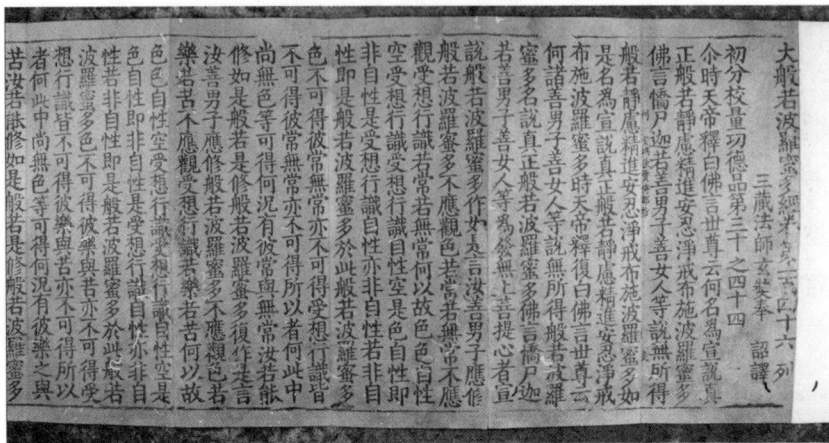

图4-11 〔唐〕释玄奘译《大般若波罗蜜多经六百卷》，宋靖康元年（1126年）六月刻福州开元寺毗卢大藏经本，国家图书馆藏，入选第一批《国家珍贵古籍名录》（名录编号00893）

竹类品种，竹林总面积超5000万亩。[①]这些竹类资源构成了一个可持续、可再生的"文化蓄水池"，由此诞生的海量纸张与雕版印刷术一经碰撞，便迸发出巨大威力。因此，尽管闽中竹纸饱受诟病，但也因其"品最下，而直（值）最廉"，普通文人的书房中十有八九用的都是这种便宜竹纸，[②]其为打破知识壁垒、降低文化流通成本作出了巨大贡献。

到明晚期，随着发酵纸浆、分级蒸煮、日光漂白、高浓打浆、加入植物黏液抄纸和流漉抄纸法等生产工艺日渐成熟，各地竹纸质量普遍显著提高，以往被文人嫌弃的竹纸也开始"登堂入室"，不仅被私人

---

① 王诗文：《中国传统竹纸的历史回顾及其生产技术特点的探讨》，《中国造纸学会第八届学术年会论文集（上）》，1997年，第536页。

② "闽中纸短、窄、鬖、脆，刻又舛讹，品最下，而直最廉。余筐箧所收，什九此物，若稍有力者，弗屑也。"见〔明〕屠隆撰，秦躍宇点校：《考槃余事》，凤凰出版社，2017年，第115页。

刻书坊大量应用，也逐渐得到官府的认可和青睐。明末官修的《大明会典》、清代的大部头书籍《康熙字典》《佩文韵府》《全唐诗》等，都开始采用竹纸印刷，乾隆时期，竹纸已作为宫廷初印本的高档印书纸使用，价格比寻常纸张更贵。此外，竹纸的品种也日益丰富起来，随着连七纸、连史纸、太史连纸、玉扣纸、毛边纸、毛太纸、元书纸等改良品种的出现，竹纸的口碑大为好转，如明末著名的私刻精品毛氏汲古阁，刻书200余种，因校勘精良、刻印俱佳而广受好评，其"所用纸岁从江西特造之，厚者曰毛边，薄者曰毛太，至今犹沿其名不绝"①。

近年来，研究者根据民国时期多家书店的经营书目进行统计，发现当时售卖的近2200部古籍中，竹纸的使用率高达82%，远超树皮纤维纸张（棉纸、开化纸及开化榜纸），尤其明末以来，随着竹纸质量的提高，较为昂贵的棉纸逐渐衰落，之后则由竹纸长期占据绝对优势。②这一结论也可以从现代古籍拍卖市场中得到证实，如果以2011—2013年国内古籍拍卖市场中流通的古籍作为样本，可以发现竹纸的占比高达66%，③可见竹纸是所有造纸原料中沿用年代最久、刻印典籍数量最多的纸种。

如果某位汉唐时期的造纸"大厨"意外穿越到明清时期，去书肆逛上一圈，就会惊讶地发现，原来不只有四书五经、佛道经典这种"高大上"的书籍才配得上大量复制，就连一些"上不得台面"的小说、戏曲、阴阳五行、占卜算命类图书也可以海量印刷，甚至远销域外。当他迫不及待地追问后世的同行为何如此浪费来之不易的造纸原

---

① 〔清〕王锦等：《常昭合志稿》卷三十二，清光绪二十四年活字刊本。
② 邱敏：《古书竹纸研究》，南京艺术学院硕士学位论文，2015年，第33页。
③ 邱敏：《从拍卖古籍看竹纸古籍的种类与价格》，《图书馆学刊》2015年第2期，第115页。

料来刊印这些"旁门左道"时，明清时期的纸工一定会满脸不解地向城外一指："山上的竹子那么多，怎么算得上浪费呢？"

简而言之，中国造纸业自祖师爷蔡伦起，就一直沿着一条鲜明的主线不断发展，即锲而不舍、因地制宜地寻找新材料，以解决用纸需求不断增长而原料常常濒临不足的问题。在此过程中，蔡伦有意识地采用树皮纤维和麻织物废料，这是第一个重大突破；而从麻织物废料完全过渡到植物茎皮纤维，则是第二个突破；从茎皮纤维（包括麻、藤、树皮）过渡到整个植物茎秆（竹、稻草），则或许可以视为第三个突破。这些技术进步无疑为近现代的木浆造纸法奠定了理论和实践基础，至今全世界造纸业仍普遍使用的木浆正是从"植物茎秆造纸"这个创意上发展而来的。

我国造纸原料的历时性变化是一个动态发展、不断丰富的过程。一方面，汉唐的麻纸、宋元的皮纸、明清的竹纸在时间轴线上此消彼长；另一方面，造纸"食谱"的配方花样翻新，原料多样性日渐丰富，出现了各种各样的混合纤维纸，如新疆曾出土桑皮、麻混料纸，故宫博物院藏米芾《公议帖》《新恩帖》为竹、麻混料纸，米芾的《寒光帖》则为竹、楮皮混料纸。[1]最著名的当然要属宣纸，其原料其实是青檀树皮与稻草茎秆的混合物。正是这些自然界中毫不起眼的草木和纸匠们的智慧巧手，使中国成为世界上绝无仅有的、纸张品类无比丰富的国家。

正所谓"纸之制造，首在用料"。这个"破布废料→植物茎皮→植物茎秆"的演进过程，或许在今天的读者看来一气呵成、理所当然，但原料迭代的背后实际上涉及一系列复杂工序，是一次次经验积累和技术革新的结果。与西方世界相比，中国最迟从宋代起就已普遍采用

---

① 潘吉星：《中国科学技术史——造纸与印刷卷》，科学出版社，1998年，第189页。

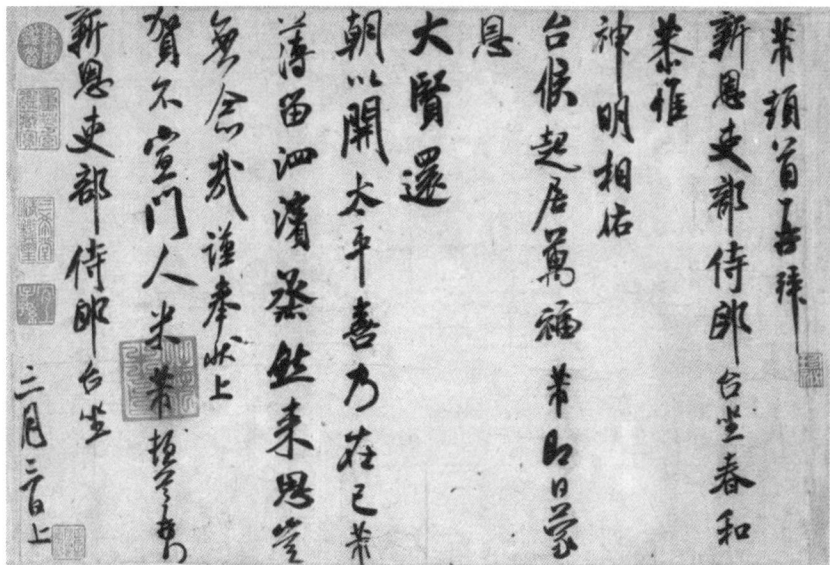

图4-12 〔宋〕米芾《新恩帖》，竹、麻混料纸，故宫博物院藏

野生植物造纸，而欧洲国家却长期被"锁死"在布浆造纸阶段，直到
19世纪后半叶，英国人劳特利奇（Thomas Routledge）才试用禾本科
的针茅草（*Stipa tenacissima*）造纸；[1]1876年，荷兰阿姆斯特丹才首
次出现了以竹纸印刷的荷兰语小册子《以竹为造纸原料》（Bamboeen
Ampasals Grondstoffenvoor Papierbereiding）[2]，而此时的中国已采用植物
纤维造纸的工艺千年之久。

　　至于纸张如何改变了中国乃至世界人民的生活和文化，则是另一
个宏大的叙事了。

---

[1]　Dard Hunter (1957). *Papermaking: The History and Technique of an Ancient Craft*.
　　New York: Dover Publications, Inc. pp. 478, 562.

[2]　Ibid. pp. 571–572.

第二部分

经世济民

第五章
繁花锦簇的纸世界

但见她拿起一把色彩非常艳丽的纸扇来遮住了口，回过头来向公子送一个异常娇媚的秋波。

——《源氏物语》[1]

一、宜室宜家：居室中的雅趣与禅意

夜幕降临，华灯初上。侍女们提着各色纸灯笼，将摇曳婀娜的身姿倒映在莹白如雪的纸隔扇上。书斋案头错落堆叠着各色彩纸写成的情书，每封信笺还配有香草，色彩绚丽，暗香袭人。案上的沉香木书箱里，放着几本精心抄写的和歌册子，书叶选用的是京都纸屋院所造的上等"纸屋纸"或各色"继纸"，封面用的是深蓝色中国花绫，式样典雅又不失庄重。

---

① 〔日〕紫式部著，丰子恺译：《源氏物语（全2册）》第七回《红叶贺》，上海译文出版社，2020年，第161页。

图5-1 《源氏物语绘卷·东屋二》，创作于日本平安时代（约12世纪），日本德川美术馆藏

源氏公子转过描绘精致的画屏，将案上的纸烛拉近，仔细把玩着一把白色纸折扇，扇面上还残留着夕颜花的香气——这是偶然经过乳母住所时，一时兴起向邻家女子讨要的信物——女子掩身于雅致的纸拉门之后，垂手遣女童把盛着娇柔花枝的扇子转交给踏马而来的华衣公子。扇面上还情意缱绻地写着两句和歌："夕颜凝露容光艳，料是伊人驻马来。"

纸灯笼、纸折扇、纸拉门、纸隔扇、纸烛、纸屏风，乃至各色信笺和书写用纸，为我们营造出一个光怪陆离又精美别致的纸世界。这些美好的意象并非出自今人的幻想，而是源于一本成书于千年前的日本小说——《源氏物语》。在这部描写日本平安时代贵族生活的小说中，提到纸制品的次数达200余次，其品类之繁，不禁令人眼花缭乱、啧啧称奇，其中不仅有从中国传入的纸种和制品，也有独具民族特色的本国产物，如纸隔扇就是一种别具日式风情的室内装置，其以木料为骨架，两面糊纸，不仅能起到遮风御寒、分隔空间的作用，还能营造出一种男女之间半遮半掩、隔帘问答的含蓄之美；[①]纸烛则是一种下端卷纸的松木条，长一尺五寸，上端涂油，用炭火烧焦，可供点火照明，一般用于日本古代宫廷之中；[②]至于"纸屋纸"和"继纸"，前者是平安时代京都纸屋院特造的一种高级纸种，后者则是由两种以上异色异质的纸张接合而成的书写用纸，专为文人誊写诗歌之用。[③]朦胧的彩灯、艳丽的画屏、写着情诗的折扇……这些式样繁多、色彩缤纷的纸制品，将颜色、香气、诗歌和书画融为一体，把我们引领进一幅繁华高雅、柔情脉脉的宫廷画卷之中。

　　日本与华夏一衣带水，文化同源。作为纸张的发源地，我国纸制品在唐宋时期达到了繁荣的顶峰。早在三四世纪时，纸张就已经用于制作文房用具、扇子和雨伞。五六世纪时，风筝、灯笼、纸巾和卫生纸相继问世。[④]在自唐至宋长达600余年的时间里，长江流域人口剧增，为解决粮食上的燃眉之急，大量土地被开垦为农田，导致传统麻、丝、葛之类的纤维资源日渐困窘，直到元代棉花大面积种植以后才缓解了

---

① 如第二回《帚木》中描写："室内点灯，女人们的影子映出在纸隔扇上。源氏公子走近去，想窥看室内，但纸隔扇都无缝隙，他只得耸耳倾听。"见〔日〕紫式部著，丰子恺译：《源氏物语（全2册）》，上海译文出版社，2020年，第42页。

② 如第四回《夕颜》中描写："告别之前，教惟光点个纸烛，仔细看看夕颜花的人家送他的那把扇子，但觉用这把扇子的人的衣香芬芳扑鼻，教人怜爱。"见〔日〕紫式部著，丰子恺译：《源氏物语（全2册）》，上海译文出版社，2020年，第64页。

③ 如第三十二回《梅枝》中描写："又有本国制的彩色纸屋纸，色泽鲜艳的纸面上信笔率书着草体字的诗歌，其美亦无限量。""源氏选出所藏各种继纸册子来欣赏。……源氏把灯笼放低，仔细观赏，赞道：'这真是精品了！现今的人，只学得古人的一端呢。'"见〔日〕紫式部著，丰子恺译：《源氏物语（全2册）》，上海译文出版社，2020年，第602页。

④ 钱存训著，郑如斯编订：《中国纸和印刷文化史》，广西师范大学出版社，2004年，第82页。

这种资源危机。但纤维资源的短缺又助推了纸张和纸制品的繁荣，使唐宋两朝进入了一个造纸技术和造纸工艺大发展的时期，不仅造纸原料来源丰富，且加工技术、纸张种类等也都有了前所未有的创新。[①]许多当今社会中惯以丝、棉制作的物品，在当时竟都是以价格低廉的纸张代替而成的。文玩清供、家具陈设、娱乐用具，乃至衣着服饰，各类意想不到的纸制品在文人墨客、佛道居士的吟咏和渲染下，开始向着生活化、雅致化和娱乐化的方向发展。

我们不妨先从起居坐卧都必不可少的家纺类制品谈起。前面提到，《源氏物语》中描写了许多别具特色的日式纸类家什，诸如纸拉门、纸隔扇、纸烛之类。中国民居之中，纸制品的品类更加繁多，如纸帐、纸被、纸枕、纸席、纸帘、纸瓦、纸窗、纸屏风种种，不一而足。

中式的纸窗与日式纸隔扇作用类似，在建筑中可起到美观、防风的作用，自唐代纸价大幅下降之后，窗纸成为上至内府，下至民间都通用的装修建材。冯贽在《云仙散录》中记载，唐德宗时期中书舍人的官署后阁使用"桃花纸"糊窗，裱糊之前还要涂以冰油，[②]既使其防水，又增加透光度，达到白居易所说"纸窗明觉晓，布被暖知春"的效果。

中日两国通用的家居陈设还有纸屏风。最初，屏风以纯木制成，板面髹漆作画，用以遮挡视线、装点居室。但木屏风的缺点是太过笨重，后来，人们便以木材为框架，以绢帛为屏面；纸张普及后，又出现了纸屏风。纸屏风与书法、绘画组合在一起，成就了极具中华美学风格的室内设计。小小一尊纸屏，收天下山水、翎鸟、人物于方丈之

---

① 游修龄编著：《农史研究文集》，中国农业出版社，1999年，第443页。
② "杨炎在中书后阁糊窗用桃花纸，涂以冰油，取其明甚。"见〔后唐〕冯贽编，张力伟点校：《云仙散录》，中华书局，2008年，第46页。

图5-2 〔唐〕佚名绘《花鸟图》纸屏风，1969年吐鲁番市哈拉和卓50号墓出土，纸面用多张大小不等的纸张黏合后绘制而成，新疆维吾尔自治区博物馆藏

图5-3 〔日〕长谷川等伯《松林图》纸屏风，绘于安土桃山时代（约16世纪），日本东京国立博物馆藏

间，起到"于帷幄之中以观天下"的便利，即便是"不文不饰，不丹不青"的纯白素面屏风也深受文人喜爱。香山居士白乐天就以素面纸屏为傲，认为自家那"木为骨兮纸为面"的素纸屏比王公贵族家中"缀珠陷钿贴云母，五金七宝相玲珑"的华贵屏风更能养浩然之气，给人"夜如明月入我室，晓如白云围我床"的居家感受。①

还有许多纸制品为华夏所独有，这些制品在今天的生活中虽大多已经绝迹，却还能从我国古代小说、戏曲和诗词中找到踪迹。比如妇孺皆知的名著《西游记》，在第四十八回《魔弄寒风飘大雪，僧思拜佛履层冰》中，唐僧师徒四人行至陈家庄，遇到妖怪打着"灵感大王"的名号，年年索要童男童女当作祭品，搅得庄户百姓怨声载道、苦不堪言。悟空和八戒摇身一变，化作童男童女模样，与妖怪周旋一番，这才暂时解了陈家庄的危机，但这也为后来唐僧落水通天河埋下伏笔。为将河水冻住，诱惑唐僧等人踏冰渡河，"灵感大王"故意降下白茫茫一场大雪，书中描写道：

> 却说唐长老师徒四人，歇在陈家。将近天晓，师徒们衾寒枕冷。八戒咳歌打战睡不得，叫道："师兄，冷呵！"行者道："你这呆子，忒不长俊！出家人寒暑不侵，怎么怕冷？"三藏道："徒弟，果然冷。你看，就是那：
>
> ……
>
> 皮袄犹嫌薄，貂裘尚恨轻。蒲团僵老衲，纸帐旅魂惊。
>
> ……

---

① 〔唐〕白居易：《素屏谣》，见〔唐〕白居易著，谢思炜校注：《白居易文集校注》卷第二，中华书局，2011年，第93~94页。

师徒们都睡不得，爬起来穿了衣服，开门看处，呀！外面白茫茫的，原来下雪哩！行者道："怪道你们害冷哩，却是这般大雪。"①

在皮袄貂裘都"嫌薄""恨轻"的大雪天里，僧人们在行旅之中却只能僵卧蒲团，用纸扎的帘帐来躲避风寒，饶是八戒修为了得，也禁不住这般的"衾寒枕冷"，更不用说唐三藏此等肉体凡胎了。

除了纸帐，其他纸质卧具也大多是清贫困苦的代名词，如宋元南戏《张协状元》中，描述主人公张协进京赶考时遭遇盗匪，"朔风又起，檐儿里，纸被袄儿尽劫去，手儿脚儿，浑身悄如水"。幸而张协偶得贫女周济，不仅施舍给他热粥果腹，"更与君旧纸被"②，这才侥幸免受冻饿之苦。穷酸文人的行囊之中，只有纸被、纸袄傍身，饶是如此，还被洗劫一空，可见其境况之惨，但这也与后文中张协金榜题名却忘恩负义、辜负贫苦发妻形成了鲜明对照，成为后世《铡美案》中"陈世美"这类负心书生的创作母型之一。

戏曲、小说中的情节是古代生活的真实写照，文人士大夫在微贱之时，"不得已"使用纸制品御寒，文墨中便难免留下不少牢骚之语，如南宋诗人高翥就曾自我调侃说："更有诗人穷似我，夜深来共纸衾眠。"③在寒冬中置备纸制品，甚至成了宋代贫寒人家必不可少的生存之道。陆游在《初寒》诗中自注说"小室今年冬初增瓦三百个，三面窗

---

① 〔明〕吴承恩著，李天飞校注：《西游记》第四十八回，中华书局，2014年，第635~636页。
② 〔明〕佚名：《张协状元》，见刘崇德编：《全宋金曲》卷九，中华书局，2020年，第452页。
③ 〔宋〕高翥：《同周晋仙夜宿》，见〔清〕陈訏辑：《宋十五家诗选·菊磵诗选》，清康熙刻本。

皆设纸帘"①。陆游出身名门望族、藏书世家，是名副其实的官宦子弟，这种富裕人家在初冬时尚且需要加设纸帘以求保暖，寻常百姓对纸制品的使用恐怕就更为普遍了。更有甚者，不单在起居之所加纸帘保暖，连养花之处也概莫能外，南宋杨万里担心风雨败花，于是"为花作宅"，他在《芍药花》中还写了花房的制作材料和制作方法："何以盖花宅？雪白清江纸。纸将碧油透，松作画栋峙。铺纸便成瓦，瓦色水精似。"②即将雪白的清江纸用油浸透，制成"油帘"，再覆于花房之上，以达到人花皆暖的效果。

宋代大文豪苏轼父子也是纸质卧具的忠实粉丝，有许多诗作围绕纸帐、纸被等物展开。苏轼的幼子，世称"小坡"的苏过在《山居苦寒》诗注中，记录了一件亲身经历的逸事：苏氏草堂东南住着一位姓梁的老太太，80多岁，耳聋目盲，佝偻枯瘦，苏过偶然遇见，便动了恻隐之心，心想"天甚寒，是且冻死"，决定回家一定嘱咐侄子苏符做一床纸被送给老太太。不巧苏过之后竟忘记了此事。某日，梁老太太忽然主动遣儿子向苏过索要纸被。梁家儿子丈二和尚摸不着头脑，不知母亲为何派自己贸然上门求索。苏过知道后却不禁感慨，不知这老姬是能神游于外，与自己心有所感；还是苦寒之极，从梦中有所"感应"。③也正因为

① 〔宋〕陆游：《剑南诗稿》卷五十九《初寒》，见〔宋〕陆游著，钱仲联、马亚中主编：《陆游全集校注》，浙江古籍出版社，2015年，第300页。
② 〔宋〕杨万里：《芍药花》，见〔宋〕杨万里撰，辛更儒笺校：《杨万里集笺校》，中华书局，2007年，第1861~1862页。
③ "草堂之东南有梁姬，八十余岁，形貌瘠伛，耳目皆废，余偶见而哀之，默谓犹子符：天甚寒，是且冻死，当制纸被与之，既而忘之。一日，忽遣其子来索纸被，其子亦不知安授此意，余卒与之。然聋聩老病如此，岂其神完而外游，得吾之心耶？抑苦寒之极而发于梦寐也。事稍异，故记之。"见〔宋〕苏过：《山居苦寒》，见〔宋〕苏过撰，舒星校补，蒋宗许、舒大刚等注：《苏过诗文编年笺注》，中华书局，2012年，第187~188页。

有许多像梁氏老妪这般寒不能衣、饥不能食的贫苦大众，纸制品在宋代甚至成为一种特定的社会救济物资，一些州郡专门设有照顾鳏寡孤独的"居养院"，每到寒冬之时便发放纸衣和薪火，以保障底层民众最基本的生活需要。

除了用纸、咏纸，宋代文人还放下身段，研究起纸制品的制作和护理方法，对五花八门又极接地气的"生活小窍门"毫不吝惜笔墨。前有苏易简的"造纸衣法"①，后有苏东坡的"纸被护理法"②。这些掺入各类草本蒸、煮、捶、打的小妙招，今日读来或许有些新奇怪诞，却是古人摸索出来对抗严寒、延长纸制品使用寿命的"灵丹妙药"，也是前人在纤维资源短缺的处境下宝贵的经验总结。

唐宋时期丝绵制品的短缺，一方面迫使文人与满是穷酸气的纸制品"和解"，另一方面也推动纸制品向雅致化和禅意化的方向发展。以纸帐为例，不仅使用范围广、沿用时间长，还衍生出了一整套极具诗情画意的陈设方法和象征意义。早在唐朝末年，诗僧齐己便在诗歌中提及纸帐，其《夏日草堂作》开篇即云"沙泉带草堂，纸帐卷空床"③，为读者描绘出一幅炎炎夏日中静坐禅床，纸帐斜卷，清修礼佛的景象。唐五代诗人徐夤更专门作《纸帐》诗一首，成为诗歌专咏纸制品的第

---

① "亦尝闻造纸衣法，每一百幅用胡桃、乳香各一两煮之，不尔，蒸之亦妙。如蒸之，即恒洒乳香等水，令热熟阴干，用箭干横卷而顺蹙之，然患其补缀繁碎，今黔、歙中有人造纸衣段，可如大门阔许。近士大夫征行亦有衣之，盖利其拒风于凝沍之际焉。"见〔宋〕苏易简著，朱学博整理点校：《文房四谱（外十七种）》卷三《纸谱 三之杂说》，上海书店出版社，2015年，第59页。

② "纸被旧而毛起者，将破，用黄蜀葵梗五七根，捶碎水浸，涎刷之，则如新。或用木槿针叶捣水刷之，亦妙。"见〔宋〕苏轼：《物类相感志·衣服》，见〔宋〕苏轼著，李之亮笺注：《苏轼文集编年笺注》，巴蜀书社，2011年，第501页。

③ 〔唐〕齐己：《夏日草堂作》，见〔清〕彭定求等编：《全唐诗》卷八百三十八，中华书局，1960年，第9441页。

一人。据记载，徐夤为避战乱，迁至福建汀州隐居不仕。虽穷困潦倒，但徐夤还是以积极乐观的人生态度和诗人独有的浪漫情怀，把纸帐美化为月宫嫦娥才有的风雅之物，诗中所言"几笑文园四壁空，避寒深入刹藤中。误悬谢守澄江练，自宿姮娥白兔宫"[1]，一方面道出自己家徒四壁，无奈以纸避寒的窘境；另一方面，也衬托出纸帐宛如"澄江练"一般的柔滑质地和诗人犹如置身月宫之中的清雅恣意。

时至宋代，以纸帐为吟咏对象的文学作品大量涌现，遍及诗词、戏曲、小说、散文之中。据统计，宋人著作中记有纸帐意象的作品足有300余条，其中诗歌即占240多条，[2]可见纸帐已成为当时颇受人们欢迎的吟咏题材，甚至作为一种符号化的意象而被广泛运用。宋代使用纸帐、赞咏纸帐的文人群体更为广泛，其中不乏名家巨擘，如北宋江西诗派的鼻祖黄庭坚在《别刘静翁序》中，赞誉刘静翁"其人如孤云野鹤，来亦无心，去无定所"，周身行李只"纸帷、布被、琴、鹤"[3]而已，颇有几分王子猷"雪夜访戴"式的潇洒。纸帐在诗人骚客的笔下，亦被赋予了厌弃世俗、清贫乐道、高标绝尘的文人风骨。

到了南宋，更是出现了"梅花纸帐"这样一整套家具陈设，使室内装潢的文雅之气臻至顶峰。南宋词人林洪在《山家清事》中仔细描述了"梅花纸帐"的全套配置：卧床的黑漆床柱上要挂有锡瓶（也有挂铜瓶、胆瓶者），瓶中插梅花数枝，左右设挂衣的横木，角落置斑竹

---

① 〔唐〕徐夤：《纸帐》，见〔清〕彭定求等编：《全唐诗》卷七百十，中华书局，1960年，第8174页。

② 胥树婷：《论纸帐、纸衣、纸被——生活应用、文学书写和文化意义的阐释》，南京师范大学硕士学位论文，2016年，第27页。

③ 〔宋〕黄庭坚：《别刘静翁序》，见〔宋〕黄庭坚著，刘琳、李勇先、王蓉贵点校：《黄庭坚全集》，中华书局，2021年，第1352~1353页。

制成的书橱，配几册善本、一把拂尘。床上"用细白楮衾作帐罩之"，帐中配"布单、楮衾、菊枕、蒲褥"。床前设"小踏床"，再立一尊香炉，燃上袅袅的"紫藤香"——在这堪比人间仙境的梅花纸帐中"独宿一宵"，简直比"服药千朝"更具修身延年之效。[1]

除了在床柱胆瓶中插梅，古人亦在纸帐上画梅。宋徽宗时期有一位道士，俗称"康道人"，以善画墨梅而声名大噪，据说其为当朝权贵所画的全树梅花帐极为精美，有"不学霜台要全树，动人春色一枝多"[2]的美誉。迨至宋末，梅花纸帐的画面空间更加丰富，除了全树梅花，其间还绘有苍石、兰竹、鸣禽、残雪、缺月等物，细细看去，给人以"杳不知是雪、是月、是仙、是花"[3]的朦胧意境。文人卧于其中，既能赏此美景，又可高卧读书，加之纸帐翩翩，香烟袅袅，正如《醒世恒言》"赫大卿遗恨鸳鸯绦"中女尼空照所说："我们出家人，并无闲事缠扰，又无儿女牵绊，终日诵经念佛，受用一炉香，一壶茶，倦来眠纸帐，闲暇理丝桐，好不安闲自在。"[4]此等兼顾雅趣与禅意的中式纸帐，与源氏公子那富贵旖旎的日式"纸斋"相比也不输分毫。

---

[1] "法用独床，傍植四黑漆柱，各挂以半锡瓶，插梅数枝，后设黑漆板，约二尺，自地及顶，欲靠以清坐。左右设横木一，可挂衣，角安班竹书贮一，藏书三四，挂白尘一。上作大方目顶，用细白楮衾作帐罩之。前安小踏床，于左植绿漆小荷叶一，置香鼎，燃紫藤香。中只用布单、楮衾、菊枕、蒲褥。乃相称'道人还了鸳鸯债，纸帐梅花醉梦间'之意。古语云：'服药千朝，不如独宿一宵。'倘未能以此为戒，宜亟移去梅花，毋污之。"〔宋〕林洪：《山家清事》，明顾氏文房小说本。

[2] 〔宋〕朱松：《韦斋集》卷之六《绝句三峰康道人墨梅三首》，《四部丛刊续编》景明本。

[3] 〔宋〕陈仁子：《牧莱脞语》卷十三《题黎晓山梅帐》，清初景元抄本。

[4] 〔明〕冯梦龙：《醒世恒言》第十五卷《赫大卿遗恨鸳鸯绦》，中华书局，2009年，第183页。

图5-4　明代室内场景中陈设的梅花帐、屏风、灯具、书籍，再现了清雅别致的古典中式装潢

二、可守可攻：战地中的通信与武装

梁武帝太清三年（549年），春。京都建康城（今江苏省南京市）正值草长莺飞、杨柳拂堤的好时节。若非半年前叛将侯景率八千大军渡江而下，威逼京城，想必素来莺歌燕舞的建康城郊外也应有"儿童散学归来早，忙趁东风放纸鸢"的闲适景致。然而，这种太平日子对梁武帝及太子萧纲来说已经太过久远。

就在前一年（548年）九月，百姓听闻侯景大军兵临城下，争相逃入城中。南朝的士大夫们几十年不见刀兵，闻此剧变，惶惶不可终日，毫无组织抵抗的能力。侯景里应外合，渡江后短短5天之内就攻破京城，把梁武帝在内的一应皇室贵胄围困到小小的台城之中（今南京鸡鸣寺）——由此拉开了中国军事史上一场著名的围城战，史称"台城之围"。

在这场长达4个月的围城战中，攻守双方把古代军事工程学运用到了极致，投入战场的军工设备可谓五花八门：叛军制造出攻城器械"尖顶木驴"，守将便投掷"雉尾炬"，用油浇灌后将木驴全部烧光；叛军在台城四周堆起土山，守将便挖掘地道，使土山崩塌；叛军又造出高达十多丈的登城楼车……你攻我守，僵持不下。

在这种处境下，坐困愁城的梁太子萧纲与援军长期无法通信，军师将军羊侃便出谋划策，提议制作纸鸢，将皇帝敕书绑到纸鸢上，纵风而放，期望其能飘到援军营中，互通消息。纸鸢上还题有九个大字"得鸥送援军，赏银百两"[1]，意思就是说，凡是捡到这只纸鸢并把它送

---

[1] 〔宋〕司马光编著，〔元〕胡三省音注：《资治通鉴》卷第一百六十二《梁纪十八》，第5001~5002页。

至援军的人，就能得到赏银100两。对于这个听起来非常不靠谱的主意，梁太子的反应居然是"太子自出太极殿前，乘西北风纵之"，即亲自拿着纸鸢，趁着西北风，在高处把纸鸢放了出去——足见皇室众人当时何等急切与窘迫。

然而"放纸鸢法"未能得偿所愿，《资治通鉴》用了短短一句话就写出了这只纸鸢的"下场"——"贼怪之，以为厌胜，射而下之"，换句话说，就是叛军看到纸鸢后感到非常奇怪，以为守城的羊侃一方又想出了什么降神诅咒的怪招儿，把纸鸢一箭射了下来。想象一下，满怀期冀的太子萧纲眼睁睁地看着亲手放飞的纸鸢还没越过敌营就被一箭射穿，翩然落地，该是何等地手足无措、捶胸顿足啊。

纸鸢就是我们今日的风筝。台城之围则是我国史书上第一次尝试以"纸鸢"用于军事通信的记载，其结局之荒诞惨烈，以86岁高龄的梁武帝萧衍活活饿死为句点。自此之后，"台城纸鸢"便成了一个典故，诗人每每感叹故国兴亡之时，都会拿来引用一番，如"只知河朔归铜马，又说台城堕纸鸢"[1] "疲卒时间仙鹤唳，台城空见纸鸢飞"[2] 等，莫不如是。

与之遥相呼应的是蒙古灭金时期的汴京之围。发祥于东北白山黑水之间的女真人，自入主中原以来，在两三代人的短暂时间内，就一改与北宋作战时"用兵如神，战胜攻取，无敌当世"[3] 的骁勇之风，达到了非常高的汉化程度，不单女真天子能够"赋诗染翰，雅歌儒服，

---

① 〔金〕元好问：《壬辰十二月车驾东狩后即事五首》，见〔金〕元好问撰，周烈孙、王斌校注：《元遗山文集校补》卷第八，巴蜀书社，2013年，第319页。
② 〔清〕陈作霖：《可园诗存》卷二《哀江南曲》，清宣统元年刻增修本。
③ 〔元〕脱脱等：《金史》卷四十四《志第二十五》，中华书局，1975年，第991页。

分茶焚香，弈棋象戏”①，就连中下级将领也过上了"吹弹那管弦，快活了万千"②的纨绔生活。这样温柔富贵的日子过了不足百年，面对压境的蒙古大军，金朝统治者就沦落到和当年北宋同样被动挨打的境地。

金哀宗开兴元年（1232年）三月，同样是一个风和日丽的春日。金朝统治者节节败退，一路失守，从中都（今北京市）一路退到南京（今开封市）。城外，蒙古猛将速不台虎视眈眈，伺机而动；城内，怯懦无能、刚愎贪鄙的守将完颜白撒却发起了国难财。围城期间，白撒命令属下把竹子编成护帘，用以抵挡蒙古大军的箭矢炮石。行工部火速派人入城搜集竹料，不承想平日随处可见的竹料一夜之间踪影全无，连半根竹片都找不出来。白撒知悉后大发雷霆，把行工部主事叫到跟前"怒欲斩之"③。主事吓得抖如筛糠，事后，员外郎张裒凑过来提点道："钱多好办事，为何不去白撒府上试试看呢？"主事这才一拍脑门，恍然大悟，"怀金三百两径往"，连夜给白撒府上的家童送去黄白之物。一番操作后果然立竿见影，一大批竹料就又凭空出现了。

白撒不仅在发财的门道上突发奇想，在守城方面也不遑多让。面对炮石如雨的蒙古军攻势，白撒想出一招，计划招募死士1000人，从城墙脚挖开地道偷偷溜出城，以城墙上悬挂红纸灯作为信号，灯一亮就摸过护城壕，烧毁蒙古军的炮座。但白撒没想到的是，如此显眼的

---

① 〔金〕宇文懋昭撰，崔文印校证：《大金国志校证》卷之十二《纪年·熙宗孝成皇帝四》，中华书局，1986年，第179页。

② 〔元〕李直夫：《便宜行事虎头牌杂剧》，见〔明〕臧懋循辑：《元曲选》，明万历刻本。

③ 〔元〕脱脱等：《金史》卷一百十三《列传第五十一》，中华书局，1975年，第2488页。

红纸灯笼刚一点亮，立刻就被敌方发觉，导致这出大戏还没唱响就被迫闭幕。

白撒又灵机一动，觉得不如制作大批纸鸢，把招降文书绑在纸鸢上，等纸鸢飘到蒙古大营就剪断绳子，空投一轮白花花的传单，以此来动摇敌方军心，诱惑在蒙古军中的金人。这种漏洞百出的军事策略，且不说在敌军眼中是何等滑稽可笑，就连白撒自己阵营中的人都评价说："宰相欲以纸鸢、纸灯退敌，难矣。"①

当时汴京城中人人皆兵，就连往日那些肩不能扛、手不能提的太学生也被编成一支军队，名曰"太学丁壮"，被打发做一些搬运炮弹的重体力活。但整日读孔孟之书的文弱书生们哪里是干劳役的材料？于是，几个胆子大的太学生就越过完颜白撒，一状告到了御前。白撒恨得咬牙切齿，事后狠狠杖责了户部主事，还自作主张把太学生们派到城楼上去放风筝、写传单，或是让他们半夜顶着凉风，像活靶子一样在城楼上举着红纸灯，威胁他们"灯灭者死"。这些书生虽免了劳役之苦，却"皆不免奔走矢石间"②，反而更加朝不保夕。整整16个昼夜过后，蒙古大军停止进攻，至此，《金史》记载，汴京城"内外死者以百万计"③。

纸灯、纸鸢原本是出于照明、游乐的目的而制作的，其被运用于军事目的，大多是作为通信手段，比如以不同颜色的纸灯传递不同含义的信号，或用纸鸢传递书信之类。除了台城之围、汴京之围，史上也有成

---

① 〔明〕陈邦瞻：《宋史纪事本末》卷九十《蒙古取汴》，中华书局，2015年，第1016页。

② 〔金〕刘祁撰，崔文印点校：《归潜志》卷第十一《录大梁事》，中华书局，1983年，第123~124页。

③ 〔元〕脱脱等：《金史》卷一百十三《列传第五十一》，中华书局，1975年，第2497页。

图5-5 〔宋〕苏汉臣《百子嬉春图》（局部），故宫博物院藏

功案例，如唐德宗建中二年（781年），唐朝将领张伾驻守临洺（今河北省永年县），被军阀田悦等反叛军围攻。率兵来援的马燧并未急于营救，城里的张伾急得像热锅上的蚂蚁，赶紧放出一只纸鸢飞过敌营。敌人没来得及张弓射箭，纸鸢这才侥幸掉到马燧营中。上面写道："三日不救，洺人且为悦食！"[①]意思是如果3天之内还不来救援，临洺的百姓就要成为叛将田悦刀板上的鱼肉了。马燧等人这才率军解围。

这次以纸鸢传递军情的事例虽然成功，但毕竟只是小概率事件，真到需要以纸灯、纸鸢通信时，情势大抵已经极为危急。毕竟纸灯的传递范围只限于目力所及；纸鸢在放飞过程中又极易受自然因素干扰，

---

① 〔清〕赵翼：《陔馀丛考》卷四十《纸鸢木鹅画狮》，中华书局，1963年，第899页。

一旦风向、风力改变，或被敌人截获，就有通信阻断、泄露军机的风险，故而清代史学家赵翼评价纸鸢"只有时备用"。按照中国传统军事思想，所谓"上兵伐谋，其次伐交，其次伐兵，其下攻城"，连围城都已属于下下之策，更不用说寄全部生机于一小小纸鸢了。

但纸张一旦与火药结合，就能反守为攻，成为一种颇具杀伤力的武器。宋代是火器迅速发展的时期，出现了一种专门用来制作火药的纸，其中较为轻薄坚韧的做成纸捻，用以点燃火药；厚实坚固的则制成纸筒，用来包裹火药。实际投入战场的杀伤性武器如"火箭筒"和"火球"，也需要用纸包裹。

金代的女真人可以算得上是使用火器的行家。《金史》记载，金军配备有一种长杆状的火器，名叫"飞火枪"，即在枪头上用绳子系一个二尺长（80多厘米）的纸筒，纸筒以16层"敕黄纸"重重包裹而成，十分结实耐用。纸筒里填满"柳炭、硫黄、砒霜"作为火药，再把尖锐的铁渣、磁末混杂其中，当作子弹。战场上，每个士兵都随身携带一个小铁罐，用来保存火种，临阵时点燃纸捻，据说可以达到"焰出枪前丈余，药尽而筒不损"[1]的效果。这种"飞火枪"虽然在面对面的野战中作用有限，但在自上而下的守城战中杀伤力却能明显大增。在汴京之围中，金军站在高高的城楼上，手持"飞火枪"，朝着如蚂蚁一般攀涌上来的蒙古军狠狠刺去，火焰瞬间喷射出十余步，素以骁勇著称的蒙古军队也不敢再轻易靠近。[2]

---

[1]〔元〕脱脱等：《金史》卷一百十六《列传第五十四》，中华书局，1975年，第2548页。

[2] "时有火炮名'震天雷'者，用铁罐盛药，以火点之，炮起火发，其声如雷，闻百里外，所爇围半亩以上，火点着铁甲皆透。……又有'飞火枪'，注药，以火发之，辄前烧十余步，人亦不敢近。蒙古惟畏此二物。"见〔明〕陈邦瞻：《宋史纪事本末》卷九十《蒙古取汴》，中华书局，2015年，第1016~1017页。

不单火器需要用纸，传统的箭矢也有用纸制成的，不过应用起来可比蒙金战场上血火漫天的场景要旖旎得多。据传唐敬宗李湛曾发明过一种纸箭，箭筒中包裹龙麝末香，闲来无事的时候，就把后宫大小妃嫔宫女聚在一起，用竹皮弓朝爱妃们射着玩儿。凡是有幸被圣上的纸箭射中的人，不仅"浓香触体，了无痛楚"①，恐怕还会暗中窃喜，与中了爱神丘比特之箭的心理类似。因此，人们又把这种纸箭戏称为"风流箭"，实则与顽童用弹弓射纸团差不多，谓之玩具则近，谓之武器则远。

行伍之中更具普遍意义的纸制装备，还得属纸甲。古人以纸为衣的做法最早出现于晋代，但并非寻常日用，而是作为入殓时的丧服。宋代释德洪所著《石门文字禅》中就记载过一个充满神异色彩的故事：晋建兴二年（314年），有人在旱地上发现了两株盛开的"千叶青莲"。众所周知，莲花是一种水生植物，可这株青莲却偏偏开在干旱无水的土地上。人们啧啧称奇，顺着莲花向地下挖去，只见莲花的根茎竟是从一副瓦棺中长出来的。开棺一看，棺中遗骸身穿纸衣，头颅的齿颊中竟然生出莲子。瓦棺中还刻有一行铭文，说"僧不知名氏，唯诵《妙法莲华经》已数万部。既化，遗言以纸为衣，瓦棺葬于此郡"②。意即某位无名僧人，因日日念诵《妙法莲华经》，坐化后竟真的"口吐莲花"。众人把这一神异之事奏报朝廷，皇帝亦有感于这位纸衣瓦棺的高僧佛心赤诚，于是降旨在原址修建一座寺院，寺名就叫作"莲华寺"，以志纪念。

此后，纸衣便在僧侣群体中流传开来，既因其简朴节省，符合佛

---

① "宝历中，帝造纸箭竹皮弓，纸间密贮龙麝末香。每宫嫔群聚，帝躬射之，中者浓香触体，了无痛楚，宫中名'风流箭'，为之语曰：'风流箭，中的人人愿。'"见〔宋〕陶穀撰，郑村声、俞钢整理：《清异录》卷下《武器门》，大象出版社，2019年，第10页。

② 〔宋〕释德洪：《石门文字禅》卷二十一《隋朝感应佛舍利塔记》，浙江古籍出版社，2019年，第498页。

家清修的要求，也因佛教教义讲究不杀生（杀蛹取丝有违戒律），故而修行之人以“不衣蚕口衣”为准则。也正因如此，纸衣成了颇受出家人青睐的清修服饰，甚至有以常年身穿纸衣而扬名立万者。唐代大历年间（766—779年），有一位苦行僧“不衣缯絮布絁之类，常衣纸衣，时人呼为纸衣禅师”[①]。宋初，还有一位西天竺来的高僧转智，不论严寒酷暑都穿一身“楮袍”，人们称其为“纸衣和尚”[②]。

以纸为衣的风俗在我国明清时渐渐消弭，但被邻国日本效仿和继承。据传日本自平安时代起就开始制作纸衣，并一直延续至近现代。晚清大学者俞樾以为宋人以纸为衣的记载只是古人凭空杜撰或以讹传讹（“疑或谰语”），直到自己收到日本友人赠送的几匹纸布后，才知道古籍记载属实。俞樾还兴致勃勃地把日产纸布裁制成衣，展示给亲朋好友，却不料“聊可诧朋侣，人笑太粗”[③]，反被亲友嘲笑了一番。直到现在，日本仍有江户时代流传下来的涂过油的防水纸衣，寺庙中也还保留着以纸为衣的遗风。

在我国唐宋时期，以纸为衣却不是什么稀罕事。纸衣从僧道团体中扩散开来，逐渐被清雅文人和贫寒百姓接受，进而成为一种军旅武装。《新唐书》记载，唐宣宗时期（810—859年），徐商奉诏担任“巡边使”，受命安抚渡河归顺的突厥残部。为提防突厥人使诈或在迁徙途中生惹事端，徐商组建了一支足有千人的部队，并“襞纸为铠”，为每

① 〔宋〕李昉等编：《太平广记》卷第二百八十九《妖妄二·纸衣师》，中华书局，1961年，第2297页。

② “不御烟火，止食芹蓼；不衣丝绵，常服纸衣，号纸衣和尚。”见〔宋〕叶绍翁撰，张剑光、周绍华整理：《四朝闻见录》甲集《五丈观音》，见上海师范大学古籍整理研究所编：《全宋笔记》，大象出版社，2019年，第114页。

③ 〔清〕俞樾：《日本陈子德以其国所出纸布见赠，为赋纸布诗》，见〔清〕俞樾著，徐元点校：《春在堂诗编·丁巳编》，浙江古籍出版社，2017年，第326~327页。

人都配备了纸铠充当护具。据说这种纸质铠甲"劲矢不能洞"[1]，对于突厥游骑兵擅长的远程攻击可以起到很好的防护作用。所谓"襞纸"其实就是折纸，朝鲜博物学家李圭景还曾考证过这种纸甲，说纸甲"以薄纸重重作数十叠，一过又一过，至数十叠，则矢凡之力亦已尽矣。虽欲透，亦无奈何"。由此看来，纸甲的关键在于层数多，且主要用来抵挡远处来袭的飞箭，类似于古代的轻型"防弹服"。

至于纸甲在应对正面冲锋时防护效果如何，史书中没有明确记载，但多少有夜间不利于隐蔽、容易暴露的风险。《宋史》中曾说，北宋开国之初，将领李韬率兵攻打河东，己方还没来得及扎营，敌方守将就乘虚夜袭。李韬麾下士兵惊慌不已，有人打起退堂鼓，对李韬说："事发突然，城中的敌兵身穿黄纸甲，晚上被火光一照，都映成了白色，大晚上没有比这更显眼的了，非常容易辨认。可我方士兵慌乱间毫无斗志，这可如何是好？"李韬闻言大怒，骂道："岂有食君禄而不为国致死耶！"[2] 于是抄起长矛，带着死士十余人与敌人正面厮杀。这是史书记载以纸甲正面对敌的唯一战例，结果夜间身穿纸甲的守军大败，李韬也因此一战成名。

到了宋、元、明，纸甲甚至在军队中大规模配发。《宋史·兵志》记载，北宋仁宗康定元年（1040年），朝廷命地方部队"造纸甲三万"，充作陕西防城弓手的护甲；又下令河东地区修习弓弩的民兵自行置备纸甲，不富裕的兵户则由官府配发。[3] 南宋泉州知府真德秀在申请措

---

[1]〔宋〕欧阳修、〔宋〕宋祁：《新唐书》卷一百一十三《列传第三十八》，中华书局，1975年，第4192页。

[2]〔元〕脱脱等：《宋史》卷二百七十一《列传第三十》，中华书局，1985年，第9294页。

[3]〔元〕脱脱等：《宋史》卷一百九十七《志第一百五十》，中华书局，1985年，第4911页。

置沿海防御工事时上奏，说麾下部队不缺兵器，"但水兵所需者纸甲"，因此要求以50副铁甲换取纸甲。由此可见，纸甲似乎是一种专为弓弩兵和水兵装备的轻型战甲，且属于朝廷正规军的制式装备，一次就能制作整整3万副。北宋熙宁年间（1068—1077年），还发生过乡兵私造纸甲、聚众作乱之事，朝廷不得不颁布敕令，"有若私造纸甲五领者，绞"①，即只要胆敢私自制造5副纸甲，就按意图谋反的罪名绞死，可见封建王朝对纸甲这种武装护具管控之严。到了元朝，朝廷干脆正式设立"纸甲局"②，专门负责制造统一规格的纸甲，进一步把制造纸甲的权力从地方收归中央。

试想一下，一副纸甲就需要用薄纸反复折叠数十次才能起到阻隔箭矢的作用，朝廷制作纸甲的数量又常以万为单位，如此巨大的用纸量该如何解决呢？在素以"积贫积弱""冗官冗兵"为称的宋代，人们还真就想出了一个节能环保、废物利用的好办法。司马光《涑水记闻》记载，仁宗康定元年下令制作的那3万副纸甲，是委令地方军"以远年账籍制造"③的。仁宗朝另一位大臣田况上书向皇帝进言用兵之策，洋洋洒洒说了14件大事，其中即提到自己担任江宁府通判时，"因造纸甲得远年帐籍"④，可见当年纸甲的原料竟是公文废纸或陈年账簿，可谓物尽其用。

遥想汉代烽燧遗址中出土的那些无字残纸，或许也是边境戍卒们用于点燃烽火的军需物资，如此想来，纸张与军事之间的关系就更加

① 〔宋〕李心传:《建炎以来系年要录》卷五十七，中华书局，1988年，第995页。
② 〔明〕宋濂等:《元史》卷七《本纪第七 世祖四》，中华书局，1976年，第128页。
③ 〔宋〕司马光撰，邓广铭、张希清点校:《涑水记闻》卷第十二，中华书局，1989年，第240页。
④ 〔宋〕李焘:《续资治通鉴长编》卷一百三十二，中华书局，2004年，第3136页。

紧密了。只是不知道汉代的军士们是否能够想到，那些被当作燃料的废纸在近千年之后的唐宋时代竟会"返璞归真"，化作武器和防具重回战场。

三、亦庄亦谐：生活中的礼节与娱乐

北宋末年，清明时节，都城汴京。东角子门内，街市上车马如梭，商贩密集，行人熙攘。经过药香阵阵的"赵太丞家"药铺继续前行，一路避让着走街串巷的货郎和担夫，就到了"孙家店""王员外家"等大酒楼、大客栈鳞次栉比的繁华路口。

人头攒动的十字街头，一位身穿长衫，作士人打扮的男子，正带着一名小童，自北向南漫步而来。他一手曳着下摆，一手拿着团扇，施施然漫步在初春汴京的闹市上——这幅画面出自北宋宫廷画家张择端的传世名作《清明上河图》。画中展现了汴京城内外繁华似锦的市井生活，其中描绘的人物足有817人，上到绅士、官吏、贵族妇女，下到贩夫、走卒、说书艺人、算命先生、行脚僧人，甚至醉汉、乞丐，可谓形形色色，摩肩接踵。画中的这位男子目不斜视，步履从容，却手持扇子遮住面庞，其姿态显然并非在扇风纳凉，却又为何要做出一副"遮遮掩掩"的样子呢？

扇子出现的年代非常之早，最初是以树叶、羽毛、丝、绫、绢等材料制作扇面，纸张普及之后，纸扇也成了生活中随处可见的用具之一。不过扇子的称谓古今不一，起初并不叫"团扇""纸扇"，而是称为"便面"。至于为何穿行闹市时要以扇蔽面，则要追溯到西汉时编定的儒家经典《礼记》。《礼记·内则》列举过一系列儒家礼教的行为规范，如"男不言内，女不言外""道路，男子由右，女子由左"等，用

图5-6 〔宋〕张择端《清明上河图》(局部)

以规范人们的日常举止。其中就有一条，规定"女子出门，必拥蔽其面，夜行以烛，无烛则止"①。简单来说，就是要求女性外出时必须遮挡面部，夜间出行要携带烛火，黑灯瞎火的就不要出门。后人在解释这段文字时，认为所谓"拥蔽其面"与后世使用"便面"遮蔽面庞相同，

① 〔汉〕郑玄注，王锷点校：《礼记注》卷第八《内则第十二》，中华书局，2021年，第362页。

图5-7　汉画像石中的伏羲（左上）与女娲（右上）。女娲右手持便面，左手持鼗鼓

也就是《清明上河图》中这位持扇男子的姿态。

在汉代，以扇蔽面的礼仪并不仅限于女子，而是一种跨越性别、凸显身份的标志，且越是地位高贵的人，越需要遵守这项礼仪，以凸显士庶高低的不同。许多留存至今的汉画像石上，还保留着当年"车马出行"和"燕居宴饮"的场面，稳坐中位的主人或自己手持便面，或有手持便面的仆人侍立两侧，显示出与画面中其他人物截然不同的身份地位。就连汉代神话体系中最尊贵的女娲和西王母形象，往往也能在画面中独享"便面"之礼，以凸显其在神仙世界中的尊贵。《汉书·张敞传》为了描写张敞不拘小节，轻视儒家礼仪，特地举了两个例子，其一是在闺房之中为妻子"画眉"，后来"张敞画眉"还成了一个成语，专门用于形容夫妻恩爱；其二就是散朝回家后，在路上让御史赶着马车狂奔，自己不仅不遵守端坐车中、遮挡面庞的礼仪，反而大大咧咧地用扇子拍马，做出种种放肆失礼之举。①

---

① "然敞无威仪，时罢朝会，过走马章台街，使御史驱，自以便面拊马。"见〔汉〕班固撰，〔唐〕颜师古注：《汉书》卷七十六《赵尹韩张两王传第四十六》，中华书局，1962年，第3222页。

《清明上河图》中缓步而行、手持团扇的"便面男子"还延续着这种传统礼仪，可见"拥蔽其面"的规矩时隔千年仍经久不衰。从另一个角度看，这也是画家张择端的精心安排，通过团扇这个小小的道具，男子的身份与周围推着独轮车的杂役、头顶货物的行人区分开来，从而使画面达到既丰富又多元的效果。从实用功能来讲，闹市上人马纷乱，车马所过之处必会尘土飞扬，用扇子遮挡一下，亦能起到遮尘蔽日、扇风纳凉之效。难怪《清明上河图》中伫立听书的老者、头戴官帽的士宦，也都扇不离手，可见扇子在当时确实称得上一种"居家旅行必备良品"。

待到临近端午，天气转热，汴京城东角楼附近的潘楼之下又会开起"鼓扇百索市"，专门售卖符合端午时令的吃食和玩意儿，如"香糖果子、粽子、白团"以及"百索、艾花、银样皷儿、花花巧画扇"①之类。据说集市上售卖的小扇子"或红、或白、或青、或绣、或画、或缕金、或合二色"②，品类繁多，色彩艳丽，令人眼花缭乱，是烘托节日气氛必不可少的物件之一。南宋时还出现了专卖扇子的纸扇行，不论是传统的纸面团扇，还是从日本传入的纸折扇，都能够买到。想象一下，在"五月榴花妖艳烘，绿杨带雨垂垂重"的端午佳节，大家吃着粽子，戴着用五色线编成的百索，拿着各色扇子互相拜访馈赠，确有一番万世升平的景象。

还有一种人际交往中必不可少的纸制品，即"名刺"，又称"名谒""名纸""门状""名帖""拜帖"等，实际上就是今日我们俗称的

———

① 〔宋〕孟元老撰，尹永文整理：《东京梦华录》卷八《端午》，大象出版社，2019年，第60页。

② 〔宋〕金盈之撰，胡绍文整理：《新编醉翁谈录》卷四《京城风俗记》，大象出版社，2019年，第234页。

图5-8 楼兰出土的西晋名刺,左枚上端书"贺大蜡",下署"弟子宋政再拜";右枚上端略有残损,唯存"蜡"字,下端书"弟子瓠珍再拜",提行书"贺"。"贺大蜡"即每年十二月举行的腊节(又称腊祭)。这两枚名刺即可视作"拜年帖"的前身

"名片",其大小、形制、格式、内容略不相同,但性质功能大同小异,都是在访问、会面等场合呈送给对方,以起到进谒通名功能的纸质品。

与书籍、信件一样,名刺也经历了一个以纸代简的过程。最初的名刺是书写在简牍上的,据《后汉书·文苑传》记载,汉末大才子祢衡在落魄无闻时,来到权贵聚集的颍川,想要求得贤达之士的赏识,于是便暗中把自己的名刺藏在怀里,以便需要时呈送给权贵人物。可高门大户哪是那么容易进的?很长一段时间过去,祢衡一直怀才不遇,投奔无门,"至于刺字漫灭"[1],即连简牍上自己的名字都模糊不清了,这枚名刺也没能投递出去。此种郁郁不得志的情态与《三国演义》中演绎的"击鼓骂曹"形象可谓相差甚远。

----

① 〔南朝宋〕范晔撰,〔唐〕李贤等注:《后汉书》卷八十下《文苑列传第七十》,中华书局,1965年,第2652~2653页。

纸张广为普及之后，名刺也自然而然地从简牍过渡到了纸张上。到了唐代，长安城街市上甚至出现了专门结识攀谈、交换名片的社交场所——平康坊。据传平康坊是长安城中有名的风月场所，"京都侠少萃集于此，兼每年新进士以红笺名纸游谒其中"①。可以想见，"春风得意马蹄疾，一日看尽长安花"的新科进士们，中第之后簇拥到烟花风月之地，相互递送"红笺名纸"，赋诗饮酒，结识畅谈，该是何等风流快意之事。当时的人还为平康坊取了一个极为浪漫的雅称，号曰"风流薮泽"，以凸显这般繁华蓬勃的景象。

每到"爆竹声中一岁除，春风送暖入屠苏"的新春佳节，人们还延续着挨家挨户遍投名刺、礼拜新年的习俗。与普通名刺不同的是，这种类似"新年贺卡"的名刺通常不需要本人亲自投递，往往由仆人代投即可。演变到后来，甚至连接收名刺的一方也无须亲自出门"取件"了，而是在门前挂一个红色的布囊，送"贺卡"的下人自行把名刺投到囊中，这拜年的礼节就算完成了。宋人就记载了一个因这种习俗而闹出的笑话：五代宋初某年新春佳节，京城大户人家都会派遣仆人遍投名刺，一位叫陶榖的文官无仆可遣，无奈在门口徘徊踱步。适逢一位友人遣仆人来给陶榖送名刺，陶榖随手取来一看，发现友人要拜贺的人家跟自己的亲友圈子差不多，于是突生妙计，趁着请仆人进屋喝酒的空当，暗中把自己的名刺和友人的名刺全部调了个包。仆人毫不察觉，结果一天下来，投送的全是陶榖的名刺。②陶榖未出"一兵一卒"，坐享其成，轻轻松松地完成了拜年任务，实在是诙谐机智。

① 〔五代〕王仁裕等撰，丁如明辑校：《开元天宝遗事十种》，上海古籍出版社，1985年，第79页。
② 〔宋〕曾慥：《类说》，见〔清〕潘永因编，刘卓英点校：《宋稗类钞》卷四，书目文献出版社，1985年，第318页。

拜年的礼节原本只在亲友间的小圈子之内进行，但礼节逐渐繁缛，人际交往的成本也直线上升，拜年甚至成了一件让人颇感头痛的事情。清代孙宝瑄在日记中吐槽自己新年拜客的烦恼，"新年造门投一刺，不见其人，极无谓，而为社会之惯习，必不可废者。余检视门簿中，其来拜者多不相识，且所居极远，又不能不循例答拜之，年年如此"。[①]言语间透露出浓浓的无奈。正因为相互拜年之人未必相熟，串门拜年甚至有可能引发"社交恐惧症"，还有人细致入微地描述了拜年时宾客双方的微妙心理："余以为立马人家门下，投三指一刺，惟恐主人出，主人亦惟恐客入，此有何意哉！"[②]拜年时宾主双方竟都不希望面见对方，更谈不上真诚祝福，徒留遍投名刺这一虚礼和来往奔波的疲惫。明代大书法家文徵明有一首《拜年诗》，形容世人心理最是贴切，"不求见面惟通谒，名刺朝来满敝庐。我亦随人投数纸，世情嫌简不嫌虚"[③]，可谓直指现象本质。

交换名刺的礼节原本只是双方交往时互通姓名的惯用之礼，然而，一旦与封建社会的等级观念、门第观念、科举仕途捆绑在一起，就形成了一套极为繁缛的规矩。具体表现在名刺上，就是幅面越来越大，颜色越来越多，用料越来越昂贵；署名的形式也越发多样，等级愈趋森严。最初下级官员所署衔名，一般自称"晚生"某某，既而又出现了自称"渺渺小学生""门下小厮"乃至"门下沐恩走犬"之辈，把阿谀奉承的丑态表现得淋漓尽致。经历过明代成化、弘治、正德、嘉靖四朝的高寿藏书家郎瑛曾感慨地说：我年少时，见公卿贵族所用的

① 〔清〕孙宝瑄著，中华书局编辑部编，童杨校订：《孙宝瑄日记》，中华书局，2015年，第1217页。
② 〔明〕何良俊：《四友斋丛说》卷之十六《史十二》，中华书局，1959年，第141页。
③ 〔明〕文徵明著，陆晓冬点校：《甫田集》卷二《元日书事效刘后村》，西泠印社出版社，2012年，第27页。

刺纸，不过就是如今的"白录纸"，尺寸约两寸大小，偶尔见个别使用"苏笺"的，就已经算得上奢侈了；反观如今的刺纸，不是用"白录罗纹笺"，就是用"大红销金纸"，长五尺、阔五寸，外面还要用"绵纸"制成的封袋包裹起来，无论贵贱高低，人人皆是如此，否则就被视为不敬。最后，郎瑛对这种奢靡之风大加贬斥，"一拜帖五字，而用纸当三厘之价，可谓暴殄天物，奢亦极矣"①！

所谓"白录纸"，也写作"白鹿纸""白箓纸""白露纸""白乐纸"等，原产于元代江西地区，最初为江西龙虎山道士书写符箓时所用。②明清时期，白鹿纸产地由江西转移到皖南，原料也从嫩竹改为青檀皮，并扩大尺寸，转变为宣纸的新品种，成为上奉朝廷的贡纸。③据说细看白鹿纸的帘纹，能看到暗中隐有八匹梅花鹿，四大四小，在纸上奋蹄疾奔，犹如一幅优美动人的草原逐鹿图。

白鹿纸堪称"平铺江练展晴雪，澄心宣德堪等伦"④，原是名片用纸的绝好材料。但随着经济发展，物阜民丰，人们渐渐不再满足于单一的白纸，便开始在颜色、装饰和外包装上花样翻新。到了万历年间（1573—1620年），士大夫所用刺纸，就连上好的白鹿纸也觉不够档次，而改用"奏本白录罗文笺，甚至于松江五色蜡笺、胭脂球青花鸟格眼白录。官司年节用大红纸为拜帖，以至参谒馈赠无不皆然"⑤。

---

① 〔明〕郎瑛：《七修类稿》卷十七《义理类·刺纸》，上海书店出版社，2009年，第712~713页。

② "世传白鹿，乃龙虎山写箓之纸也。有碧、黄、白三品。其白者，莹泽光净可爱，且坚韧胜江西之纸。赵松雪公用以写学作画……后以白箓不雅，更名白鹿。"见〔元〕孔克齐撰，庄敏、顾新点校：《至正直记》，上海古籍出版社，1987年，第225页。

③ 刘仁庆：《纸系千秋新考：中国古纸撷英》，知识产权出版社，2018年，第243页。

④ 〔清〕蒋士铨：《忠雅堂文集》卷五《南昌翟异水郡丞，以泾上琴鱼及白露纸、藏墨、梅片茶见饷，各报以诗三首》，清嘉庆刻本。

⑤ 〔明〕姜准：《岐海琐谈》，上海社会科学院出版社，2002年，第123页。

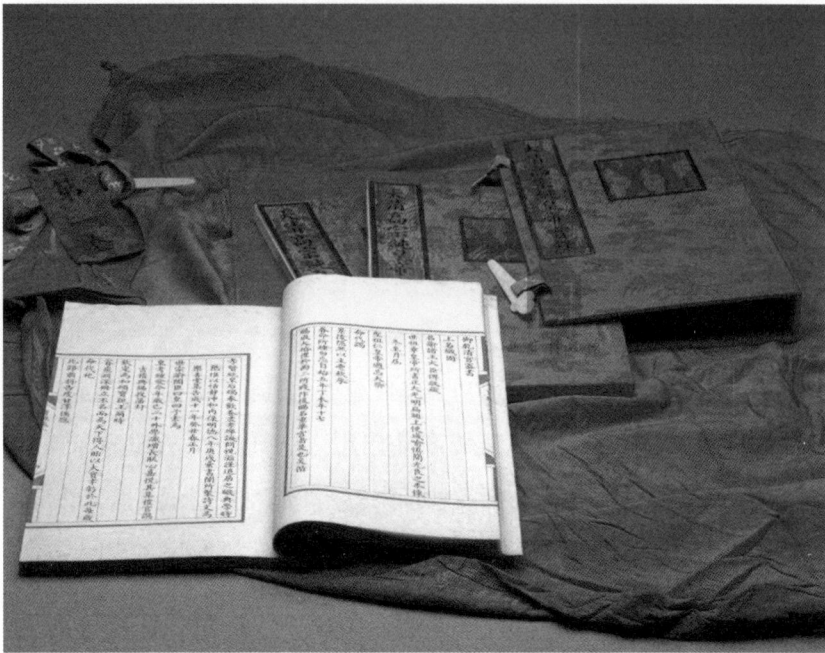

图5-9 《清实录》，故宫博物院藏。宫廷御用的白鹿纸每刀纸的边口钤有不同组合的印记，如"上用""官""福""禄""寿""白鹿"等。《清实录》宫藏本即采用白鹿纸抄成[1]

　　但倘若郎瑛见识过嘉靖年间下级官员拜见奸臣严嵩时呈递的拜帖，就断不会少见多怪地以为价值三厘的"白录罗纹笺"是什么稀罕之物了。据传当时严嵩权倾朝野，结党营私，贪污纳贿，有的官员便投其所好，每次拜谒严嵩时，必用赤金丝线勾勒姓名，再缝制红色的绫缎作为封套，以表巴结奉承之意。严嵩的家奴也尽是贪婪好利之辈，每每为其通传之后，再偷偷把金线拆掉，谋取私利。谁知这等阴私勾当最后反倒成了行贿之人的救命稻草。严嵩倒台之后，送帖之人反倒因

----

[1] 王金龙：《〈清实录〉用纸问题管窥》，《清史论丛》2020年第2期，第296~302页。

拜帖材质一般而没被划入奸党一列,侥幸逃过一劫。^①明人还曾作过一首打油诗,"大字职名笔画工,门前投递纸鲜红。都镌拜客无他用,关节曾防暗里通"^②,十分形象地揭露了这种打着"名帖"的幌子投机倒把、暗中钻营的怪相。

除了纸扇和名刺,纸灯也是一种节庆时必不可少的装饰物。纸灯一般先用木条或竹条做成框架,然后裱糊上细纱、皮革或纸张等半透明材质,再将蜡烛安置其中,点燃后可作装饰和夜间照明之用。纸灯笼最初出现于何时何地,如今已难以稽考,但最迟在唐代,纸灯笼无疑已十分普及。20世纪初,英国探险家斯坦因曾在敦煌地区的一座寺院中发现了一本唐代账簿,记录了当时僧人们购买纸张的各项用度,其中包括"置白纸二帖,帖别五十文,糊灯笼用八个,并补贴灯笼用",可知当时100文钱能够买得两帖白纸,僧人们用这些白纸糊了8个灯笼,剩下的边角料还物尽其用,修补了破损的旧灯笼。

在唐代,每年正月十五的元宵节灯会可以称得上是一年当中最热闹的时节。夜幕降临后,宝马雕车拥上街头,满城士庶摩肩接踵;天上是砰然绽放的漫天烟火,地上是争奇斗艳的各色纸灯,果真有一派"凤箫声动,玉壶光转,一夜鱼龙舞"的景致。到了宋代,北宋都城开封的元宵灯节可以用规模宏大来形容。据孟元老描述,每年正月十五点燃的灯烛有"万盏"之多,密密麻麻,"自灯山至宣德门楼横大街,约百余丈,用棘刺围绕,谓之棘盆"^③。"棘盆"中还立有两根数十丈高的长竿,用

---

① 〔清〕赵翼:《陔馀丛考》卷三十《名帖》,中华书局,1963年,第639页。

② 李家瑞编:《北平风俗类征》下册《器用·名刺》,上海文艺出版社,1985年,第258页。

③ 〔宋〕孟元老撰,尹永文整理:《东京梦华录》卷六,大象出版社,2019年,第44页。

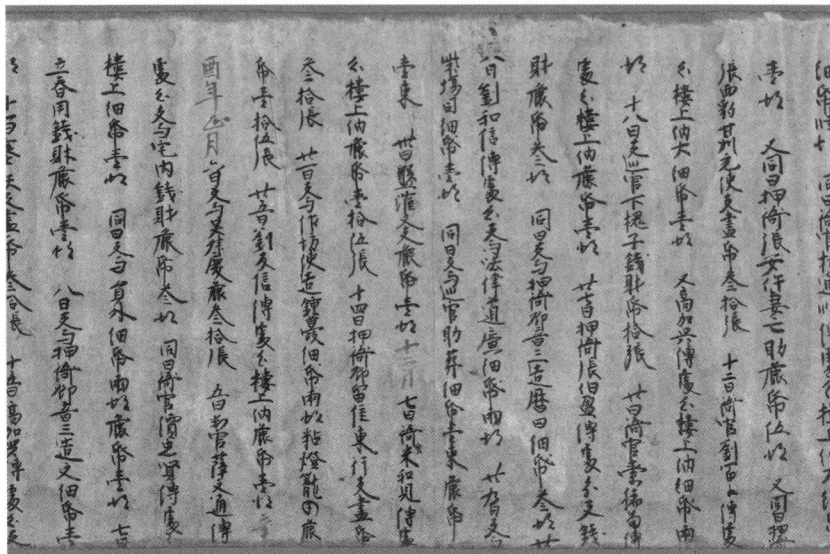

图5-10 敦煌出土文书P.4640（背面）《归义军己未至辛酉年布纸破用历》，法国国家图书馆藏。其中记载了归义军使用纸张的各种用度，如"廿一日支与作坊使造钟□细帋两帖粘灯笼"

彩色丝绸悬挂各种"纸糊百戏人物"，这些用纸糊的神仙人物在万家灯火的映照下随风而动，甚至给人以"风动宛若飞仙"的效果。

南宋时，纸灯的名目愈加繁多，据说宋孝宗时，杭州每逢灯会，"灯品至多"，精妙绝伦，"城内外有百万人家……挂灯或用玉栅，或用罗帛，或纸灯，或装故事，你我相赛"①。除了用皮革、丝绸制作的羊皮灯、罗帛灯，还有一种用五色蜡纸制成的影灯，其上绘有"马骑人物"，能够"旋转如飞"②，这其实就是俗称的"走马灯"，原理是利用

---

① 〔宋〕西湖老人撰，黄纯艳整理：《繁胜录》，大象出版社，2019年，第106页。

② "五色蜡纸，菩提叶，若纱戏影灯，马骑人物，旋转如飞。有又深闺巧娃，翦纸而成，尤为精妙。"见〔宋〕周密著，杨瑞点校：《武林旧事》卷第二《灯品》，浙江古籍出版社，2015年，第47页。

图5-11 〔清〕郎世宁《乾隆帝元宵行乐图轴》，故宫博物院藏

灯内烛火向上散发热气流形成动能，推动灯笼内的叶轮旋转，叶轮上的剪纸图案不断围绕灯笼中心转圈，看上去给人一种你追我赶的视觉效果。新颖别致的"走马灯"不仅是灯会上的焦点，也成了夜市上广受喜爱的玩具，据说南宋临安城大街的夜市上，"买卖昼夜不绝"，平时售卖"细色纸扇""时鲜果子""四时玩具"等杂货，每到冬春时节，还销售"走马灯""鱼龙船儿""香鼓儿""奇巧玉栅屏风"①等各种新奇玩意儿。

年节时悬挂纸灯的习俗自唐宋至明清，沿袭不衰，明代正统年间（1436—1449年），每每年关将近，顺天府要耗费大量财力，预先制作"门神、桃符、纸灯"②等物，分送各个官府衙门，增添节日气氛。待到纸张传到国外之后，就连亚欧大陆另一端的欧洲国家也兴起了燃灯庆祝的习俗，直到今日，每年9月7日，居住在古城佛罗伦萨（Florence）的意大利人仍会身穿中世纪服装，手提彩色纸灯笼，走上街头，庆祝传承了四五百年的"纸灯笼节"（Lantern Festival）。

但若说娱乐性最强、流传最广的纸质玩具，则非纸牌莫属。最早的纸牌约出现于唐代，是一种配合骰子投掷的博戏用具。相传骰子早在三国时期就已出现，当时投玩只用2个，到了唐代，骰子的数量增加到了6个，不同点数还用红色、黑色加以区分。这样一来，一次投掷6枚骰子，出现的排列组合就相当于6^6，其组合形式多达4万余种，即便不考虑重复和顺序问题，投掷结果的数量依然十分可观。

为了将如此多不同组合的投掷结果定出个输赢高下，就需要制定一定的游戏规则。唐文宗开成初年，贺州刺史李郃外出渡江行船，为

---

① 〔宋〕吴自牧撰，黄纯艳整理：《梦粱录》卷十三《夜市》，大象出版社，2019年，第338页。
② 〔明〕谈迁著，张宗祥点校：《国榷》卷二十八，中华书局，1958年，第1822页。

了打发旅途中的闲暇时光，便与同行的官妓投骰博玩。一路上，李邰玩得酣畅淋漓，还突发奇想，改良了游戏规则和彩头名目，之后，撰写了足足三卷的《骰子彩选格》[①]，极大地增强了掷骰赌博的娱乐性和可玩性。[②] 如"六赤彩"就是这种彩选游戏中点数最大的组合，《北梦琐言》中记载有一则逸事，说唐朝末年，当时尚是禁军都头的王建与人聚在僧院中博玩，一把就投出了"123456"这6个点数，6只骰子"次第相重，自幺至六，人共骇之"[③]。后来，王建果然命运不凡，在唐末乱世中发展壮大，最后居然自立为帝，成了前蜀的开国之君。"自幺至六"是当时的彩头之一，其他组合以此类推，各有名目，据说有"名彩二百二十七，逸彩二百四十七，总四百七十四彩"[④]，彩种极为繁杂。

如此繁杂多样的彩头，一般人很难熟记，因此便需要把不同花色、点数的排列形式记在一张张纸上，以便翻检查阅。古代纸张一张即为一叶（相当于现代书籍的正反面2页），因每张纸牌都单独成叶，好似一片片树叶一般，因此，这种最初的纸牌也被称为"叶子戏"。唐文宗开成二年（837年），李邰奉调进京，叶子戏也由此传入京城，并很快风行天下。据传唐懿宗的女儿同昌公主就是这种纸牌游戏的忠实粉丝，斗起牌来废寝忘食，通宵达旦，就连入夜后也不下牌桌，而是命

---

① 〔元〕脱脱等：《宋史》卷二百七《志第一百六十 艺文六》，中华书局，1985年，第5292页。
② "唐李邰为贺州刺史，与妓人叶茂莲江行，因撰《骰子选》，谓之叶子。咸通以来，天下尚之。"见〔唐〕钟辂：《感定录》，引自〔宋〕李昉等编：《太平广记》卷第一百三十六《征应二》，中华书局，1961年，第978页。
③ "唐僖宗皇帝播迁汉中，蜀先主建为禁军都头，与其侪于僧院掷骰子，六只次第相重，自幺至六，人共骇之。"〔五代〕孙光宪撰，贾二强点校：《北梦琐言》，中华书局，2002年，第425页。
④ 〔宋〕王闢之、吕友仁点校：《渑水燕谈录》卷九《杂录》，中华书局，1981年，第110页。

人"以红琉璃盘盛夜光珠"[1]，捧立堂中，借着夜明珠的反射光线熬夜斗牌，简直与现代人在麻将桌上通宵鏖战的劲头不相上下。

然而，由于叶子戏过于烦琐，这种玩法在宋初便渐渐失传。到了北宋欧阳修生活的时代，距叶子戏初创的中唐时期已经过去200年，此时叶子格"世或有之，而人无知者"[2]，说明当时像《骰子彩选格》这类"游戏手册"还流传于世，但没有人会玩了。

尽管叶子戏业已失传，但纸牌这一娱乐用具却并没有就此湮没无闻，而是化繁为简。后世演变出的类似牌具，如"彩选格""选官图""升仙图""马吊牌""默和牌"乃至"麻将"，都是纸牌的化身。纸牌也深入街头巷尾，成为民间娱乐的重要内容。据说南宋都城临安街头，出现了专门售卖纸牌的店铺"扇牌儿"[3]，名列"三百六十行"之一。纸牌的种类也愈加多样，宋代的文人士大夫还把喝酒和耍牌这两大乐事联系到了一起，发明了一种极为雅致的"酒令叶子"。

"酒令叶子"共有119张，包括觥赞1张，觥例5张，觥纲5张，觥律108张，其上绘制的人物，都取材自古代著名的善饮、豪饮之辈，如嵇康、李白之流；每张叶子上都写有一首五言绝句，概括人物生平或历史掌故，并以一句结语作为酒令，如要求抽牌之人罚酒、作诗等。文人欢宴时将这种佐酒娱乐视为"欢场雅事"：觥筹交错间，主宾畅饮，分而赋诗，各色笺纸制成的酒筹翻飞其间，确实能营造出一种"杯停新令举，诗动彩笺忙"的热闹景象。

---

① 〔唐〕苏鹗：《杜阳杂编》卷下，清文渊阁四库全书本。

② "叶子格者，自唐中世以后有之。……今其格，世或有之，而人无知者。"见〔宋〕欧阳修著，李逸安点校：《欧阳修全集》卷一百二十七《归田录卷二》，中华书局，2001年，第1937页。

③ 〔宋〕西湖老人撰，黄纯艳整理：《繁胜录》，大象出版社，2019年，第123页。

明清时期，随着市民文化蓬勃兴起和雕版印刷业的繁盛，人们把彩色笺纸、民间故事、版画艺术和各类纸戏融合在一起，将"桌游"的种类和质量推至巅峰。最具艺术性的当数明末著名人物画家陈老莲（即陈洪绶，号老莲）绘制的"水浒叶子"。据说这种水浒牌共40张，牌面分别选择40位水浒英雄形象，[①]以白描手法绘制而成，每张牌上还镌有人物的名讳及赞语，以及官府缉拿悬赏的银钱数目，之后再分别刻板雕印。其玩法可从明人的笔记中推测一二，如谢肇淛《五杂组》中记载："有纸牌，其部有四：曰钱、曰贯、曰十、曰万。而立都总管以统之。大可以捉小，而总管则无不捉也。"[②]这种玩法，对任何一个玩过扑克牌的现代人而言都不会陌生——玩牌时，凑齐4人，依次将40张牌抽走，各分8张，剩余8张闲置待用。4人中一人"坐庄"，另外3人与之相斗，胜负以牌面点数大小为准，可以说是现代扑克玩法的鼻祖。

"水浒叶子"一经问世就迅速受到追捧，有的地方"上自士夫，下至童竖，皆能之"[③]。据考察，在水浒故事的发源地山东郓城水堡村，自明代起就制作这种水浒牌，至今还完整保留着水浒叶子的雕版印刷工艺。[④]其用纸选用山西出产的"灯笼纸"，材质以蚕丝、棉花或桑树皮为原料，透明柔韧。一些手艺高超的匠人制作的纸牌即便"历经数十

① "盖取小说中所载宋时山东群盗姓名，分为四十张，一曰纸牌。人各八纸，盖明末盗贼群起之象也。"见〔清〕戴名世撰，王树民编校：《戴名世集》卷十六，中华书局，2019年，第558页。

② 〔明〕谢肇淛撰，韩梅、韩锡铎点校：《五杂组》卷之六《人部二》，中华书局，2021年，第200页。

③ 〔明〕陆容，佚之点校：《菽园杂记》卷十四，中华书局，1985年，第173页。

④ 朱婧：《方寸之间现乾坤——〈水浒叶子〉与水浒纸牌的碰撞与对话》，曲阜师范大学硕士学位论文，第15页。

图5-12 牌面"九十万贯"的"水浒叶子"《黑旋风李逵》。〔明〕陈洪绶绘:《水浒叶子》,明末清初刻本,中国国家图书馆藏

年之后再捻成纸筒，展开仍然平整如新"①。

明清时期的纸牌形制大多为窄长形状，牌面上下两端均印有类似
骰子切面点数的角码，规格"大可一寸，高倍出之，厚仅盈尺，纸轻
小，便易挟以携游"②。大量明清史料都印证了纸牌的风靡，甚至到了官
方不得不加以禁绝的地步。③《红楼梦》第七十三回中也描写，凤姐病
后，大观园内门风败坏，杂役奴仆日趋放肆，甚至出现夜间斗牌设赌
的情况，惹得贾母大怒，"骰子、牌一并烧毁，所有的钱入官分散与众
人，将为首者每人四十大板，撵出，总不许再入，从者每人二十大板，
革去三月月钱，拨入圊厕行内"④。然而纸牌以其自身特有的魅力，即
便在娱乐方式如此多元化的今天，也能居于桌面游戏的头把交椅，绝
非官方禁令可以废止。到了晚清时期，更是连《红楼梦》书中的人物，
都成了叶子牌牌面上栩栩如生的角色，更有一套《红楼叶戏谱》作为
游戏手册，供闺阁妇女们打发时光。⑤

试想一番，在风轻日暖、燕语枝头的日子里，纸窗之下，梅花帐
里，仕女们或闲坐打牌，或轻摇纸扇，起居坐卧，动用之间，无不充
斥着纸香、纸色、纸影——这番景象，距离2世纪初蔡伦进献"蔡侯
纸"的那一天，亦不过数百年光景。自汉至宋，在纸张诞生后的这数
个世纪间，品类繁多的纸制品如此深刻地嵌入人们生活的方方面面，

---

① 朱婧：《方寸之间现乾坤——〈水浒叶子〉与水浒纸牌的碰撞与对话》，曲阜师
范大学硕士学位论文，第17页。

② 〔清〕黎遂球：《桐垾副墨》，清康熙《檀几丛书二集》刻本。

③ 如明洪武年间，朝廷颁布过"下棋、打双陆者断手"的圣旨；清朝初年严禁宣
和牌，乾隆朝又查禁马吊牌。

④ 〔清〕曹雪芹、高鹗著，启功主持，张俊等校注：《红楼梦》卷七十三《痴丫头
误拾绣春囊 懦小姐不问累金凤》，中华书局，2014年，第987页。

⑤ 武迪、赵素忍：《〈红楼叶戏谱〉杂考——兼论〈红楼梦〉及其续书中的叶子
戏》，《红楼梦学刊》2017年第一辑，第248~260页。

以至于我们很难想象，当时生活在欧亚大陆西端的中世纪西方人，对纸张这种"变化万千"的材料尚且十分陌生。唐宋都城元夕那种"千门开锁万灯明，正月中旬动帝京"的盛景，与万千壮士身披纸甲"平明吹笛大军行"的场面，恐怕放诸世界史中，也可谓绝无仅有。

第六章
重构的异界幻想

若有人能如法抄写此经，一心供养，令其家内一切吉祥。

——《大方等大集经》①

一、盗纸案：风靡华夏的抄经运动

8世纪末，沙州敦煌县。几个人高马大、执兵披甲的吐蕃士兵正毫不留情地拖着一个书生打扮的年轻人，把他往监狱的方向搜去。这个犯人名叫"恒定"（hind deng），他满脸泪痕，两股战战，衣衫上沾满血迹，显然刚刚遭受了几十板子的严酷杖刑。

绝不能被关进监狱！他不停哀求。然而，士兵们丝毫不为所动，吐蕃统治者修建的那种宛如"地狱复制版"的牢房悚然间映入眼帘——那是一个个深达数丈的巨坑，犯人们好似地狱亡魂一般，戴着手铐脚

---

① 〔隋〕那连提耶舍译：《大方等大集经》卷第四十五《护塔品第十三》，〔日〕大正一切经刊行会：《大正新修大藏经》第13册，新文丰出版社，1983年，第297页。

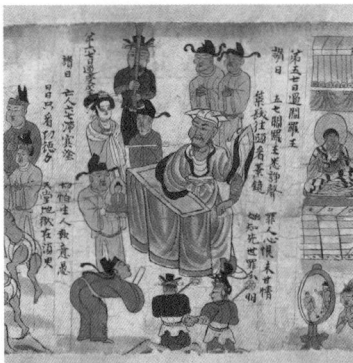

图6-1　敦煌遗书S.3961《十王经》（局部），英国国家图书馆藏。《十王经》描绘了亡魂堕入地狱的诸般景象，"一落冥间诸地狱，喧喧受罪不知年"

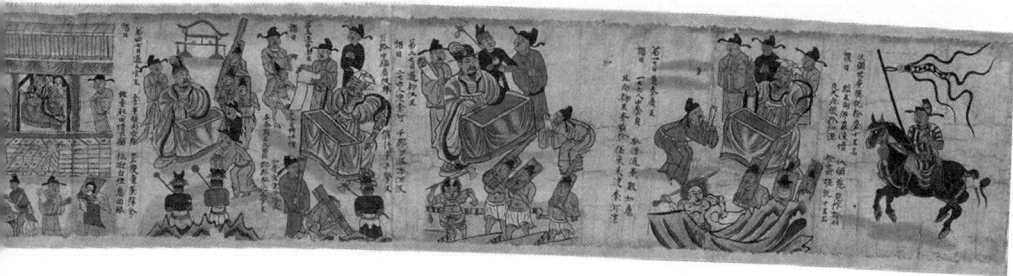

镣、披头散发、神色凄惶地被囚禁其中①——这个景象简直和《十王经》中那些遭受酷刑的恶鬼别无二致！恒定尖叫起来，他声嘶力竭地哭喊："我错了！我不该偷纸！我不该倒卖纸张！放了我吧——"

恒定还是没能逃脱惩罚。他的一位同僚，同样以抄写佛经为生的抄经生阴禄勒（aim klu legs）心烦意乱地在一张空白护经纸上，用藏文记下了恒定被捕时的惨状："恒定被执入狱，哭哭啼啼。"1000多年后，这张护经纸（Db.t.0334）被敦煌市博物馆收入馆藏，与其他敦煌出土的珍贵文献一起，为我们拼凑出了一个真实发生的刑事案件：抄经生恒定利用职务之便，在兑换报废写经纸的过程中，盗取官方物资，倒买倒卖，假公济私，最终案发被捕，银铛入狱。②

恒定不是第一个倒卖纸张的抄经生，当然也不是最后一个。如果仔细梳理敦煌出土的海量文献，就不难发现，盗纸案在敦煌地区屡禁不止，有时涉案人员达60余人，个别抄经生盗取的纸张数量甚至多至数十卷。③记载最详细的一次约发生于吐蕃占领时期的"马年"和"羊

---

① 《新唐书》中关于吐蕃监狱的描述，称"其狱，窟地深数丈，内囚于中，二三岁乃出"。见〔宋〕欧阳修、〔宋〕宋祁：《新唐书》卷二百一十六上《列传第一百四十一上 吐蕃上》，中华书局，1975年，第6072页。

② 张延清：《吐蕃敦煌抄经制度中的惩治举措》，《敦煌研究》2010年第3期，第106~107页。

③ 见法国国家图书馆藏藏文遗书P.T.2204（3-5）。

年"之交，也就是唐敬宗宝历二年（826年）和唐文宗大和元年（827年）。在一份敦煌出土的藏文文献中，清晰记载着这次大规模"纸张盗窃案"发生后吐蕃统治者雷厉风行的破案举措和严厉的惩罚措施。

宝历二年，敦煌某抄经坊严格按照《配纸历》登记的纸张数量，将空白写经纸分发给抄经生们，其用途是为吐蕃天子墀祖德赞（khrigtsugldebtsan，又名可黎可足）抄写《大般若经》。然而，到上交佛经成品时，经卷收集官却发现许多抄经生交还的纸张数量与《配纸历》不符，如某位名叫华大力的抄经生，马年欠了5张纸，羊年又欠了36张……这些人显然存在私吞纸张的现象！于是，抄经坊在僧官的监督下，以《配纸历》为依据，将各人短缺的纸张数量清点成册，作为物证一并呈交给当地官府，正式立案。很快，"盗纸案"就得到受理，由统管该地的吐蕃军政要员——沙州都督——亲自审理。最后，沙州都督论赞热做出明确指示：

> （各将的百夫长和属吏）如若拒不上交，或自行处理(如变卖)，则将逮捕其亲属中的一员，关进种福田者（即墀祖德赞）所在地区的监牢内。对抄经生而言，如未向经卷保管人如实上交所欠纸张，其两倍于所分纸张价值的牲畜财产一任掣夺，交由经卷收集官(处置)。保管人若上交了纸张，但跟实际数目不符者，(除了保管人本人外)里正们也将受到每张纸鞭笞十下的惩治。①

照此审理意见，沙州都督显然怀疑这起案件存在基层官员自上而

---

① 〔英〕F. W. 托玛斯编著，刘忠、杨铭译注：《敦煌西域古藏文社会历史文献》，民族出版社，2003年，第70页。

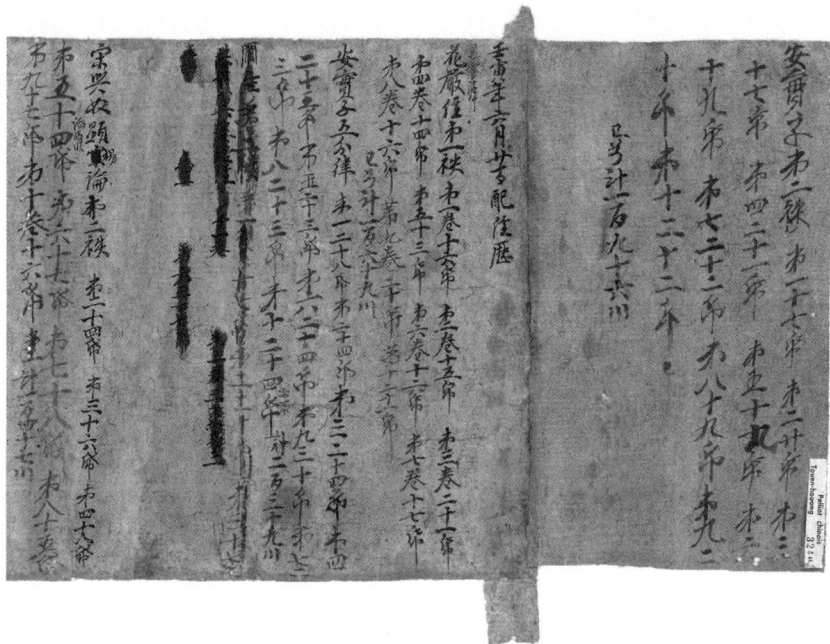

图6-2　敦煌遗书 P.3240《壬寅年六月廿一日配经历 壬寅年七月十六日付纸历》（局部），法国国家图书馆藏。《配经历》或《付纸历》是写经道场记录纸张分发的账簿，一般记载领取人的姓名、领取纸张的数量、领取时间、用途等内容。写经道场以此为依据核验抄经生交还的纸张数量，从而对纸张的流通进行精细化管理

下的贪污舞弊，于是责令当地官员"将的百夫长"及其属吏追缴短缺的纸张。如果"将的百夫长"拒不缴纳，或自行变卖了未收回的纸张，就要将其亲属逮捕入狱；如果"将的百夫长"监守自盗，追缴数目与《配纸历》不符，其本人和下属的其他里正也要"连坐"，遭到"每张纸鞭笞十下"的刑罚；如果抄经生本人不能如数交纳短缺纸张，则要按照纸张价格的2倍赔偿，没收其牲畜和财产。[①]

很显然，在沙州都督的眼中，纸张是一种重要物资，稍不留神就

———————————

① 赵青山：《敦煌写经道场纸张的管理》，《敦煌学辑刊》2013年第4期，第45~47页。

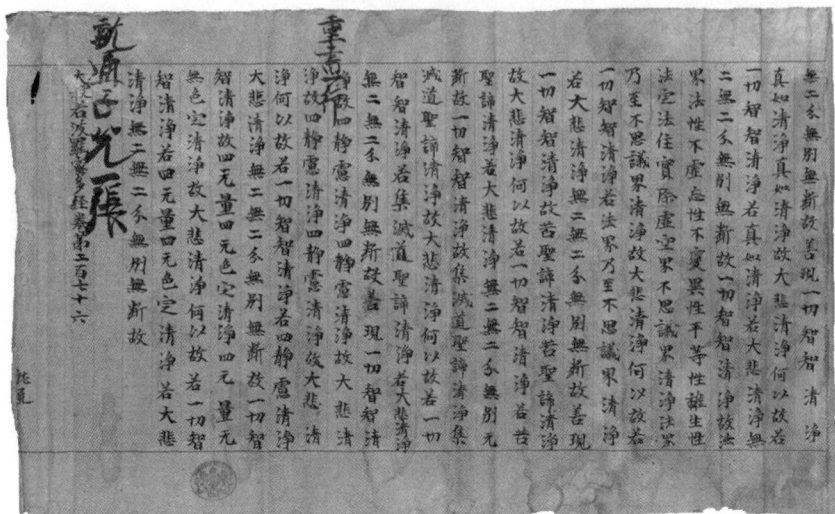

图6-3　敦煌遗书S.933《大般若波罗蜜多经》卷第二百七十六，英国国家图书馆藏。上书"重书一行/龙通子兑一张/龙通"，表明此张写经纸因失误抄重了一行而报废，抄经生"龙兴寺通子"在废纸左下角签名确认后，才能以此张废纸兑换新纸

会被那些持心不正、贪污腐败的官员和抄经生私吞倒卖，因此，境内大大小小的写经道场都要严格执行纸张管理制度，在发放、回收，乃至报废、兑换等各个环节均详细登记纸张使用数量，确保任何一张纸都用到实处，不被浪费。

　　大规模频发的"盗纸案"背后反映的是西域边陲纸张昂贵的经济价值。20世纪初，外国探险家陆续在敦煌莫高窟藏经洞中发现了大量出土文献，其年代上起西晋，下讫北宋，时间跨度长达约7个世纪（4—11世纪）。然而研究者发现，在这6万余号敦煌遗书中，唯数隋、唐时期的纸张质量最高，原料种类最丰富（多数为麻纸，少量为楮皮纸和桑皮纸），加工工艺也最为精湛。①尤其是初唐和中唐时期，在树皮纤维纸已经十分普及、麻类资源又日渐短缺的情况下，人们却打破经济规律，坚持首选成本更高的废旧麻织物为原料，制成纸张后，再不惜工本地精细加工。这背后显然有官方力量作为主导，也必定暗藏着比经济成本更深层次的考虑。

如果把一张唐代写经纸放到实验室中检测观察，就可以大致还原出唐代纸匠的加工方法：先用黄柏汁将白麻纸染成淡黄色，再以打蜡或热烫的方式将动物蜡（黄蜡或虫蜡）施加到纸张表面（单面或双面），最后用细石把纸张表面仔细研平②，至此，唐代最高级、最奢侈的纸张硬黄纸才得以大功告成。经过入潢、施蜡和研光的硬黄纸性能大大提高，其入潢的目的在于避蠹防虫；施蜡可使纸张防水，质地细密；研光则能提高纸张的紧度和平滑度，使写字时运笔流畅，易于着墨。上元二年（675年），唐高宗颁布诏令，认为白纸"多有虫蠹"，而帝王诏书"既为永式"，是要千秋万代地保存下去的，因此命令尚书省从此以后颁布的所有诏书都需使用入潢过后的黄纸。③天子诏命尚且如此，神圣奥妙的佛道经书就更不必说了。寿可千年、不畏虫蛀水浸而工本极高的硬黄纸因此成为写经纸的首选。

---

① 20世纪60年代，潘吉星先生从故宫博物院、中国历史博物馆（今中国国家博物馆）、北京图书馆（今中国国家图书馆）等收藏单位选取23件敦煌遗书进行考察，并对其中15件进行了分析化验。见潘吉星：《敦煌石室写经纸的研究》，《文物》1966年第3期，第39~47页。

② 金玉红、李晓岑：《烫蜡法复原硬黄纸的初步研究》，《文物保护与考古科学》2013年第3期，第20~24页。

③〔唐〕唐高宗：《改尚书省制敕用黄纸诏》，见〔清〕董诰等编：《全唐文》卷十三，中华书局，1983年，第159页。

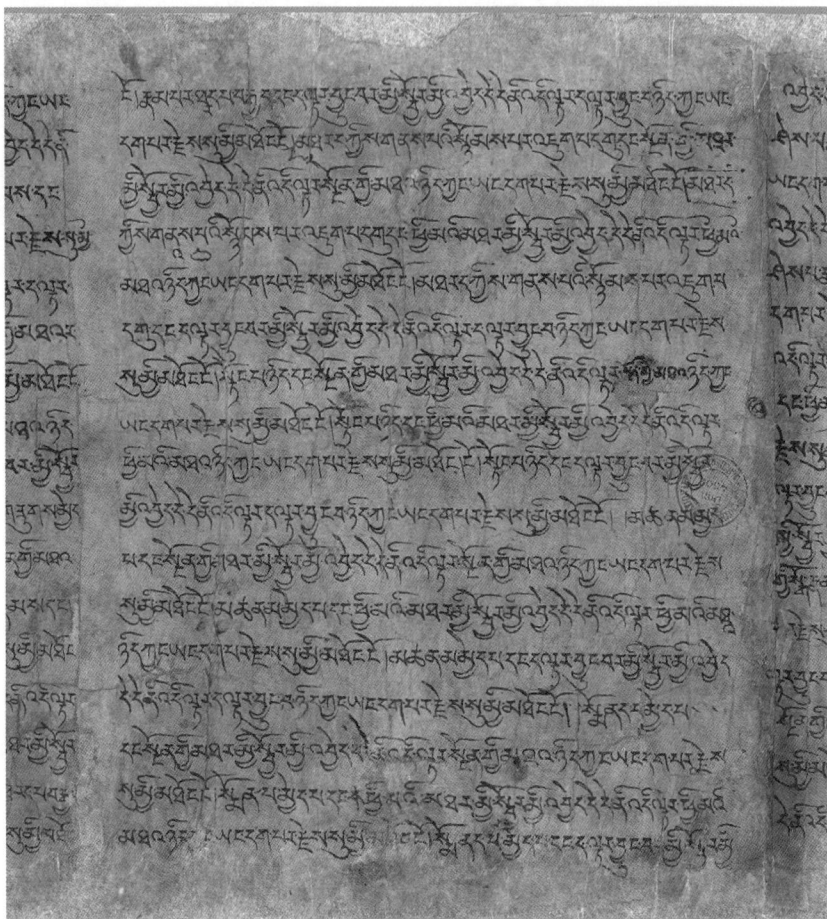

图6-4 敦煌遗书P.T.1578《大般若经》（局部），法国国家图书馆藏。所用纸张为我国西藏当地生产的藏纸，原料以西藏特有的狼毒草为主。因狼毒草本身含有剧毒，故藏纸具有防虫避蠹的效果

单就费用而言，仅写经纸这一项物资已可谓耗资巨大，而敦煌抄经坊的数量和规模也同样出人意料。8世纪左右，迅速崛起的吐蕃政权占领敦煌地区，并利用西北各民族的共同信仰——佛教作为统驭工具，发起了声势浩大的抄经运动。在墀祖德赞统治时期（约815—838年），敦煌地区的所有寺院都设立起专门抄写佛经的经坊（gur），每个经坊的抄经生数量少则数人，多则数十人。据日本学者上山大峻统计，仅敦煌一地的藏文抄经生就有约1100人。在墀祖德赞的命令和供养下，昂贵的写经纸从中原河陇一带及遥远的西藏源源不断地运往沙州。[①]为数众多的抄经生终日奋笔疾书，仅《大乘无量寿宗要经》在敦煌就抄写了数千部，而卷帙浩繁、整整300卷的藏文《大般若经》也抄写了7部以上。[②]

　　沉迷于抄经狂热的不只吐蕃，实际上，早在南北朝时期，抄经现象就已经开始在中原大地上生根发芽，许多信仰虔诚的帝王甚至亲自抄写佛经，官方主持的抄经活动则更为频繁。笃信佛教的隋文帝甫一即位，就普诏天下，营造经像，命令全国各大都邑均"官写一切经，置于寺内"，于是"天下之人，从风而靡，竞相景慕"，以至于民间抄写的佛经数量竟多于传统的儒家经典数十百倍！[③]相比于前朝，唐代官方的抄经规模更加庞大，抄经制度也日趋完善，除了官方寺院，甚至连政府机关如秘书省、门下省、弘文馆、左春坊和集贤殿书院等也设立了抄经机构，有专职的楷书手、群书手、官经生、装潢手任职其中，

---

① 张延清：《吐蕃时期的抄经纸张探析》，《中国藏学》2012年第3期，第99~103页。
② 张延清：《吐蕃敦煌抄经坊》，《敦煌学辑刊》2011年第3期，第49~50页。
③ 〔唐〕魏徵、〔唐〕令狐德棻：《隋书》卷三十五《志第三十 经籍四》，中华书局，1973年，第1098页。

负责抄写经文、加工经卷。[①]

数以万计的写经纸在遍布华夏的官方寺院和操着不同语言的民间信众手中流通、持诵、礼拜、供养。这些抄写着佛陀箴言的精致纸张已不再单纯是对西方乐土的顶礼膜拜，而是化身为国家统治意志，坚定地推行到每一个角落。

此时此刻，正在敦煌监狱中"哭哭啼啼"的抄经生恒定，肯定还没有意识到自己身处怎样的时代浪潮之中。而纸张，无论是在中原还是西域，无论是在宗教世界还是世俗世界中，都早已成为传播不可或缺的载体。

二、通灵之物：招魂、送往与财富象征

唐玄宗天宝十四年（755年）十一月，身兼范阳、平卢、河东三镇节度使的安禄山发动麾下15万大军，在范阳拉起反旗，"安史之乱"就此爆发，半壁江山陷入战火。一个月后，反叛大军攻陷洛阳；次年（756年）六月，唐军与叛军在潼关大战，结果20万唐军竟惨败失守。关内一马平川，敌骑直抵长安。长安城内，上至玄宗、贵妃、皇子、公主，下到黎民百姓、贩夫走卒，全部陷入弃城奔逃的洪流之中。

拖家带口、狼狈逃亡的杜甫也是这历史洪流中的一员。他在《彭衙行》中，回忆起当年六月这段仓皇流离的逃难之旅，用极为生动、写实的词句描写了全家忍饥挨饿徒步跋涉的经历：夜雨中，一家老小在泥泞的彭衙道上相互扶持，风餐露宿；怀中的小女儿饿得嘤嘤啼哭，

---

① 陆庆夫、魏郭辉：《唐代官方佛经抄写制度述论》，《敦煌研究》2009年第3期，第49~55页。

杜甫却只能捂住孩子的嘴，生怕引来虎狼之师……万幸途中遇到一位故人孙宰，为杜甫提供了暂时的避难所，诗中写道：

> 故人有孙宰，高义薄曾云。
> 延客已曛黑，张灯启重门。
> 暖汤濯我足，剪纸招我魂。
> 从此出妻孥，相视涕阑干。
> ……①

热情好客、义薄云天的孙县令为绝望的杜甫敞开大门，不仅烧起热水，让诗人洗脚休息，还把纸张裁剪成人形，为其压惊安魂。孙县令的妻子儿女见到杜甫一家仓皇出逃的惨状，也都泪流满面，泣不成声。最后，杜甫感于友人患难相救的真情，与孙县令"永结为弟昆"。

以往，人们在谈及杜甫诗中"剪纸招魂"一句时，往往认为属于文学修辞，未必实有其事。但随着考古学和民俗学的深入研究，研究者发现，唐人认为剪纸具有通灵作用的观念可能普遍存在，尤其是在广阔的西北地区。②

20世纪60年代，在丝路沿线吐鲁番阿斯塔那，人们发现了一座奇

---

① 〔唐〕杜甫：《彭衙行》，见〔清〕彭定求等编：《全唐诗》卷二百十七，中华书局，1960年，第2274页。
② 如朱熹评"暖汤濯我足，剪纸招我魂"一句时，认为："盖当时关陕间风俗，道路劳苦之余，则皆为此礼，以被除而慰安之也。近世高抑崇作《送终礼》云：'越俗有暴死者，则巫使人遍于衢路以其姓名呼之，往往而苏。'以此言之，又见古人于此诚有望其复生，非徒为是文具而已也。"见〔汉〕王逸章句，〔宋〕洪兴祖补注，〔宋〕朱熹集注，夏剑钦、吴广平校点：《楚辞章句补注·楚辞集注》，岳麓书社，2013年，第164~165页。

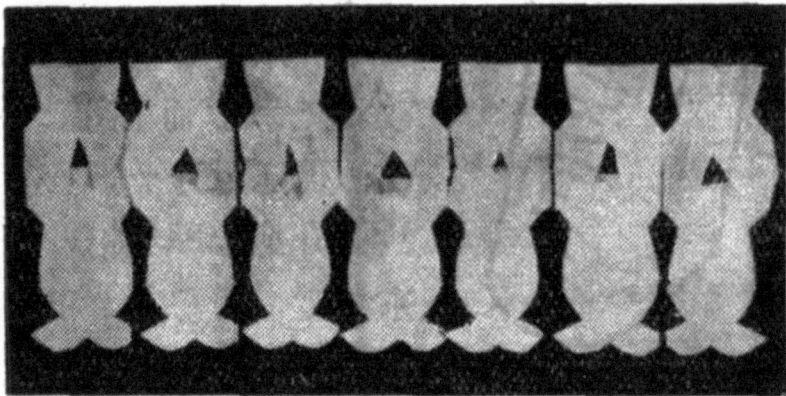

图6-5　新疆阿斯塔那唐墓出土人胜剪纸，约7世纪中叶—8世纪中叶

特的贵族夫妻合葬墓（64TAM24）。墓中只有一具女性的尸骨，而其亡夫的遗骨却不见踪影，取而代之的则是一个与成人躯体等大、用麻布缝裹的大草人。[①] 此外，在草人身上还出土了一张7个手拉着手的人形剪纸。这种奇特的随葬方式很难不让人产生联想，据挖掘者推测，这或许是由于男性墓主尸骨无存，故而先以草人代替遗体，再用纸人"引魂入体"，予以合葬的结果。而这座墓葬的年代恰在盛唐至中唐时期（7世纪中叶—8世纪中叶），与孙县令为杜甫"剪纸招魂"的年代相当。诗词文学与考古实物遥相呼应，难道纸张真的具有某种"通灵"的作用吗？

　　剪纸招魂的做法起源于中原地区的巫术信仰，直到清代，民间百姓还普遍认为纸人可以作为灵魂的附着物。在清代鬼故事集《子不语》中，术士张神奇就擅长以巫术"摄人魂"。在与江陵书生吴某的"斗

[①] 李征：《吐鲁番县阿斯塔那-哈拉和卓古墓群发掘简报（1963—1965）》，《文物》1973年第10期，第11页。

法"中，张神奇把自己的魂魄附在纸人上，幻化作"金甲神"夜袭吴生，结果被吴生"以《易经》掷之"，纸人不仅被打回原形，还被吴生"拾置书卷内夹之"。①随着纸人的损坏，施术者本人也神魂俱灭，第二天，张神奇就一命呜呼了。

裁剪成特定形状的纸张不仅能招引魂魄，还被视为一种"压胜物"，具有祈福辟邪、驱煞避祸的作用。撰于南朝梁的《荆楚岁时记》记载正月初七那天，荆楚地区的百姓有"剪绫为人"的习俗，②其材质最初为丝帛或金箔，之后渐以纸代替。敦煌出土的《推镇宅法第十》还记载了用剪纸改善风水的方法，古人认为如果房屋位于东方，且直对街道，则会有"开门冲吉"的风险，此时只需要"剪女七人，各长七寸"，再与"白石七两""虎头一具"一起埋于地下七寸之处，就可逢凶化吉（P.4522）。这些习俗显然带有浓厚的巫术色彩——被裁剪成奇特形状的纸张与巫蛊之术相配合，就莫名获得了某种神秘法力。

在气候干旱、纸张易于保存的新疆吐鲁番地区，除了明显具有招魂意味的剪纸，古墓中还出土了许多各式各样的纸质陪葬品，包括出土年代最早的纸钱，死者穿戴的纸鞋、纸靴、纸衣、纸冠、纸腰带，乃至一副纯由纸张做成的棺材。这些纸冥器的出现不禁让人浮想联翩：人们为何以纸殉葬？被带入坟茔中的纸又有着什么特殊的文化寓意呢？

纸冥器最初约产生于南北朝后期，在汉人的观念里，以纸殉葬是由奢入俭的表现。与杜甫同时代的封演就认为："古者享祀鬼神，有圭

---

① 〔清〕袁枚著，王英志编纂校点：《子不语》卷八《张神奇》，浙江古籍出版社，2015年，第173页。

② "正月七日为人日，以七种菜为羹。剪绫为人，或镂金薄为人，以贴屏风，亦戴之头鬓。"见〔南朝梁〕宗懔撰，〔隋〕杜公瞻注，姜彦稚辑校：《荆楚岁时记》，中华书局，2018年，第11页。

璧币帛，事毕则埋之。后代既宝钱货，遂以钱送死。"①意思是说，古人祭祀鬼神时，埋葬的都是实打实的金银珠宝，而后世子孙舍不得真金白银，于是就"率易从简，更用纸钱"。到了封演生活的盛唐时期，焚烧纸钱、纸衣、法船、纸马的做法已然是上至王公贵族，下到黎民百姓都通行的习俗，清明时节"风吹旷野纸钱飞，古墓累累春草绿"成为唐代乃至后世的常见景象。

然而，古人真的是出于贪吝钱财的心态才以纸送葬的吗？想要回答这个问题，我们还需要以考古实物为依据，把出土年代最早的一批纸冥器按时序考察一番。

在吐鲁番阿斯塔那与哈拉和卓墓葬群中，墓葬用纸最迟在前凉时期（318—376年）就已出现，只不过并非"陪葬品"，而只是丝织品的替代物，如59TAM305号墓，女性墓主的衣领是用两件纸质文书衬补而成的；男性墓主的麻布鞋也使用废旧的文书纸做内衬。②此外，墓葬群中还出土了许多完全由纸张做成的纸鞋（59TAM301、302号墓），有的鞋面裱糊一层素绢，有的鞋面还被特意涂成了黑色或蓝色，显然是在刻意模仿真正的绢鞋或麻鞋。这似乎表明，人们最初选择纸质材料作为殓服，确实更多的是出于经济考虑：由于纸张价格比绢帛低廉，又可以随意涂色、描绘纹饰，自然而然就成了替代丝织物的不二之选。

到了麹氏高昌时期（6世纪初—7世纪中），吐鲁番地区的丧葬用纸已然十分流行，大量纸鞋、纸冠、纸腰带不断出土，仿佛以纸殉葬已经上升到文化和习俗的层面。尤其是一些豪门望族，如世代门庭煊赫、

---

① 〔唐〕封演撰，赵贞信校注：《封氏闻见记校注》卷六《纸钱》，中华书局，2005年，第60页。
② 新疆维吾尔自治区博物馆：《新疆吐鲁番阿斯塔那北区墓葬发掘简报》，《文物》1960年第6期，第15、19页。

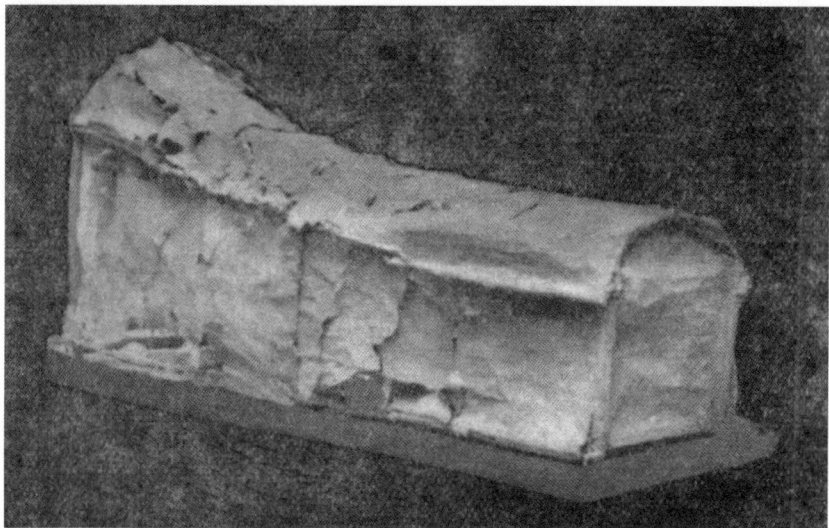

图6-6　新疆阿斯塔那唐墓（506号墓）出土纸棺，约8世纪下半叶，墓主人为游击将军张无价。纸棺无底，死者置于糊有废纸的苇席上，再罩上纸棺。纸棺所用废纸内容大多是天宝十二年至十四年（753—755年）驿馆的驿马饲料收支账

与高昌王族互通婚姻的张氏家族，其宗族坟茔中也出土了大量纸冥器，很多纸冥器用的还是写有字迹的废纸，如阿斯塔那509号墓中，出土了全部用纸制成的纸衾；506号墓还出土了一副以细木杆为骨架、以涂红废纸糊裱而成的纸棺。①难道贵族阶层也节俭到需要靠废纸才能为亲属殉葬的地步吗？这似乎很难再以经济原因予以解释，必须从精神层面找找原因了。

或许敦煌遗书中的一首佛偈能给我们些许启示。在S.2073《庐山远公话》中，东晋高僧慧远（334—416年）进入皇宫大内，发现宫中

---

① 新疆维吾尔自治区博物馆、西北大学历史系考古专业：《1973年吐鲁番阿斯塔那古墓群发掘简报》，《文物》1975年第7期，第12~13页。

众人常将写有字迹的纸张"秽用茅厕之中"，于是作偈一首，警示道：

> 儒童说五典，释教立三宗。
>
> 视礼行忠孝，挞遣出九农。
>
> 《长扬（杨）》并五策，字与藏经同。
>
> 不解生珍敬，秽用在厕中。
>
> 悟灭恒沙罪，多生忏不容。
>
> 陷身五百劫，常作厕中虫。

　　在古人看来，凡是写有字迹的纸张，无论是儒家经典还是佛教经书都应该心生敬畏，即便只是写有《长杨赋》这种诗词歌赋的字纸也如同佛教"法宝"大藏经一样，不应随意丢弃，否则就会遭到"陷身五百劫，常作厕中虫"的报应。尽管S.2073的成文年代相对较晚（约10世纪下半叶），但这种"敬惜字纸"的观念却流传已久。从考古实物来看，敦煌藏经洞出土的大量纸张都存在正反面重复利用的现象，文书纸背或空隙处亦经常被古人用来书写契约、练习书法；即使是破裂残损的佛经也不轻易丢弃，而是妥善修复后再继续使用（约三分之一的敦煌遗书都在古代进行了不同程度的修复）[1]。甚至有学者推测，敦煌藏经洞本身就是一个"破损经卷的储存室"，是古代僧侣贮藏待修残卷的场所。[2]

　　这种"字纸崇拜"反映到丧俗中，就是纸冥器在从上到下各个阶

---

① 林世田、赵洪雅：《敦煌遗书对"中华古籍保护计划"的启示》，《文献》2019年第3期，第10~13页。

② 荣新江：《敦煌藏经洞的性质及其封闭原因》，见季羡林、饶宗颐、周一良主编：《敦煌吐鲁番研究》第二卷，北京大学出版社，1997年，第23~48页；荣新江：《再论敦煌藏经洞的宝藏——三界寺与藏经洞》，《敦煌学新论》，甘肃教育出版社，2002年，第8~28页。

层中都备受欢迎。不识字或文化水平较低的民众认为带有字迹的纸张具备种种"法力",因此以废纸陪葬也成了一件十分"有面儿"的事;而出手阔绰的豪门大户更是挥霍大量纸张打造纸棺、纸衾,这非但不是出于节俭,反而是一种炫富手段,是彰显墓主人身份地位的表现。[①]到初唐时期,吐鲁番地区的百姓显然已将尽可能多地陪葬纸冥器视为一种厚葬方式了,这个风气也沿着丝绸之路迅速传到中原地区,到盛唐之时,无论祭神、驱邪、招魂、送葬都少不了纸张的影子。

从最初的廉价替代品,到赋有"魔力"的法宝,纸张终于在唐代完成了华丽的变身。那些中元节漫天飞扬的串串纸钱、贴在大门上面目狰狞的护宅门神和21世纪走出国门、被西方誉为艺术品的精美纸札,都明白无误地彰显着纸张在物理属性之外的奇特魅力。

三、信仰充值:被重构的死后世界

14世纪,英国。4月骤雨初歇,甘霖滋润大地,甜美的和风吹拂在通往坎特伯雷大教堂的道路上。29位萍水相逢的朝圣旅客沿着大路结伴而行,他们轮番讲着故事,消磨着单调的旅途时光。众人中,有一个形容猥琐、目光狡黠的男人混迹在骑士、磨坊主、厨师、修士、差役等形形色色的旅客中间,他马鞍的行囊被塞得满满当当,里面不是从罗马带来的"赎罪券",就是各种各样伪造的"圣物"。男人手里扬着盖了大印章的教皇特许状,用山羊一般又尖又细的嗓音卖力地传播着他的"福音":

---

① 孙丽萍:《吐鲁番古墓葬纸明器考论》,《吐鲁番学研究》2014年第2期,第84~90页。

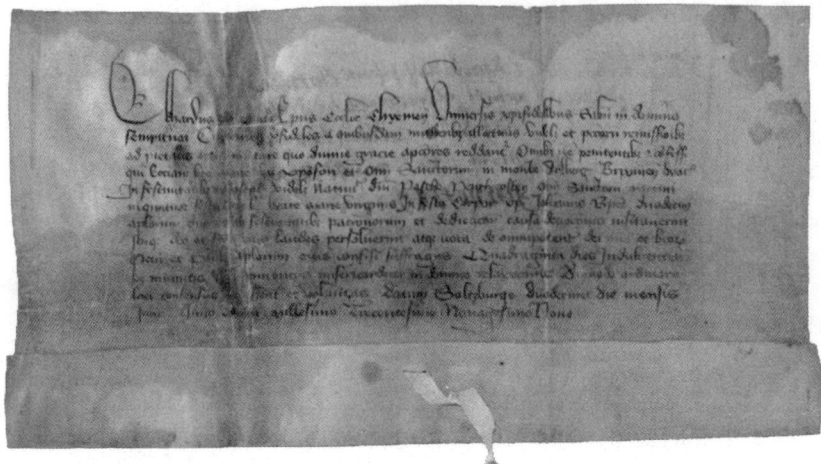

图6-7　写在羊皮纸上的赎罪券，1399年，奥地利圣克里斯托弗兄弟会藏

　　各位先生女士，我提醒你们，现在这座教堂里，如果有的人因为犯下的罪孽太丢人现眼，已羞于通过忏悔来获得赦免，或者哪个或老或少的妇道家让丈夫戴了绿帽子当了王八——这种人无权得到上天的恩典……但谁若觉得没犯过这种错误，就能以天主的名义奉献财物；而凭着教皇特许赋予的权威，我就能完全赦免他犯下的罪。[①]

这个贪婪卑劣的小人物是英国诗歌之父杰弗雷·乔叟（Geoffrey Chaucer，1340或1343—1400年）在小说《坎特伯雷故事》中描绘的角色——卖赎罪券的教士。

14世纪，教皇卜尼法斯八世突发奇想地开启了一个无本万利的敛

[①]〔英〕乔叟著，黄杲炘译：《坎特伯雷故事》，上海译文出版社，2023年，第540页。

图6-8 中世纪捷克手稿中的插图，魔鬼撒旦伪装成教士的模样分发赎罪券，约1490—1500年

财计划，即把现实世界中平平无奇的羊皮纸与人们死后的世界紧密联系起来——赎罪券就此凭空出世。教会宣称，只要拿到这种赦罪文书，基督徒死后就不会再因所犯罪孽而饱受炼狱之苦。

1300年，教皇开始正式发行这种写有赦免文书的羊皮纸，该年也被定为"大赦年"，凡是在当年前往罗马朝圣的人即可用世俗的钱币予以购买，当然，其价格自然比普通羊皮纸贵得多。据一份16世纪德国的赎罪券价格清单记载：如果某人犯了骇人听闻的渎神罪，花7个杜加特就可获得宽恕；若胆敢施行巫术，用6个杜加特也能赦免罪行；即便是犯了罪无可恕的弑父之罪，也能靠4个杜加特幸免于难。[①]正所谓"金币落入慈善箱，灵魂飞出炼狱墙"，中世纪的欧洲民众出于对炼狱的恐惧，开始争先恐后、砸锅卖铁地购买赎罪券，原本百年一遇的"大赦年"也因为行情太好而频频缩短周期，以至于到1506年以后几乎每一年都是"大赦年"。

最后，手握金币排队等待忏悔的虔诚信众只换回了一张张写着套话的羊皮纸，而教皇却因此过上了优渥的生活。罗马教廷仅靠不断在羊皮纸上抄写赦免文书就聚敛了巨额财富，甚至成功为十字军东征筹集战争经费，企图兼并土地和人口。赚得盆满钵满的还有乔叟小说中贪婪成性的底层教士，他们凭着油腔滑调的伎俩在江湖上畅行无阻，"每年靠这种把戏挣一百马克"[②]，正如其夸夸其谈的那样，靠兜售赎罪券仅仅一天里搞到的钱财就是乡间穷教士两个月也挣不来的——至于信众的灵魂，"管它去哪里，我可不操这份心"！

---

① 〔俄〕梅列日科夫斯基著，杨德友译：《宗教精神：路德与加尔文》，学林出版社，1999年，第87~88页。

② 100马克约合66英镑，这至少超过如今2000英镑。参见〔英〕乔叟著，黄杲炘译：《坎特伯雷故事》，上海译文出版社，2023年，第540页译注。

在疯狂购买赎罪券的浪潮下，潜藏着基督教世界对死亡和炼狱的巨大恐惧。正如荷兰史学家约翰·赫伊津哈（Johan Huizinga）在《中世纪的衰落》里所说，"从未有哪个时代像衰落的中世纪那样如此看重死亡的观念"[①]。如果赫伊津哈把视线放诸更广阔的时空坐标系，不知道是否还会得出同样的结论，因为"生老病死"和"魂归何处"这样的终极议题几乎在所有宗教中都有体现，就像12世纪的基督教大力宣扬炼狱信仰那样，犹太教、佛教和道教其实也都有关于"阴间"的精妙设计。随着佛教的东传，汉族民众原本"事死如事生"的古朴死亡观也被逐渐打破，在中国人的精神领地里，一个结构更完整、逻辑更严谨、时空更宏伟的轮回体系被架构了起来。

假如有机会向古人请教如何筹备丧事，秦汉时期的人和隋唐时期的人很可能会给出截然不同的回答。秦汉时，为死者营造墓穴更像是一次"搬家"，所有吃穿用度，上到车马仆从、宅院畜舍，下到锅碗瓢盆、夜壶台灯，能带的都尽可能带上。这是因为在秦汉人的认知里，"以为死人有知，与生人无以异"[②]。尽管死者的亡灵或许会羽化飞升，但墓穴仍然是其继续居住的"阴宅"，墓葬的设计也因此充满人性化的考量。将亡故的亲属厚葬，一应俱全地陪葬生活所需，成为迎接和面对死亡的必要之举。

但在佛教的渲染下，以往"人生一世""魂归墓穴"的认知发生了颠覆性变化，取而代之的是一个以六道轮回为框架、不断往生、永不

---

① 〔荷〕约翰·赫伊津哈著，刘军等译：《中世纪的衰落》，中国美术学院出版社，1997年，第144页。

② 黄晖：《论衡校释（附刘盼遂集解）》卷第二十三《薄葬篇》，中华书局，1990年，第962页。

停歇的死后世界。[①]在这个重新构建的体系当中，人生的尺度被无限放大，不仅有今生今世，还有来世、过去世，乃至生生世世；人与人之间的关系也超出了血缘与姻亲的范畴，而扩展至素未谋面但有因果纠葛的"七世父母""三生姻缘"。最可怕的是，墓穴无论奢华与否，都不再是亡灵的栖息之所，而是稍有不慎就会堕入恶道（地狱道、饿鬼道、畜生道），饱受轮回之苦。因此，面对生死大事，隋唐时期的古人很可能语重心长地奉劝道："与其重金厚葬，还不如平时多抄抄佛经、做做善事，积点功德吧！"

写有佛经的纸张因此成为人们往生极乐世界的"入场券"。早在东晋十六国时期，佛教就将纸张抬高到了与人体血肉组织，乃至生命等量齐观的高度。佛教本生故事中记载有许多释迦牟尼在成佛前舍身求法的事迹，例如，在其转世为优多梨仙人（Utpala）时，曾"为一偈故，剥身皮为纸、折骨为笔、血用和墨"，[②]遭受种种磨难，经过不断轮回历练，最终才涅槃成佛。有意思的是，这个故事仅为北传汉译佛经所独有，在南传小部经典及现存印度佛教遗迹的雕刻、壁画中均不见记载。要知道，佛教是从南亚次大陆为起点，经中亚、河西走廊而传入中国的，而纸张却是中国本土的发明创造，即便是在唐玄奘西天取经的7世纪上半叶，印度都还没有使用纸张的迹象，[③]那么汉译佛经中的"剥皮为纸"故事，就很可能是佛经译者根据东土世界的使用习惯和信仰习俗"叠加"或"改编"而成的了。

---

① 赵青山：《佛教与敦煌信众死亡观的嬗变——以隋唐宋初敦煌写经题记为中心》，《新疆师范大学学报（哲学社会科学版）》2014年第3期，第63~69页。
② 〔东晋〕失译：《菩萨本行经》卷三，〔日〕大正一切经刊行会：《大正新修大藏经》第3册，新文丰出版社，1983年，第119页。
③ 季羡林：《中国纸和造纸法输入印度的时间和地点问题》，《历史研究》1954年第4期，第25~51页。

在北传的佛教经论不断集结、翻译的过程中，传译者不仅"创作"出了"剥皮为纸"的夸张故事，后世许多高僧还对其进行了扩充和渲染，使其演变得更加细致和完善，尤其是后秦高僧鸠摩罗什，在其翻译的《大智度论》中有这样一段生动的记载：

> 如释迦牟佛，本为菩萨时，名曰乐法。时世无佛，不闻善语，四方求法，精勤不懈，了不能得。尔时，魔变作婆罗门而语之言："我有佛所说一偈，汝能以皮为纸，以骨为笔，以血为墨，书写此偈，当以与汝！"乐法实时自念："我世世丧身无数，不得是利。"即自剥皮，曝之令干，欲书其偈，魔便灭身。是时，佛知其至心，即从下方踊出，为说深法，即得无生法忍。①

《大智度论》的著者龙树是印度著名高僧，约活跃于150—250年间，即中国汉末三国时期，毕生未曾来华，其著作中出现的有关纸张的描述，显然只可能是该论东传以后，由后世熟悉纸张及造纸工艺的鸠摩罗什及其译场弟子叠加、完善而成。通晓中华文化的鸠摩罗什不仅点明了"即自剥皮"（剥离植物茎皮纤维）、"曝之令干"、"干以为纸"（纸浆抄造后烘干成纸）等造纸技艺的具体细节，还极大地提升了纸张

---

① 〔印度〕龙树著，〔后秦〕鸠摩罗什译：《大智度论》卷四十九，〔日〕大正一切经刊行会：《大正新修大藏经》第25册，新文丰出版社，1983年，第412页。在鸠摩罗什的其他译作中也有许多类似描述，如《集一切福德三昧经》《梵网经》，见〔后秦〕鸠摩罗什译：《集一切福德三昧经》卷二，〔日〕大正一切经刊行会：《大正新修大藏经》第12册，新文丰出版社，1983年，第995~996页；〔后秦〕鸠摩罗什译：《梵网经》卷二《卢舍那佛说菩萨心地戒品第十卷下》，〔日〕大正一切经刊行会：《大正新修大藏经》第24册，新文丰出版社，1983年，第1009页。

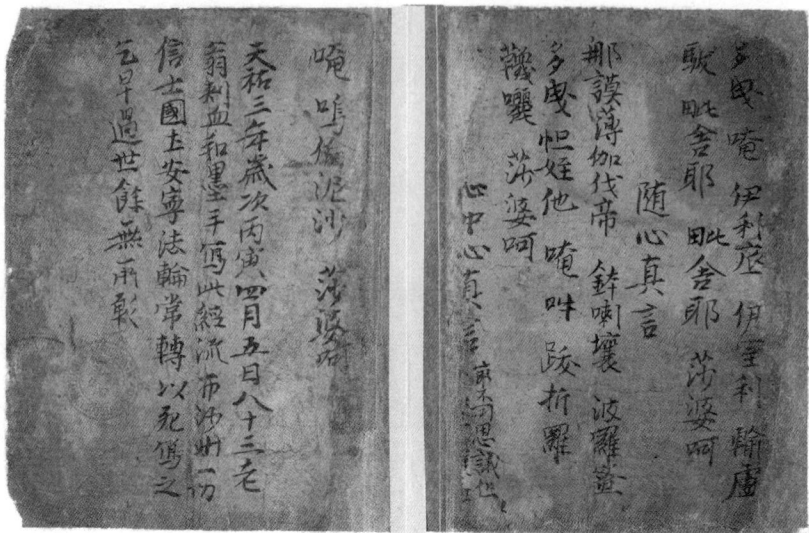

图6-9　敦煌遗书P.2876《金刚般若波罗蜜经》卷末发愿文，法国国家图书馆藏。
"天祐三年（906）岁次丙寅四月五日，八十三（岁）老翁刺血和墨，手写此经，
流布沙州一切信士，国土安宁，法轮常转。以死写之，乞早过世，余无所愿。"

在汉传佛教中的地位。到南朝梁武帝在位期间，中国的佛教信徒甚至
开始效仿释迦牟尼"剥皮为纸"的传说[1]，在现实世界中也以自己的鲜
血为墨，抄写佛经，以期追求如佛祖那般的涅槃境界。我国现存的大
量"血经"，如敦煌沙州老人"血经"[2]、福州鼓山涌泉寺"血经"、苏州
西园戒幢律寺"血经"等珍贵法宝，都是抄写者以"剥皮为纸，刺血
为墨，折骨为笔"为理论依据而进行的宗教实践。

　　大乘佛教渐趋流行后，大量汉译佛经开始宣扬抄经能够带来种种

─────────────

[1]　〔日〕村田澪：《血经的渊源以及意义》，《佛学研究》，2012年，第56~63页。
[2]　如敦煌遗书S.5669《金刚般若波罗蜜经》题记："天祐三年丙寅二月三日，
　　八十三老人刺左手中指出血，以香墨写此金经。"P.2876ab《金刚般若波罗蜜
　　经》题记："天祐三年岁次丙寅四月五日，八十三老翁刺血和墨，手写此经。"

"功德""善根""胜业"，具有抵消生前恶业、拯救亡灵于恶道的"不可思议不可称量无边功德"，如译成于隋代的《大方等大集经·日藏分》，整整列数了抄经供养的"十种利益"，宣扬抄经既能使信众佛法精进，还能确保其"家内一切吉祥""天生不入恶道"，获得"速成佛果"的无量福报。①

20世纪以来的众多出土文献正好展示了纸张是如何在轮回观念的统摄下，逐渐超脱物理属性，变身为功德"充值卡"的。

在敦煌出土的6万余号遗书中，佛教文献占九成以上，其中又以佛经为大宗。许多抄经人在经卷抄写完毕之后，还在卷末恭恭敬敬地附上"发愿文"。如隋炀帝大业十二年（616年），一位名叫刘圆净的信士在抄写《金刚般若经》后，先是许了一个弘扬佛法的大愿："愿一切众生转读，闻者敬信，皆悟苦空。"之后又加上了一个十分私人化的小愿望，"又愿刘身早离边荒，速还京辇"，即祈求佛祖让其尽早离开沙州蛮荒之地，重返繁华首都（S.2605）。又如唐太宗贞观十五年（641年），一位名叫辛闻香的信徒因流落他乡，不幸与父母失散，"死生各不相知"，因此辛闻香将与亲人团聚的希望寄托于来世，许愿"将来世中，父母眷属莫将舍离"（S.4284）。

还有数量众多为亲属祈求轮回转世的愿文，如报恩寺僧人海满抄写《观世音经》后，祝愿"先亡考妣不溺幽冥，乘此善因，早遇弥勒"（S.3054）；归义军节度使张议潮之女张氏为亡男抄写《金光明最胜王经》，"愿三郎君神游碧落，联接天仙……净土长年，恒生于此"

---

① 〔隋〕那连提耶舍译：《大方等大集经》卷第四十五《护塔品第十三》，〔日〕大正一切经刊行会：《大正新修大藏经》第13册，新文丰出版社，1983年，第297页。此外，许多隋唐时期的译经，如隋阇那崛多等人翻译的《大威灯光仙人问疑经》《佛说出生菩提心经》，唐菩提流志翻译的《不空羂索咒心经》都有类似表述。

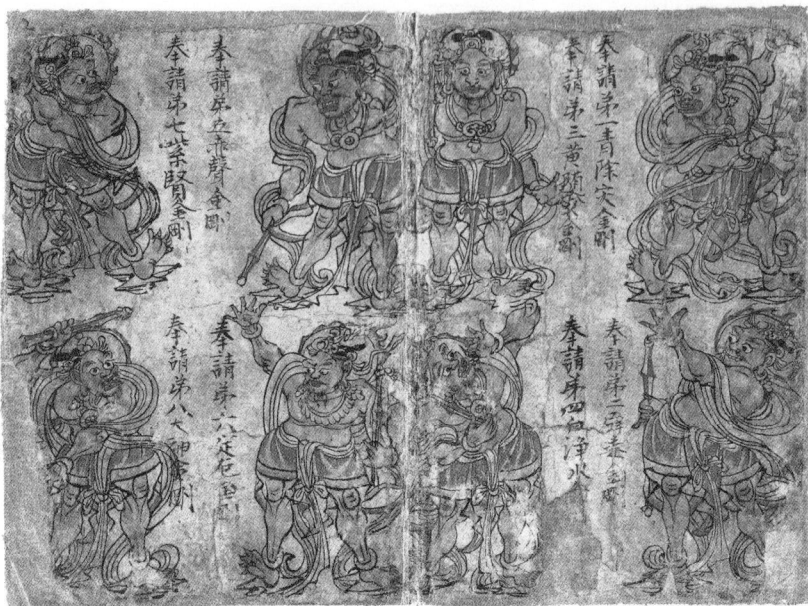

图6-10　敦煌遗书P.2876《金刚般若波罗蜜经》扉页画像

（S.1177）。发展到后来，抄经功德与轮回信仰愈发深入人心，以至于家里的牲畜死去后也要抄经祈福一番。后梁开平五年（911年），某位朴实的农户在自家老耕牛病亡后，不仅为其敬写《金刚经》一卷、《佛说阎罗王受记经》一卷，还在卷末真诚祈求道："愿此牛身领受功德，往生净土，再莫受畜生身。天曹地府，分明分付，莫令雠讼。"（S.2255）换句话说，就是希望用抄经所"储蓄"的功德为其超度，"即便在我家受了一辈子劳役之苦，到了天曹地府也要分说明白，不要诬告于我啊"！

更有意思的是，佛教原本出于传播教义而掀起的抄经浪潮，到最后却逐渐褪去宗教色彩，成了一种民俗化、普及化的祝祷行为。某年四月十五日"佛吉祥日"这一天，一位名叫索清儿的信众，因为"己身忽染热疾，非常困重"，因此发愿抄写《四分戒》一卷，其目的显然与祈求

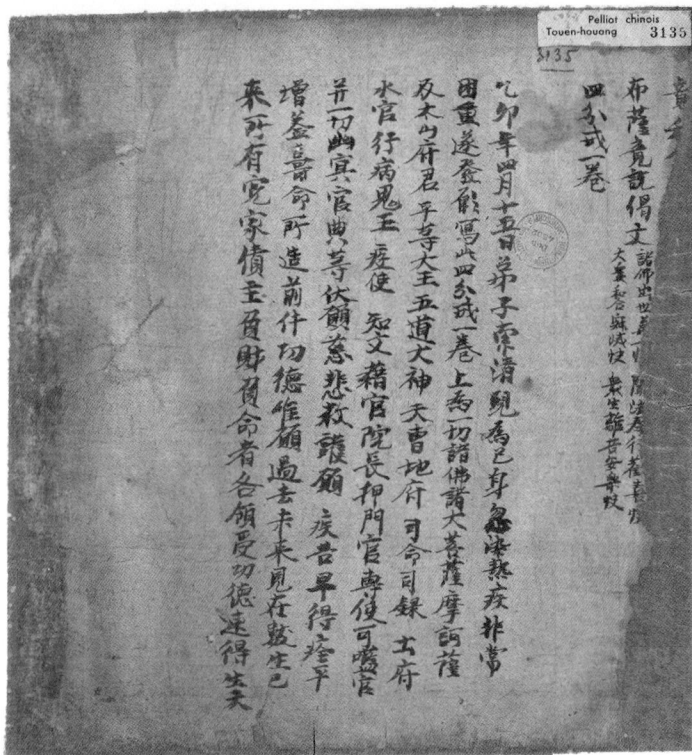

图6-11　敦煌遗书P.3135《四分戒索清儿题记愿文》，法国国家图书馆藏

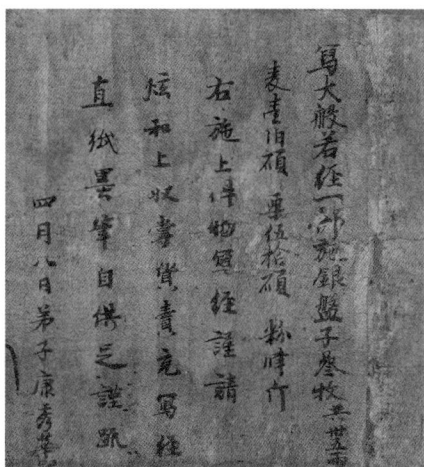

图6-12　敦煌遗书P.2912《大乘稻芉经随听疏》（局部），法国国家图书馆藏。卷末有粟特富商康秀华在"佛诞日"的布施清单，包括银盘子、麦子、粟米和装饰石窟壁画的胡粉，以此作为请寺院抄写《大般若经》一部的供奉

健康相关，正如其所说，"愿疾苦早得瘥，平增益寿命"。但病急之下，索清儿祝祷的对象其实远远超出了正统佛教范畴，除了佛教的"一切诸佛、诸大菩萨、摩诃萨"，索清儿居然还把民间和道教供奉的"太（泰）山府君、平等大王、五道大神、天曹地府、司命司录"乃至"行病鬼王""疫使"及"一切幽冥官典"等大大小小的神仙都求了一遍。①也就是说，在像索清儿这样的普通民众眼中，抄经行为可能并非出于纯粹的宗教信仰——只要能保佑祛病延年，拜哪一路神仙都是可以的。

当轮回的幻想成为一种普遍的民间风俗后，供奉纸张、抄写经文、祈福祝祷就不再是个体行为，而是形成了紧密的产业链条。一些敦煌地区的富商巨贾直接向寺院布施大量物资，以此供养寺院中的专业抄经生为其抄写经文，积累功德。功德的买卖也由此实现市场化，只要客户出资布施，经坊就能源源不断地提供"私人订制"的各式愿文，与施主姓名、布施清单、捐赠日期等清清楚楚地列在经卷末尾。一些敦煌经卷后的发愿文甚至出现了制式化的趋势，只要改改施主姓名就能随意套用；有的经卷还在捐资人姓名处单独留有空白，显然是寺院提前写好经文，待有人布施，再将其姓名添上。在中原地区，民间捐资抄经祈福的风潮更为普遍，开铺写经的个体工坊遍地开花，有的百姓甚至为了捐资抄经而倾家荡产，到了饥寒交迫、无以为生的地步。开元二年（714年），唐玄宗有感于"坊巷之内，开铺写经，公然铸佛"带来的深刻社会问题，不得不专门颁布《禁坊市铸佛写经诏》，命令"自今已后，禁坊市等不得辄更铸佛写经为业"②。

---

① 类似的发愿文是一种祈愿套语，在敦煌遗书中有数件，其祝祷对象既有民间信仰的泰山府君、风伯雨师等，也有道教神仙如"韩君丈人"（专使可噈官）等。
② 〔唐〕唐玄宗：《禁坊市铸佛写经诏》，见〔清〕董诰等编：《全唐文》卷二十六，中华书局，1983年，第300页。

然而，被重构出来的死后世界为纸张带来的影响无疑是深远的，正如历史进程所示，唐玄宗出于一厢情愿的《禁坊市铸佛写经诏》非但没能浇熄民众为信仰"充值"的热情，相反，在巨大的市场需求之下，耗时耗力的手抄方式开始向批量生产上寻找出路——纸张与印刷术结合的时代就要到来了。

第七章
开放的青云之路

近岁，市人转相摹刻诸子百家之书，日传万纸。学者之于书，多且易致如此。

——《李氏山房藏书记》[1]

一、批量生产：从神坛到考场

1944年4月，春意盎然的锦江岸边，国立四川大学的修路工人们正站在水稻田里，朝一处意外发现的小型墓葬群好奇张望着。在老百姓眼中，历史悠久的锦官城附近发现唐宋古墓本不是什么稀罕事，毕竟，大唐才女薛涛的香冢就在距离此处不足500米的地方，已静立锦江之滨近1500年之久。而在考古学家看来，这处墓葬群中的一座唐代古墓却有着非同寻常之处：破损的墓室底部仰卧着一具早已朽烂的人

---

[1] 〔宋〕苏轼撰，〔明〕茅维编，孔凡礼点校：《苏轼文集（全六册）》卷十一《李氏山房藏书记》，中华书局，1986年，第359页。

骨，死者口中含着两枚开元通宝，双手也都握着玉棒和钱币。令人不解的是，尸体的双乳之上还分别倒扣着两只陶碗——这样的葬式在四川墓葬中前所未有。神秘的墓主人究竟是谁？为何以这种特殊的方式安葬？这些疑问都让考古学家困惑不已。

更让考古学家意外的还要数人骨右臂上戴着的一只银镯。起初，考古工作者并未察觉这只镯子暗藏玄机，带回博物馆整理时，才发现镯子银质已朽，其内部竟然藏着一个纸卷。纸卷展开后约1尺见方，纸质极薄，呈半透明状，表面光泽而有韧性。谁能想到，修路时意外发现的古尸手镯里竟会藏着一张唐代古纸，且纸上还有雕版印刷的《陀罗尼经咒》和菩萨画像呢？[①]

关于雕版印刷术的诞生时间，中外学者众说纷纭，有南北朝说、隋代说、初唐说等，但均缺乏出土实物予以佐证。不过可以肯定的是，雕版印刷术在诞生之初，一定与佛教有着千丝万缕的联系。正如第六章所述，佛教信仰在隋唐时期十分兴盛，民众普遍把佛经视为"三宝"之一，认为抄写、念诵、供养、流通佛经可以积累莫大功德，于是，广大信众纷纷或直接或间接地投身到这一抄经浪潮之中，不仅纸张需求量因此大增，人工抄写的效率也开始供不应求。经文快速复制、批量生产的需求越来越大，雕版印刷术就这样诞生了。

从目前发现的出土实物来看，我国早期印刷品几乎全部是佛经或佛经的衍生品。如发现于敦煌藏经洞的唐懿宗咸通九年（868年）《金刚经》（Or.8210/P.2），是世界现存刻有明确纪年且纪年最早的印刷品，与唐墓出土的《陀罗尼经咒》年代大致相当（只不过《陀罗尼经

---

① 冯汉骥：《记唐印本陀罗尼经咒的发现》，《文物参考资料》1957年第5期，第48~51页。

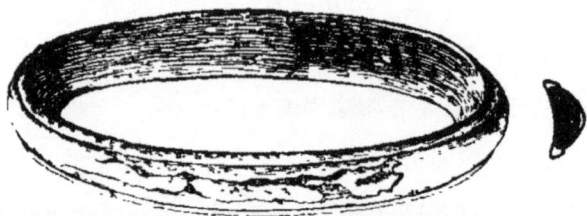

图7-1　唐代墓葬中出土的银镯及唐印本《陀罗尼经咒》。印本中央刻有菩萨坐像，栏框外绕刻梵文经咒十七周，咒文之外再雕双栏，四周刻有菩萨画像及佛教供品图像。印本右侧题写："□□□成都县□龙池坊□□□近下□□印卖咒本□□□"等字，可知此件经咒是唐末成都坊间私刻，亦是我国发明雕版印刷术的早期物证之一

图7-2　敦煌遗书Or.8210/P.2唐咸通九年（868）《金刚经》（局部），英国国家图书馆藏。卷末刻有"咸通九年四月十五日王玠为二亲敬造普施"题记，是世界现存最早标有明确纪年的雕版印刷品

咒》没有确切纪年，只能以考古方法模糊断代)。《金刚经》卷首刻有线条精美的《祇树给孤独园》说法图，文字古拙遒劲，刀法纯熟，墨色均匀，印刷清晰，显然是一份印刷技术已臻成熟的作品。从技术演进规律而言，印刷术不可能在发明伊始就印制出如此精良的佛经长卷，因此可以推断，早在868年之前，印刷术就已经发展了相当长的一段时间。

20世纪以来，随着国内外考古实物的不断发现和人们对文献研究的持续深入，印刷术的发明上限被不断前推。如日本出土、以黄麻纸印制的"百万塔陀罗尼"，刻经上虽没有明确纪年，但据日本史书记载，应刻印于唐代宗大历五年（770年），被誉为当今世界现存最早的印刷实物。敦煌发现的8世纪中叶写本《加句灵验佛顶尊胜陀罗尼》（BD03907），其卷尾写有"弟子王□□发愿雕印"的题记，显然是抄经者按照某一年代更早的刻本照抄而来，只可惜该刻本已无从寻觅，但其年代或许比770年更早。此外，传世典籍《云仙散录》还引用了佚书《僧园逸录》中的一段记载，称"玄奘以回锋纸印普贤像，施于四众，每岁五驮，无余"[1]，也就是说，唐玄奘天竺取经返回长安后，每年都用回锋纸印制普贤菩萨像，广施信众，其刻印的数量若依5匹马的负重推算，当在1000~1250斤，即相当于20万~25万张纸！尽管《云仙散录》的可信度存有争议，但此条史料如若属实，则表明印刷术早在大唐贞观年间（627—649年）就已经开始使用，且印量相当巨大。

这些早期印刷品隐约向我们透露出印刷术与纸张结合的最初轨迹：在佛教信仰的促使下，信众们先是雕印单张的佛像版画；继而从图像

---

① 〔后唐〕冯贽编，张力伟点校：《云仙散录》二一○《印普贤》，中华书局，2008年，第107页。

拓展至文字，开始印制篇幅短小、图文并茂的各类经咒；再后来，随着雕版、印刷技艺的精进，出现了像咸通九年《金刚经》这样刀法流畅、图文精美的佛经长卷。到晚唐五代时，敦煌地区已经出现了专门从事雕版印刷的雕经人、雕版押衙，同其他职业写经手、装潢手一样，走上了专业化的道路。

不过，出乎僧侣们预料的是，雕版一旦与纸张结合，就释放出了惊人的生产效率，其刻印内容也很快突破宗教领域，开始覆盖众多日用频率较高、内容短小精巧的物件，如老百姓日常翻阅的日历、用作官方凭证的印纸、颁发给僧道的度牒，以及过年过节张贴各处的钟馗像等。[①]正如向达先生总结："先是带宣传性质和祈求福利的印刷品，于是始由此一转而入于实用。"[②]

技术层面上，佛经长卷一旦雕印成功，其他长篇典籍自然也水到渠成。唐僖宗中和三年（883年），喜好藏书的中书舍人柳玭在成都市肆上"淘宝"时，见到市面上有许多坊间私刻的雕版书籍等待售卖，然而"其书多阴阳、杂记、占梦、相宅、九宫五纬之流，又有字书、小学，率雕版，印纸浸染，不可尽晓"[③]。由此可见，9世纪后半叶的雕版书籍仍存在较大缺陷，一则私刻书籍在技术和成本上处于粗放阶段，印制后的纸张浸染模糊，难以阅读，与官方和寺院雕印的经卷不可同日而语；二则客户群是普通百姓，雕印内容是最贴近日常生活、人民群众最感兴趣的一类，包括查检字形、声韵的工具书，以及大量占梦、

---

① 苏晓君：《我国早期印刷品的几个特殊品类》，《中国典籍与文化》2008年第2期，第99~104页。

② 觉明（向达）：《论唐代佛曲》，《小说月报》1929年第20卷（第10-12号），书目文献出版社，1984年，第1579~1588页。

③ 《旧五代史》引〔唐〕柳玭：《柳氏家训序》，见〔宋〕薛居正等：《旧五代史（全六册）》卷四十三《唐书十九 明宗纪第九》，中华书局，1976年，第589页。

相宅、谶纬之类的阴阳术数——这些东西在柳玭这样的士大夫眼中都是些"不入流"的旁门左道。想要"淘"到真正有价值的孔孟经典、名家文集乃至珍稀孤本,还是得花重金搜购手抄本,或是从书香门第、高门大户中借阅才行。

这道隐形的壁垒直到五代时期仍矗立在寒门子弟与世家大族之间。尽管科举制度自隋代起就已设立,但知识特权和晋升阶梯仍被上层阶级垄断。贫富士庶之间的巨大鸿沟,在昂贵而稀少的抄本书籍上体现得尤为赤裸。对此感受最深的恐怕要数后蜀宰相毋昭裔。毋昭裔精通儒家经典,喜好读书藏书,"博学有才名",但出身贫贱的毋昭裔在求学之路上却异常艰辛。据史书记载,毋昭裔入仕前家贫无力购书,就连当时科举考试的必读参考书《文选》都无缘得见,不得不"借《文选》于交游间"[①]。四处碰壁带来的屈辱和羞耻令毋昭裔发奋图强,立志"异日若贵,当板以镂之遗学者"。

在雕版印刷术诞生近200年之后,儒家典籍终于在战乱频仍的五代时期从抄本时代跨向刻本时代。后唐长兴三年(932年),出身农家、历仕四朝的元老冯道奏请国子监雕印儒家九经,开启了中国历史上首次大规模刊刻儒家经典的官方文化工程;后蜀由布衣而至宰相的毋昭裔也实现了当年的理想,自掏腰包兴办学馆,还刊刻了当初庶族学子难得一见的《文选》《初学记》和《白氏六帖》,这些都是当时科举考试的必读书目。这些出身寒微的士大夫,似乎已经敏锐地察觉到了一个打破阶层壁垒的秘密武器——可以成百上千次快速印刷的雕版,再加上日渐廉价的纸张,为平价书籍的诞生铺平了道路。

---

① 〔宋〕王明清撰,燕永成整理:《挥麈录余话》卷之二,大象出版社,2019年,第332页。

在坚持文教兴国、"取士不问家世"的大宋，我们即将见证纸张迎来又一次时代风口。

二、大沉降：纸价、书价与士族门槛

治平四年（1067年）正月，年仅20岁的宋神宗赵顼登上帝位。面对表面歌舞升平，内在冗官冗兵、积贫积弱的局面，神宗在王安石的辅助下，开启了一场声势浩大的变法。在王安石看来，大宋官员之所以存在贪污腐败、侵吞百姓的现象，是因为官员的俸禄太"薄"。想要整饬吏治，就得用"高薪养廉"的法子，多发俸禄。然而，从英宗时代起就存在巨额亏空的国库是断然无力为官员们涨薪的，于是，王安石想出了一个讨巧的办法，即不直接给官员们增发俸银，而是变相予以政策倾斜，让各级官员自行"创收"。

素来被视为"清水衙门"的司天监居然借此机会大捞一笔。按照规定，司天监主要负责"掌察天文祥异，钟鼓漏刻，写造历书"①，是个天文历法的研究机构，即便如此，官员们也发觉其中暗藏商机。熙宁四年（1071年），宋神宗颁布诏书，"诏司天监印卖历日，民间毋得私印，以息均给本监官属"②，意思是把印卖日历的权力收归朝廷所有，像盐、铁、茶等暴利行业那样，对历书的印卖施行垄断，禁止民间一切私自刻印日历的行为，从而把售卖官刻历书的收入当作司天监官员的"补贴"。

---

① 〔元〕脱脱等：《宋史》卷一百六十五《志第一百一十八 职官五》，中华书局，2015年，第3923页。
② 〔宋〕李焘：《续资治通鉴长编》卷二百二十《神宗 熙宁四年》，中华书局，2004年，第5360页。

在以农业为本的古代中国，历书是百姓开展农业生产和日常生活的必需品之一。按照惯例，每到岁末，司天监算定历法后，朝廷会正式颁布次年历书。由于历书的市场需求量巨大，民间便有人通过种种关系，或运用行贿手段，在每年官方颁布历书之前从司天监官员那里套取定本，快速刊印后在市场上抛售；甚至有人在官颁历书之前就自行编纂新历，大肆出售。①

反对变法的司马光在日记中明确记载了变法后堪称夸张的历书涨价风波。据司马光观察，"民间或更印小历，每本直一二钱，至是尽禁小历，官自印卖大历，每本直钱数百，以收其利"②。这种民间私刻的"小历"，尽管可能存在误差、开本窄小、印刷质量良莠不齐等问题，但售价只有一二文钱；不料朝廷垄断后，官刻历书的售价竟飙升至每本数百文钱。就算官刻历书纸墨俱佳、图文并茂，但与民间简装本相比，两者价格竟能相差100多倍，实属骇人听闻。

据史书记载，施行历书专卖的诏书颁布后，司天监"自判监已下凡六十八员皆增食钱，判监月七千五，官正三千，见卖历日官增食钱外，更支茶汤钱三千"③。也就是说，光靠售卖日历这项业务，司天监上上下下68位官员都增发了食钱和茶汤钱。据学者推算，若以官刻历书每本利润150文计算，仅首都开封一座城市就有民户30万，如平均每家购置一本，则官刻历书每年就可获利4.5万缗，平均每位司天监官员可分660余贯，④尽管这只是理论推测的利润最大值，但实际上也应是

---

① 周宝荣：《唐宋岁末的历书出版》，《学术研究》2003年第6期，第102~104页。

② 〔宋〕李焘：《续资治通鉴长编》卷二百二十《神宗 熙宁四年》，中华书局，2004年，第5360页。

③ 〔宋〕李焘：《续资治通鉴长编》卷二百二十《神宗 熙宁四年》，中华书局，2004年，第5360页。

④ 古代1000文为1贯或1缗。

一笔不菲的奖金。①用司马光的话说，是赤裸裸的"与民争利"。

售价一二文钱的私刻历书背后，折射出的是宋代纸价的大幅下降。自唐代中后期以来，麻纸的市场占有率骤然降低，成本低廉的植物茎皮、茎秆纤维取代昂贵的麻织物废料，在全国各地被大量生产为纸张。②随着原材料的迭代、造纸产业的集聚和造纸工艺的日益精进，纸张价格在唐宋之际迎来了一次"大跳水"，尤其是北宋中晚期以后，竹纸质量提升，物美价廉，迅速占领低端市场。宋仁宗天圣八年（1030年），23岁的欧阳修高中省元，其所作的《司空掌舆地之图赋》被百姓当作"高考范文"竞相品读传阅，市井刻坊甚至把这篇范文印刷出来，在大街小巷上叫卖，以此获利。据记载，"庸人竞摹赋，叫于通衢，复更召呼云：'两文买来欧阳省元赋'"③。《司空掌舆地之图赋》全文只有430个字，用一张纸就可以印成，售价低至2文钱仍有利润可赚，则其用纸成本势必更低。这个价格对于平均每人日花销100文左右的宋代百姓而言，确实算不上大额支出。④

不过，欧阳修的新赋和民间的私刻日历都是用纸不多的"小册页"，真正大部头的书籍又售价几何，普通百姓是否能承受得起呢？所幸，流传至今的几部宋本典籍为我们提供了不少珍贵的线索。宋高宗赵构绍兴十七年（1147年），黄州知州沈虞卿见家藏北宋诗人王禹偁的

---

① 方健：《南宋刻书业的书价、成本及利润考察》，《国际社会科学杂志（中文版）》2014年第2期，第154~155页。

② 据统计分析，隋唐时期麻纸使用频率高达80%左右，宋金元时期骤降至10%；树皮纤维纸则由隋唐时期的21%升至宋金元时期的74%，是宋金元时期最常用的纸张品类。见李涛：《古代造纸原料的历时性变化及其潜在意义》，《中国造纸》2018年第1期，第36页。

③ 〔宋〕欧阳修著，李之亮笺注：《欧阳修集编年笺注》（第2册），巴蜀书社，2007年，第306页。

④ 程民生：《宋人生活水平及币值考察》，《史学月刊》2008年第3期，第100~111页。

诗文集《小畜集》"文章典雅，有益后学"，于是打算雕版刊印，嘉惠学林。在今南宋绍兴黄州刻本《小畜集》卷末，留下了一段当时题写的珍贵牒文：

黄州契勘：诸路州军，间有印书籍去处。窃见王黄州《小畜集》文章典雅，有益后学，所在未曾开板。今得旧本，计一十六万三千八百四十八字。检准《绍兴令》，诸私雕印文书，先纳所属申转运司，选官详定，有益学者，听印行。除依上条申明施行，今具雕造《小畜集》一部，共八册，计四百三十二板，合用纸墨工价等项：

甲书纸并副板四百四十八张。表背碧青纸一十一张，大纸八张，共钱二百六文足；赁板、棕墨钱五百文足；装印、工食钱四百三十文足。除印书纸外，共计钱一贯一百三十六文足。见成出卖，每部价钱五贯文省。右具如前。[①]

《小畜集》共30卷，分为8册，共163 848字，总共雕刻了432块印版，更难得的是，沈虞卿还记载了当时印书的纸墨价格和书籍售价。据牒文可知，印制一部《小畜集》需要印书纸和副版纸共448张，相当于每块雕版对应一张印书纸，每册书需要2张副版纸——这448张纸的价格牒文中没有明确给出，不过我们仍可推算纸张价格。《小畜集》8册书裱褙时需要碧青纸11张和大纸8张，共206文钱，虽然两种纸单价有差别，但约略相当于每张装裱纸10文左右。《小畜集》每部售价

① 周郁：《黄州雕造〈小畜集〉后记》，见曾枣庄主编：《宋代序跋全编》卷一三六，齐鲁书社，2015年，第3867页。

为5贯文省，按照当时的省陌比例①，5贯文省相当于3.7贯文足（即交易时实付3700文，当作5000文使用）。若按图书成本占售价50%推算，《小畜集》的成本当在1850文足，除去印书纸的其他成本1136文足，则448张印书纸的成本当有714文足，平均每张印书纸的成本在1.5文左右——这与北宋欧阳修新赋每张售价2文钱的行情相差不远。

此外，宋代图书市场为了照顾到不同用户群体，还常常选用不同质量的纸张，将同一种书籍分为"典藏本""精装本"和"平装本"，形成价格区间，以满足不同群体的消费需求。如宋孝宗乾道九年（1173年）高邮军学所刻《淮海文集》，卷末明确记录了不同价位的纸价差别：

> 高邮军学《淮海文集》计四百四十九板并副叶裱背等共用纸五百张：三省纸每张二十文，计一十贯文省；新管纸每张一十文，计五贯文省；竹下纸每张五文，计二贯五百文省。工墨每版一文，计五百文省。青纸裱背作一十册，每册七十文，计七百文省。官收工料钱五百文省。

据此可知，一部《淮海文集》共10册，需用印书纸500张，纸张种类分3个档次，最贵的三省纸是南宋时质量最佳的公文用纸，每张成本20文省，约14.8文足；其次为新管纸，比三省纸便宜了一半，每张成本10文省，约7.4文足。这两种纸印成的《淮海文集》大概多用于收藏或送礼，而供一般读者阅读的本子则采用竹下纸，即南宋印书常用

---

① 宋代实行钱陌制，即以数十文钱为陌（百）的计量方式。省陌比例随年份不同略有波动，当时的折算比例当为74：100。

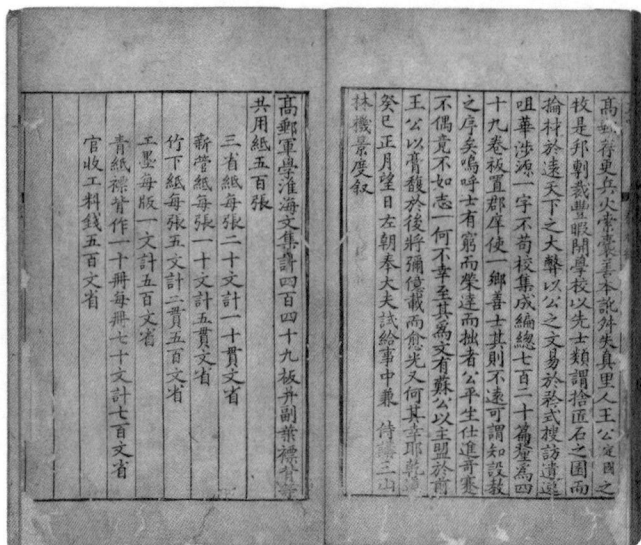

图7-3 〔宋〕秦观著《淮海文集》四十卷、《后集》六卷、《长短句》三卷，南宋乾道九年高邮军学刻本，日本内阁文库藏

的竹纸，每张成本只有5文省，约3.7文足。统而言之，南宋时期普通的印书纸便宜的不足2文钱，贵的也不超过4文钱；更为高档，用于书画、收藏的纸张则售至十数文至上百文不等。[1]

对于宋代下层人家而言，一般每天的收入约有数十文到一百文不等，如采茶工人"日支钱七十足"，杂役兵匠"每日食钱一百二十文"[2]，

---

[1] 受货币贬值、物价上涨等因素影响，宋代纸价整体呈上涨趋势，南宋晚期纸价约是北宋的3~4倍。参考方健：《南宋刻书业的书价、成本及利润考察》，《国际社会科学杂志（中文版）》2014年第2期，第154~163页；秦开凤：《宋代文化消费研究》，陕西师范大学博士学位论文，2009年，第60页。

[2] 王仲荦、郑宜秀整理：《金泥玉屑丛考》卷十六《宋物价考（十）》，中华书局，1998年，第407页。

维持一个人一天生活的最低费用约需20文，^①虽然两三文钱的纸张确实算不得昂贵，但动辄三五贯的刻本书籍也确实只有小康之家才能消费得起。即便如此，书籍的价格与隋唐时期相比也是大为下降的。据同样生活在南宋中期的楼钥记载，唐代才女吴彩鸾抄写《唐韵》拿到市肆上贩卖，"所直才五缗"^②，这个价格看似与宋代书价不相伯仲，但实际上唐代普通人工作一个月能赚到的报酬仅500文左右，^③也就是要不吃不喝10个月才能攒够买一部《唐韵》的钱！两相对比，唐代书籍无疑是普通百姓望尘莫及的"奢侈品"了。

得益于雕版印刷术的发明，以往费时费力的手工抄写被快速印刷所取代，生产率提升的同时，书籍成本也大大降低。据史料记载，宋仁宗天圣二年（1024年），士大夫在讨论雕印敕书时提到，"旧制，岁募书写费三百千，今模印，止三十千"^④，也就是说，以往朝廷招募人员抄写敕令文告，每年需要花费300贯，如今改用雕版印刷，成本竟降至十分之一，只用区区30贯就可克竟全功。抄本与刻本10∶1的售价比例在后世也基本通用，据明代学者观察，"凡书市之中，无刻本则抄本价十倍。刻本一出，则抄本咸废不售矣"^⑤。也就是说，某种书籍一旦有刻本发行，"价十倍"的抄本就会自然而然退出市场，可见雕版印刷带来的规模化生产对降低书籍价格起到了重要作用。

---

① 程民生：《宋人生活水平及币值考察》，《史学月刊》2008年第3期，第100~111页。
② 〔宋〕楼钥撰，顾大鹏点校：《楼钥集》卷五《题汪季路家藏吴彩鸾唐韵后》，浙江古籍出版社，2010年，第120页。
③ "年可四十余，佣作之直月五百。"见王仲荦、郑宜秀整理：《金泥玉屑丛考》卷五《唐五代物价考》，中华书局，1998年，第177页。
④ 〔宋〕李焘：《续资治通鉴长编》卷一百二《仁宗 天圣二年》，中华书局，2004年，第2368页。
⑤ 〔明〕胡应麟：《少室山房笔丛》甲部卷四，上海书店出版社，2009年，第44页。

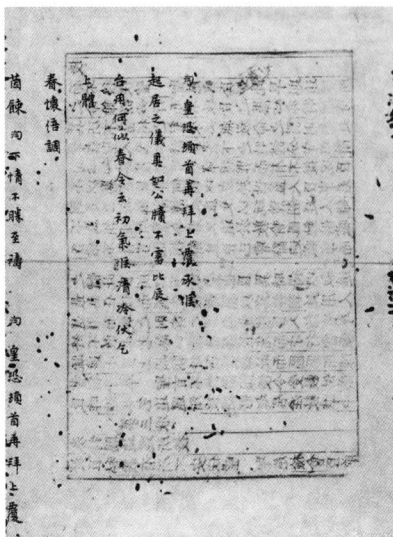

图7-4 〔北宋〕王安石著《王文公文集》，南宋龙舒郡刻本。图为《王文公文集》卷十七第二页纸背，内容为舒州知府向沟的书信，上海博物馆藏

除了纸价下跌和雕版印刷这两个重大利好，宋代朝廷在崇文政策的影响下，还想尽一切办法降低知识获取的准入门槛。对策之一就是用过期作废的公文纸进行印刷，以进一步节约印书成本。宋代律令明文规定，作废的公文故纸要按时收缴，"无得货鬻、弃毁"，如果胆敢丢弃或贩卖旧纸，则予以重判。宋太祖时期，衡州判官王象就因倒卖案籍文抄被"除名为吏"，剥夺了公职身份，还遭到流配他乡的严惩，[①] 可见质量优良的公文纸仍被视为重要物资，受到朝廷的监督和管控。

不少流传至今的宋刻典籍都是用当时的公文废纸印刷而成的，如南宋孝宗乾道年间（1165—1173年）刊刻的《北山小集》，"皆用故纸印刷，验其纸背，则乾道六年（1170年）官司账簿也"[②]。南宋龙舒郡本《王文公文集》，其书页背面一部分是宋人信简，内容涉及贺祝、请托、叙旧、赠物等交游文字；另一部分则是绍兴三十二年至隆兴元年（1162—1163年）舒州各衙署的申解、申闻状、酒务则例、酒账及税务等公文。宋代

---

① 〔清〕徐松辑：《宋会要辑稿》，上海大东书局，1936年，第4998页。
② 〔清〕钱大昕：《潜研堂集》卷三一《题跋五·跋〈北山小集〉》，见陈文和主编：《嘉定钱大昕全集：增订本》，凤凰出版社，2016年，第500页。

的公文纸质量精良，又经过防蠹处理，原本就是印书纸的首选，如今"废物利用"，也不啻图书业"降本增效"的良策。

　　另一个对策就是加强政府干预，从官方层面实行降低书价的措施。宋哲宗元祐初年，担任教授之职的陈师道见国子监刻卖的书籍"向用越纸而价小，今用襄纸而价高"，印纸质量不及从前，书价反而越来越贵，"甚非圣朝章明古训以教后学之意"，于是陈师道特意上奏《论国子卖书状》，建议"乞计工纸之费以为之价，务广其传，不以求利"[1]，即建议官方刻印的监本书籍仅按纸张和刻工成本出售，不收取额外利润，

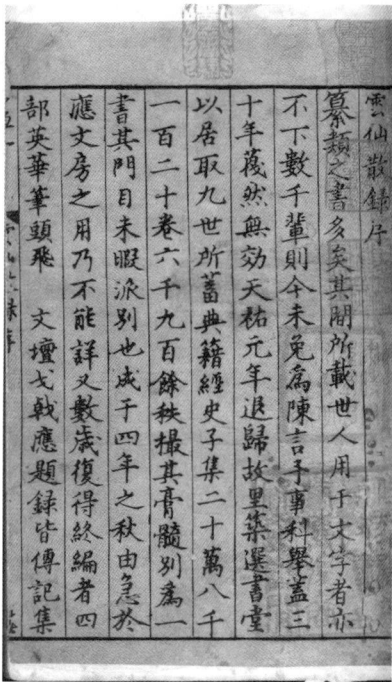

图7-5　题〔后唐〕冯贽著《云仙散录》，南宋开禧元年（1205年）刻公文纸印本，所用纸张为南宋嘉泰四年（1204年）公文废纸，南京图书馆藏

以减少寒门学子的购书负担。有宋一代，官刻书籍亦常有"只收官纸工墨本价，许民间请买，仍送诸路出卖"[2]的优惠政策。按照当今学者的估算，当时书籍的成本价约占售价的20%~50%，[3]可见监本书籍的打

①〔宋〕陈师道：《论国子卖书状》，见曾枣庄、刘琳主编：《全宋文》（第一百二十三册）卷二六六四，安徽教育出版社，第278页。

②〔宋〕吕大防：《国子监雕印伤寒论等医书牒》，见曾枣庄、刘琳主编：《全宋文》（第五十一册）卷一一一四，安徽教育出版社，第271页。

③ 方健：《南宋刻书业的书价、成本及利润考察》，《国际社会科学杂志（中文版）》2014年第2期，第154~163页。

折力度相当之大。

在技术突破和政策利好的加持下，宋代全国各地书坊林立，书籍贸易异常活跃，图书市场进入蒸蒸日上的繁荣时期。北宋景德二年（1005年），宋真宗到国子监视察书库，国子监祭酒邢昺信心满满地汇报工作，称国子监雕版"国初不及四千，今十余万，经史正义皆具"。此时距大宋开国已近半个世纪，邢昺回忆起自己年少求学时，100个学子中只有一两个才有书可读，而如今"板本大备，士庶家皆有之，斯乃儒者逢时之幸也"[①]！

为了满足广大考生参加科考的需求，市面上除了儒家经典，还涌现出了一大批极具针对性的科举参考书，包括允许带入考场的韵书，如《广韵》《集韵》《切韵》《玉篇》，以及总结历次考试内容、介绍写作技巧、答题格式和优秀试卷选编类的教辅书籍，如《古今合璧事类备要》《古文关键》《文章正宗》《笔苑时文录》等。到了北宋中期，苏轼见到市肆上书贾"转相摹刻""日传万纸"的繁盛景象，亦不由发出"学者之于书，多且易致如此"[②]的感慨。

纸价和书价的"大沉降"为宋代社会带来了一次结构性重塑，唐代以前被门阀贵族垄断的青云之路首次真正向普通百姓敞开门扉。在宋朝崇文爱士的政策引导下，凡是丰衣足食的小康之家无不力促其子侄读书应试、求取功名；即使是生活十分穷苦的家庭，也有"日那（挪）一二钱，令厥子入学"[③]的奋进之举。宋代社会很快就出现了"垂

---

① 〔宋〕李焘：《续资治通鉴长编》卷六十《真宗 景德二年》，中华书局，2004年，第1333页。

② 〔宋〕苏轼撰，〔明〕茅维编，孔凡礼点校：《苏轼文集（全六册）》卷十一《李氏山房藏书记》，中华书局，1986年，第359页。

③ 〔宋〕李焘：《续资治通鉴长编》卷一百五十《仁宗 庆历四年》，中华书局，2004年，第3646页。

鬈之儿，皆知翰墨""人人尊孔孟，家家诵诗书""释耒耜而执笔砚者十室而九"的盛况。据学者统计，北宋真宗时，参加初级考试（发解试）的人数即有10万人，发展到南宋末年，则可能接近百万人。①两宋时期，考中进士的举子共115 427人，是唐代年均取士名额的14倍，②而这些鲤鱼跃龙门的佼佼者半数以上皆出身平民之家，③出身农户、商贾的名臣贤士更是史不绝书，如名列"宋四家"之一、书法文学俱属一流的蔡襄"年十八，以农家子弟举进士"；创作《小畜集》的诗人王禹偁"世为农家，九岁能文"。这些庶族子弟阶级跃迁的背后，显然与技术革新、经济发展和政策利好有着密不可分的关系。

如此庞大的文人群体既是纸张和书籍消费的潜在客户，也反向助推了文化市场的欣欣向荣。如阳翟田望每次提笔写字就要"用好纸数十幅"，一辈子赚来的田俸都用来买纸；④更甚者如张友正，"少喜学书，不出仕"，把300万的家业全部卖掉"尽罄以买纸"⑤。宋代的藏书家群体也比前代大大增加，其中有文献记载的藏书家就有700人，而藏书量达万卷以上的就有200多人，⑥如叶梦得、魏了翁、陈振孙、周密、宋敏求等，皆是藏书量堪比官府藏书的大收藏家。史书中更有许多"顷其家市万卷书""得钱辄买书""公生不治生业，惟畜书仅万卷"的书痴。

---

① 何忠礼：《科举制度与宋代文化》，《历史研究》1990年第5期，第119~135页。
② 张希清等：《宋朝典制》，吉林文史出版社，1997年，第10页。
③ 张邦炜：《宋代婚姻家族史论》，人民出版社，2003年，第347~348页。
④ "阳翟田望，勤于竿牍，亦善其事，日发数十函不倦，由此自出官移令，改秩出常调，皆自致也。一书用好纸数十幅，近年纸价高，田俸入尽索于此。亲朋间目之为'纸进纳'，盖纳粟得官号'进纳'，故以名之。"见〔宋〕朱彧撰，李伟国整理：《萍洲可谈》卷二，大象出版社，2019年，第36页。
⑤ 〔宋〕叶梦得撰，徐时仪整理：《避暑录话》卷下，大象出版社，2019年，第71页。
⑥ 范凤书：《中国私家藏书史》，大象出版社，2001年，第82页。

在"学而优则仕"的儒家文化的熏陶下，一个"满朝朱紫贵，尽是读书人"的独特社会生态逐渐形成——造纸术的改进和雕版印刷术的发明无疑为之带来了坚实的物质土壤和技术赋能，而在科举制度之下，文字与纸张还将继续以更深刻的方式撬动中国百姓的精神杠杆。

三、惜纸情结：科举制下的信仰异变

清雍正某年正月，安老爷一行人出京南下，这日途经涿州城，见鼓楼西有座天齐庙香火鼎盛，便也随着人潮来到庙内闲逛。只见正殿之前，百姓们烧完香、磕完头，却把那包香的字纸扔得满地，大家踢来踹去，满不在意。

> 老爷一见，登时老大的不安，嚷道："阿阿！这班人这等作践先圣遗文，却又来烧什么香！"说着，便叫华忠说："你们快把这些字纸替他们拣起来送到炉里焚化了。"华忠一听，心里说道："好！我们爷们儿今儿也不知是逛庙来了，也不知是捡穷来了！"但是主人吩咐，没法儿，只得大家胡掳起来，送到炉里去焚化。老爷还恐怕大家拣得不净，自己拉了程相公，带了小小子麻花儿，也毛着腰一张张的拣得不了……①

这个生动的片段出自晚清小说《儿女英雄传》。故事中，被众人笑作"书呆子"的安学海老爷是一位精通四书五经、深受儒家礼教浸

---

① 〔清〕文康：《儿女英雄传》第三十八回《小学士俨为天下师，老封翁蓦遇穷途客》，岳麓书社，2019年，第570页。

染的道德模范。以现代读者的视角来看，我们似乎很难读懂蹲在香炉前捡拾字纸的安老爷的内心世界；但在明清时期的文学叙事模式之下，安老爷的举动却十分"理所当然"。用作者文康的话来说，安老爷发的这些呆，"倒正是场'胜念千声佛，强烧万炷香'的功德"。

不肯"作践先圣遗文"的文化心理，早在南北朝时期（5—6世纪）就已出现。著名的《颜氏家训》中明确训诫："吾每读圣人之书，未尝不肃敬对之。其故纸有《五经》词义及贤达姓名，不敢秽用也。"[1]这种"不敢秽用"的心态，固然出于对圣贤辞旨的敬意，而另一个重要原因亦在于当时"故纸"昂贵，以至于无论官方、民间，都被迫催生出使用"反故"的习俗（即重复利用废纸背面）。南齐的文人沈驎士，年过八十，家中藏书遭焚，不得不亲手用废纸抄写书籍多达两三千卷；[2]敦煌出土的大量文献和宋代用于印书的公文废纸也印证着这段漫长且无奈的"反故"岁月——敬惜字纸的情结，大概正是由此而生。

到宋代时，随着知识获取难度的降低，科举考试向越来越多的中下层学子敞开怀抱。纸张和书籍在日渐普及的同时，"高中进士"的追求也成了一种群体心理。一方面，科考内容的广泛性让人们认为无论何种书籍几乎都是有用的，爱护文字纸张成了蟾宫折桂的基础和前提；另一方面，激烈的竞争也促使大量考生把脱颖而出的机运押在各路神佛菩萨上，希望靠平时"行善积德"来换取果报。佛教和道教也纷纷通过各种劝诫故事宣扬敬惜字纸的必要性，尤其是号称"科举之神"、兼掌司命和功名的文昌帝君，顺理成章地成了广大学子的祈求对象。

---

① 〔北朝齐〕颜之推著，檀作文译注：《颜氏家训》卷一《治家第五》，中华书局，2011年，第45页。

② 〔南朝梁〕萧子显：《南齐书》卷五十四《列传第三十五 高逸》，中华书局，1972年，第944页。

明代时，随着善书、宝卷（如《文昌帝君劝敬惜字纸文》《文昌帝君惜字功罪律》）的盛行，"科举中第"与"珍惜字纸"被紧密联系起来，由此还催生出一系列笔记小说，为两者的因果关系赋予传奇色彩。最具传奇性的莫若明末小说集《西湖二集》中的赵雄，据传此人天资愚鲁，像《千字文》这样的启蒙读物，赵雄背了好几天，就只记得开篇"天地玄黄"四字，连"宇宙洪荒"都接不下来。可赵雄人虽愚笨，却虔诚发心，把字纸视同珍宝一般，自忖"我一生愚蠢，为人厌憎，多是前生不惜字纸之故。今生若再不惜字纸，连人身也没得做了"①。之后，这呆子竟因"阴功浩大"而感动了文昌帝君。在神仙的保佑下，赵雄一路连蒙带撞，奇迹般地考中了进士，最后甚至官至宰相，成了苏轼诗中"但愿吾儿愚且鲁，无灾无难到公卿"的典型代表。

对字纸的敬重不仅能保佑愚笨之人高中，还能惠及子孙后代。在老百姓的认知中，北宋名相王曾就是因其父亲敬惜字纸而得此善报的。传说"凡是污秽之处、垃圾场中，或有遗弃在地下的字纸，王曾父亲定然拾将起来，清水洗净，晒干焚化，投在长流水中，如此多年"。某日，王曾之父梦到孔圣人下凡，称"汝家爱惜字纸，阴功甚大。我已奏过上帝，遣弟子曾参来生汝家，使汝家富贵非常"。之后王家果然喜得麟儿，而由孔门七十二贤之一的曾子转世投胎的王曾也顺理成章地连中三元，官封沂国公。

赵雄与王曾在《宋史》中都实有其人，他们宛如"开挂"般的人生经历当然与传奇故事杜撰的"因果"毫不相干，但在明代百姓的心目中，敬惜字纸的行为已然褪去了最初珍惜物资的初衷，转而成为一种获取个人利益的手段，就像《文昌帝君劝敬惜字纸文》中教谕的那

①〔明〕周楫：《西湖二集》第四卷《愚郡守玉殿生春》，明崇祯刊本。

样："考察古今，当发迹之家，高官厚禄，无一不由祖上积功累行，敬惜字纸之果报。"

到了清代，敬惜字纸带来的果报甚至超出求取功名这个单一维度，演变为一切世俗愿望，包括驱鬼、辟邪、免灾、延寿、致富乃至求子。[1]清代笔记小说中，有的人"向不读书而偏知惜字"，除了捡拾字纸，还总能捡到银钱、首饰等意外之财。[2]有人因"平生惜字"，每每遇到飘摇欲坠的告示、广告都要"检藏回家"，因此就算半夜遇到"鬼打墙"，也能如有神助，平安无事。[3]不单字纸有"法力"，字纸烧成的灰也有奇效。据传沿海风俗，船员出海前都要特意去购买字纸烧成的灰烬，包裹好后作为护身符携带出海，一旦遇到怪风、水怪或大可吞舟的怪鱼，把纸灰投入水中即能平安无事。[4]甚至还有"连生五女，八年不孕"的妇女因常年出钱收购字纸而"胎得一子"的奇闻。[5]在释道两教的大力渲染下，清代百姓不仅相信敬惜字纸能保佑"子孙连捷，名登仙籍"，就连"身列仙品，永脱轮回"也不在话下。

这些看似和纸张本身八竿子打不着的"诉求"，都可以通过敬字惜纸得以实现，这恐怕是颜之推订立家训时万万没有想到的。南北朝时被视为贵重物资的纸张，如今被百姓们当作符咒般的"法器"，清洗干净、烧成灰烬，再埋入土中或投入净水，过程中充满了功利主义和仪式色彩。而捡拾字纸也俨然与抄写经文一样，被老百姓简化成了一种

---

① 万晴川、李冉：《明清小说中的"敬惜字纸"信仰》，《明清小说研究》2012年第4期，第39~49页。

② 〔清〕梁恭辰：《北东园笔录初编》卷四，清同治五年（1866年）刻本。

③ 〔清〕梁恭辰：《北东园笔录三编》卷四，清光绪二十一年（1895年）刻本。

④ 〔清〕袁枚著，王英志编纂校点：《续子不语》卷八《吞舟鱼》，浙江古籍出版社，2015年，第160页。

⑤ 〔清〕梁恭辰：《北东园笔录四编》卷四，清光绪二十一年（1895年）刻本。

积累功德、实现愿望的手段——只要弯弯腰就可做到的事情，何乐而不为呢？

晚清光绪年间，出使欧洲列国的郭嵩焘、薛福成等大臣见到西方人"身坐车中，阅新闻纸，随阅随弃，任其抛掷于沟渠污秽之中"[①]的大不敬之举，感到十分震惊。惜纸思想根深蒂固的郭嵩焘在出使期间商讨禁烟和条约事宜之暇，还不忘苦口婆心地劝诫西方官员要爱惜字纸，却发现对方根本不当回事，直言除了"耶稣教书"，"诸字书皆可听从践踏"。回到寓所后，这位中国首位驻外使臣深感洋人社会已经积重难返，还在日记中愤愤不平地写道："人心已成积习，则非善言所能入也！"[②]

当然，我们没有理由苛责19世纪的欧洲人秽用纸张，毕竟，就算是满腹经纶、一生惜纸的安老爷，也未必能够洞悉几个世纪以来中国纸价沉浮背后的经济逻辑与信仰变迁。在安老爷、郭嵩焘和广大中国百姓眼中，无论纸上写的是汉字、拉丁文还是阿拉伯数字，爱惜字纸不都是顺理成章的事情嘛！

---

① 〔清〕薛福成：《出使日记续刻》卷三，清光绪二十四年（1898年）刻本。
② 〔清〕郭嵩焘撰，梁小进主编：《郭嵩焘全集（一）》，岳麓书社，2012年，第280~281页。

第八章
点纸成金的戏法

"百姓虽愚，谁肯以一金买一纸？"

——《明史》[①]

一、点金术：一本万利的大骗局

南宋孝宗淳熙九年（1182年）夏秋之际，两浙东路旱情严重，饥民四起。朱熹临危受命为提举两浙东路常平茶盐公事（简称浙东提举），负责寻访下属州县，开展赈灾事宜。七月十六日，朱熹从绍兴府出发，一路南下，进入台州境内。还未及赈灾拨款，朱熹在途中就遇到两拨台州流民，"扶老携幼，狼狈道途"，查问之下，才得知在此灾旱之年，台州地方官唐仲友非但不体恤民力，反而变本加厉，催缴赋税，造成百姓民不聊生、背井离乡的惨状。

---

① 〔清〕张廷玉等：《明史》卷二百五十一《列传第一百三十九》，中华书局，1974年，第6502页。

一路上，朱熹不断听闻台州知州唐仲友各种"不公不法事件"，除违规催税，更有贪污黩货、残虐百姓，乃至窝藏逃犯、蓄养亡命等累累罪行，令素来以解民倒悬为己任的朱熹极为愤慨。七月二十三日，朱熹风尘仆仆抵达台州，立刻开展了雷厉风行的调查和缉捕。三日之后，据线人供词，朱熹派士兵在唐仲友宅邸后院亭子上，逮住了正准备架梯逃亡的"亡命之徒"蒋辉。于是，在朱熹控诉唐仲友的奏状中，就以大白话的形式，极为精彩地还原了犯人蒋辉针对知州唐仲友的供词。

（唐）仲友入（后堂）来，说与（蒋）辉，称："我救得你在此，我有些事问你，肯依我不？"

辉当时取覆仲友，不知甚事。言了。

是仲友称说："我要做些会子。"

辉便言："恐向后败获不好看。"

仲友言："你莫管我，你若不依我说，便送你入狱囚杀，你是配军不妨。"

辉惧怕台严，依从。

次日，见金婆婆送饭入来，辉便问金婆婆："如何得纸来？"

本人言："你莫管，仲友自交我儿金大去婺州乡下撩使碣头封来。"

次日，金婆婆将描模一贯文省会子样入来，人物是接履先生模样。

辉便问金婆婆，言是大营前住人贺选在里书院描模。其贺选能传神写字，是仲友、宣教耳目。

当时将梨木板一片与辉，十日雕造了。

……

至（淳熙八年）十二月中旬，金婆婆将藤箱贮出会子纸二百道，并雕下会子板及土朱、靛青、椶墨等物付与辉，印下会子二百道了。①

所谓"会子"，其实就是纸币。自南宋高宗绍兴三十一年（1161年）起，朝廷就在首都临安（今浙江省杭州市）成立了"行在会子务"，以10万贯铜钱作为发行准备金，正式发行会子。会子也因此成为国家首次发行的铜本位纸币。在此之前，绍兴元年（1131年）时，唐仲友的老家婺州因屯兵备战，水路不通，不便转运铜钱，还发行过一种汇票性质的"关子"。与唐代的"飞钱"一样，"关子"的持有者可以凭借这种薄薄的纸质凭证赴异地换取铜钱。可以说，以纸换钱的做法在浙东一带的婺州、台州地区早已司空见惯。在"唐仲友伪造纸币案"发生的淳熙八年（1181年），会子这种国家正式流通的币种已经发行了整整20年。

我们再回到案件本身，调查一下重要污点证人蒋辉的基本情况。蒋辉小名蒋念七，明州（今浙江省宁波市）人，是淳熙年间活跃在浙东一带的雕版能手。一些由蒋辉参与操刀的宋版书籍，如台州公使库本《荀子》和《扬子法言》居然穿越800多年的时光留存至今，其刀法之纯熟，即便现代人见了也啧啧称奇。但就算技艺再精湛，开板雕书至多也只是技术工种，挣不来大钱。在巨大的利益诱惑下，蒋辉铤而走险，开始雕刻官会的印版。

淳熙四年（1177年）六月，蒋辉伪造官会的勾当事发，经临安府

---

① 〔宋〕朱熹：《按唐仲友第六状》，见曾枣庄、刘琳主编：《全宋文》（第二百四十三册）卷五四四二，安徽教育出版社，2006年，第242~243页。

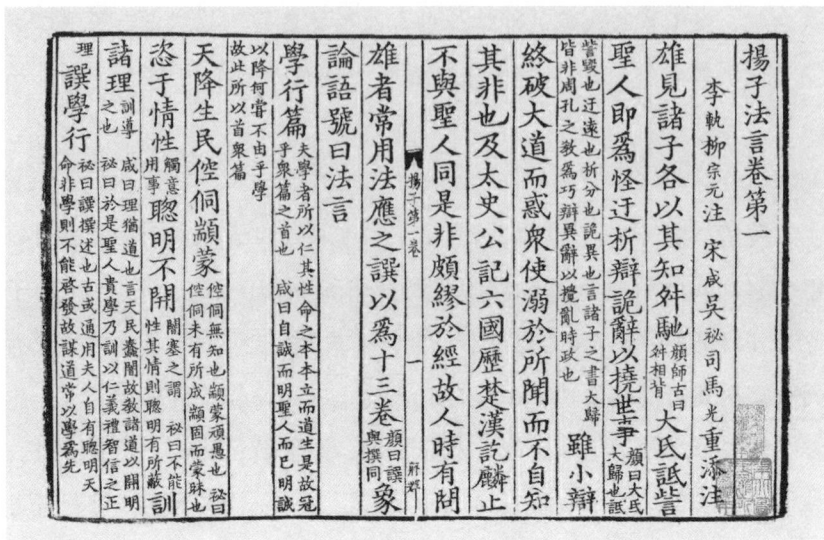

图8-1　宋淳熙八年（1181年）唐仲友台州公使库刻本《扬子法言》十三卷，辽宁省图书馆藏。该书为唐仲友任台州知州期间以公使库公款所刻，首卷卷端版心下方留有刻工"蒋辉"名字，可知卷端叶由蒋辉所雕，其刀法娴熟，技艺精湛，为后世留下了难得一见的版刻精品

图8-2　宋淳熙八年（1181年）唐仲友台州公使库刻本《扬子法言》封面。该书曾为清宫"天禄琳琅"旧藏，钤"五福五代堂古稀天子宝""八徵耄念之宝""太上皇帝之宝""天禄继鉴"诸印记

审判后，发配台州牢城。如此一来，蒋辉就与台州的父母官唐仲友产生了交集。在唐仲友看来，蒋辉既是能工巧匠，又有伪造纸币的实操经验，其身份还是犯有前科的服役配军，完全可以任由自己摆布。于是，唐仲友巧妙地伪造了蒋辉的死亡证明，暗中把蒋辉拘押到自家宅邸的后堂，胁迫其伪造官会雕版。这就有了上文朱熹奏状中那段绘声绘色的对白。

要知道，宋代朝廷为了防伪，在纸币上做了许多精妙的设计。首先就是纸张。从北宋开始，纸币所用的纸张就由官办纸坊统一抄造，并受到严格的管控。北宋神宗发行纸币"交子"时，为"革伪造之弊"，官员就提出过"置抄纸院"的建议，由官府造币机构（初为交子务，后改为钱引务）自行抄纸。到元丰元年（1078年）时，钱引务中除朝廷委派的监官、章典等管理人员，还有"印匠八十一人，雕匠六人，铸匠六人，杂役一十二人"，专门负责雕铸金属印版、刷印纸质货币，并下辖专门抄纸场所，由钱引务官员兼管。但考虑到官员有滥用职权、监守自盗的可能，抄纸场后来便改由其他官员掌管，使官吏间相互牵制，并配有"抄匠六十一人，杂役三十人"①。由此可见，官方的纸币作坊是一个人手众多、监管严密的场所。

南宋会子库的管控也同样严格。据记载，临安城的会子库有工匠204人，需要印刷时，就从专门的库房中按规定数量取纸，当日再将印成的会子如数入库。制造会子纸张的机构称为"造会纸局"，最初设在徽州，之后改为成都，但因需求量大、路途遥远等，蜀纸不敷供给。宋孝宗乾道四年（1168年），朝廷又在临安府新置"造会纸局"，其地点就在今杭州西湖畔，下属工匠多达1200人，历经高、孝、光、宁、

---

① 〔明〕曹学佺：《蜀中广记》卷六十七，清文渊阁四库全书本。

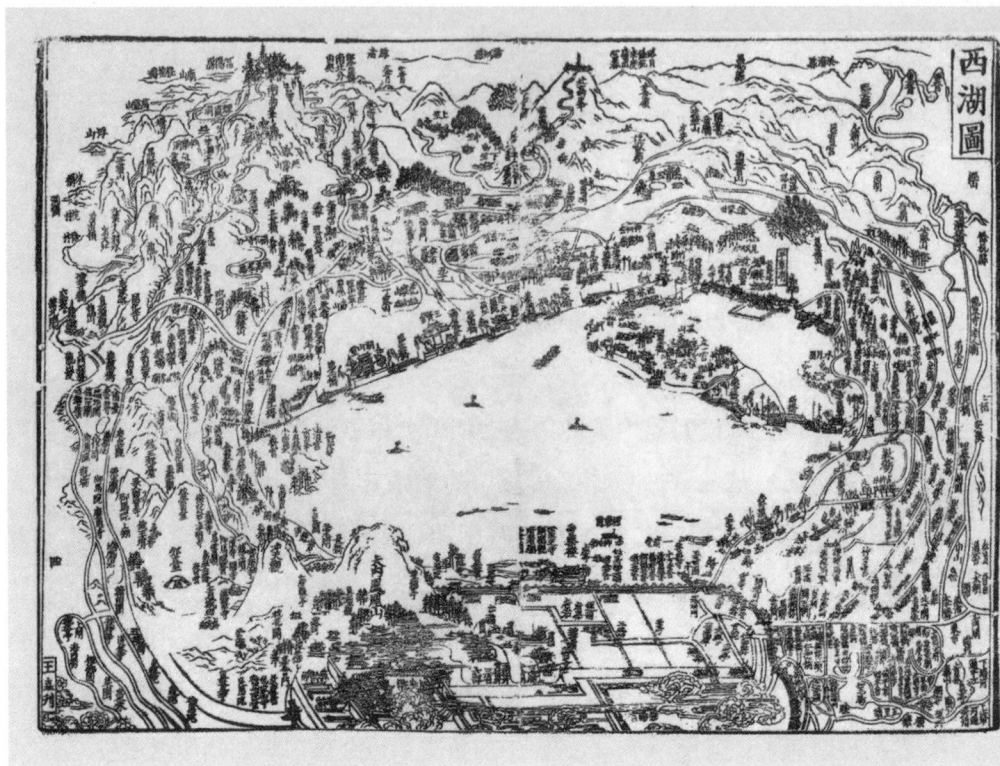

图8-3　宋咸淳临安府刻本《咸淳临安志》一百卷，中国国家图书馆藏。据《咸淳临安志》中所附《西湖图》所示，"会子纸局"即在今杭州花港公园南门附近

理、度六代皇帝，前后生产时间超过百年。[①]

　　南宋在150多年的统治期内，共发行了近14亿贯会子，但至今未见一件实物留存下来，之前发行的交子、钱引、关子等纸币也都消失在历史长河中。不过据文献推测，北宋交子的原料当为楮皮，故纸币又称为"楮币"；南宋会子的原料则改为桑皮。史籍对这些"纸币专用纸"的抄造方法均秘而不载，但徽州、成都和临安一带无不是历史悠久、技艺上乘的造纸产地，加之又有官方监管，出钱出工，这就起到

————————————

① 〔宋〕潜说友：《咸淳临安志》卷九，清文渊阁四库全书本。

了"物料既精，工制不苟，民欲为伪，尚或难之"①的防伪作用。也正因为官会用纸受到严密监管，轻易不可得，所以雕匠蒋辉才会特意询问"如何得纸来"。在同样以造纸闻名的婺州老家乡下，唐仲友指使爪牙金大组织人手秘密造纸，之后再悄悄转运到台州官邸，由金婆婆转交蒋辉刷印，伪造官会用纸的问题这才得以解决。

除了纸材，大宋朝廷还在造币工艺上设置各种"机关"，人为增加伪造会子的难度。首先，雕版的纹饰非常精密繁复，图案多为房屋、花鸟及人物等，工序上先由名家绘制底样，再由经验老到的雕工施诸雕版；且按照规定，会子每3年就更换一界，其纹饰也随之更新，淳熙八年（1181年）蒋辉着手伪造的这界会子，按照《宋史·食货志》推算当为第六界，②其图案"人物是接履先生模样"，是唐仲友暗中找来精于"传神写字"的爪牙贺选绘制好底样，再交由蒋辉刻板的。其次，会子采用的雕印工艺在当时颇具难度，所需的印版通常多达6~10块，需采用红、黑、蓝三色双面套印工艺，不仅需要技艺高超的雕版匠人，还要备齐"土朱、靛青、樱墨等物"，才可能达到以假乱真的效果。最后，纸币须经官方签押才能够当作铜钱使用，流通时，各路、府、州、县都会在会子上钤盖官印，看上去密密麻麻，颇不雅观，但人们反而愿意接受这种盖满红印的纸币，因为这代表纸币经过了各级官府的检验，不会是假钞。因此，蒋辉在伪造会版之余，还冒着"盗天子之权"

---

① 〔元〕脱脱等：《宋史》卷一百八十一《志第一百三十四·食货下三》，中华书局，1985年，第4408页。

② 据《宋史·食货志·会子》记载，淳熙三年（1176年）续印第四界会子，光宗绍熙元年（1190年）诏造第十界会子，按3年一界推算，淳熙八年蒋辉伪造的当为第六界会子。〔元〕脱脱等：《宋史》卷一百八十一《志第一百三十四·食货下三》，中华书局，1985年，第4407页。

的风险，私刻了3枚官印。在唐仲友的秘密组织下，从雕工、画师、纸匠，到纸材、颜料、木版逐一备齐——一条组织严密、分工协作的假币产业链就这样形成了。

实际上，宋代对伪造纸币的惩罚措施不可谓不严。南宋高宗绍兴三十二年（1162年），朝廷颁布伪造会子法，其中明文规定，对胆敢伪造会子的犯人处以极刑；凡告发者，能够得到1000贯的赏钱，不愿领赏钱的则可以补官为"进义校尉"，成为一名低阶武官，跻身国家"公务员"的行列；若参与犯罪的人能主动检举揭发，还能将功抵过，免受刑罚，并同样享受补官为"进义校尉"的福利。[1]南宋朝廷为了让这项奖惩制度最大限度发挥威慑作用，还把这段法律条文几乎原封不动地印在每张会子上，以期起到广而告之的作用。直到今天，中国国家博物馆收藏的一块南宋会子钞版上仍清晰地保留着这段"敕伪造会子犯人处斩，赏钱一阡贯"的赏格文字，隐约彰显着昔日皇权的威势与严酷。

但正如19世纪的经济学家们总结的那样，"（资本）有50%的利润，它就铤而走险；为了100%的利润，它就敢践踏一切人间法律；有300%的利润，它就敢犯任何罪行，甚至冒绞首的危险"[2]。若以每张会子的工本费六七文来计算，[3]伪造一张一贯文省会子可净赚765文，[4]利

---

① 〔元〕脱脱等：《宋史》卷一百八十一《志第一百三十四·食货下三》，中华书局，1985年，第4406页。

② 〔德〕马克思：《资本论》第1卷，人民出版社，2004年，第871页注250。

③ 南宋孝宗朝规定会子以旧换新时需支付工本费，"就某处兑换，收工墨之值二十文"。但这里所指的20文实际上包含了手续费，不止是单张纸币的成本价。据史料记载，南宋宁宗嘉定七年（1214年），"楮券尺寸之纸，所费才六七文，而以之为千金"。则可知单张会子的成本仅为六七文。参考程民生：《宋代物价研究》，江西人民出版社，2021年，第309页。

④ 会子的币值随时间变化有所涨跌，在唐仲友伪造官会的淳熙八年（1181年），票面价值为一贯文省的会子，实际可以兑换771文铜钱，省陌比例为1000∶771。参考程民生：《宋代物价研究》，江西人民出版社，2021年，第469页。

图8-4　行在会子库一贯文省青铜钞版，长18.4厘米，宽12.4厘米，中国国家博物馆藏。版面正中横书"行在会子库"五个大字；上部左边刻"大一贯文省"；右边刻"第一百十料"；中间方框内刻"敕伪造会子犯人处斩，赏钱一阡贯。如不愿支赏，与补进义校尉。若徒中及窝藏之家能自告首，特与免罪，亦支上件赏钱，或愿补前项名目者听"56个字；印版下方为山泉花纹图案

润率达到骇人听闻的11 000%以上。几乎算得上是空手套白狼。而这样的一贯文省假会，唐仲友、蒋辉等人前后一共印了约3000张，犯罪金额高达3000贯省。按淳熙年间的物价来算，可在浙东一带购买良田200多亩，或采买色艺俱佳的姬妾10人，算是一笔不小的财富。

　　正因为工本费极低，而投资回报率又极高，自北宋正式发行交子以来，伪造纸币的不法之徒便犹如过江之鲫，前仆后继。在唐仲友案案发之后，由于各地伪造纸币的案件屡禁不绝，朝廷曾一度中断会子的发行，但由于商贸需要、铜钱短缺、运转不便等原因，民间又长期存在着使用纸币的意愿和需求。南宋朝廷骑虎难下，既无法完全废除纸币，又不能革除造伪之弊。在唐仲友案3年之后，即淳熙十二年（1185年），洪迈从婺州归京，见临安城中复又流通会子，喜不自胜，立刻入宫面圣，夸赞会子流通之利，不料孝宗却向洪迈大吐苦水，称：
"朕以会子之故，几乎十年睡不着！"[1]此后，伪造官会事件愈演愈烈，仅一年之后，今安徽当涂县黄池镇一带就出现了"十里间有聚落，皆亡赖恶子及不逞宗室啸集。屠牛杀狗，酿私酒，铸毛钱，造楮币，凡违禁害人之事，靡所不有"[2]的恶性事件，可见伪造官会、私铸货币已从独立作案发展到群体性犯罪，且其背后往往有唐仲友这样的地方官或皇亲国戚作为庇护，以致最终落到禁无可禁的地步。

　　从经济学的角度来说，朝廷虽然在会子刚发行时准备了10万贯作为准备金，但后续在换界、增印时，"准备金"就成了一纸空文。所以从本质上讲，会子只是一种不可兑换纸币，其之所以能够流通，完全是

---

[1] 〔宋〕洪迈撰，孔凡礼点校：《容斋随笔》三笔卷十四《官会折阅》，中华书局，2005年，第599页。

[2] 〔宋〕洪迈撰，何卓点校：《夷坚志》夷坚支戊卷第四"黄池牛"条，中华书局，2006年，第1080页。

以国家信用为支撑。不过，抛开这些复杂的经济原理不谈，在淳朴百姓的眼中，虽然这种纸张成本不过几文钱，但只要国家发行的这种纸质凭证具有其票面宣称的价值，就能够用其换取超出其自身价值上百倍的商品。这就足够了。

二、纸币帝国：横跨亚欧的信用市场

1298年（元大德二年），意大利北部热那亚的监狱中，身陷囹圄的比萨作家鲁思梯谦（Rusticien）在狱中结识了一位新狱友——出身威尼斯的商人马可·波罗（Marco Polo）。闲聊之下，鲁思梯谦得知，这位44岁的威尼斯富商不仅见识广博，还曾远赴东方，穿越伊朗沙漠、横跨帕米尔高原、贯通河西走廊，在遥远而神秘的东方古国游历17年之久。为了打发漫长无聊的囚禁生活，马可·波罗向鲁思梯谦详细讲述了自己这段堪称奇幻的旅行见闻。东方古国中那些壮丽雄伟的巍巍都城、凶残暴虐的鞑靼铁骑、熙攘喧闹的繁华市集，让充满浪漫遐想的鲁思梯谦听得如痴如醉、惊叹连连，以至于马可·波罗不得不再三保证，"我未曾说出我亲眼看见的事物的一半"。

这些宛如"天方夜谭"的新奇事物中，"大汉用树皮所造之纸币"无疑是最不可思议的一种。[①]鲁思梯谦在记录马可·波罗的见闻时，用

---

① 在《马可波罗行纪》成书之前，西方史料中已有关于中国纸币的记载，如《鲁布鲁克东行纪》记载法国传教士鲁布鲁克于1253年奉命出使蒙古时在和林看到的宝钞，"契丹通行的钱是一种棉纸，长宽为一巴掌，上面印有几行字，像蒙哥印玺上的一样"。见〔法〕鲁布鲁克著，〔美〕柔克义译注，何济清译：《鲁布鲁克东行纪》，商务印书馆、中国旅游出版社，2018年，第270页。但鲁布鲁克的记载主要作为提交教皇的汇报材料，其流传范围和后世影响均远不及《马可波罗行纪》。

了整整一个章节专门解释这种"树皮纸币"的制造、形制、面值和流通情况，但即便如此，用不值一文的纸张交换商品的做法在鲁思梯谦这样的中世纪欧洲人眼中，也不啻千古奇闻，就连马可·波罗自己也说，这是"大汉专有方士之点金术"①。

据马可·波罗描述，在汉八里（即元大都，今北京市）城中，专门设有"大汉之造币局"，"每年制造此种可能给付世界一切帑藏之纸币无数，而不费一钱"。由于树皮纸在用料和工序上迥异于欧洲当时流行的布浆纸，马可·波罗还描述了造纸术的原材料和制作方法，包括剥取桑树茎皮、浸沤、捣碎、制作纸浆等：

> 此币用树皮作之，树即蚕食其叶作丝之桑树。此树甚众，诸地皆满。人取树干及外面粗皮间之白细皮，旋以此薄如纸之皮制成黑色。②
>
> 此薄树皮用水浸之，然后捣之成泥，制以为纸，与棉纸无异，惟其色纯黑。君主造纸既成，裁作长方形，其式大小不等。③

幸运的是，元代有不少纸币实物留存至今，如1965年在咸阳发现的至元钞和至正钞，经检验均含有桑皮纤维，与《多桑蒙古史》中捣桑皮造纸的记载正相吻合。④纸币的颜色也的确呈现灰黑色，据学者

---

① 〔意〕马可波罗口述，〔法〕沙海昂注，冯承钧译：《马可波罗行纪》第九五章《大汉用树皮所造之纸币通行全国》，商务印书馆，2017年，第216页。

② 〔意〕马可波罗口述，〔法〕沙海昂注，冯承钧译：《马可波罗行纪》第九五章《大汉用树皮所造之纸币通行全国》，商务印书馆，2017年，第216~217页。

③ 〔意〕马可波罗口述，〔法〕沙海昂注，冯承钧译：《马可波罗行纪》第九五章《大汉用树皮所造之纸币通行全国》，商务印书馆，2017年，第218页。此条为《马可波罗行纪》剌木学本第二卷第十八章增补之文。

④ 〔瑞典〕多桑撰，冯承钧译：《多桑蒙古史》（上），中华书局，1962年，第329页。

图8-5　至元通行宝钞贰贯文，长29厘米，宽21.1厘米，中国国家博物馆藏

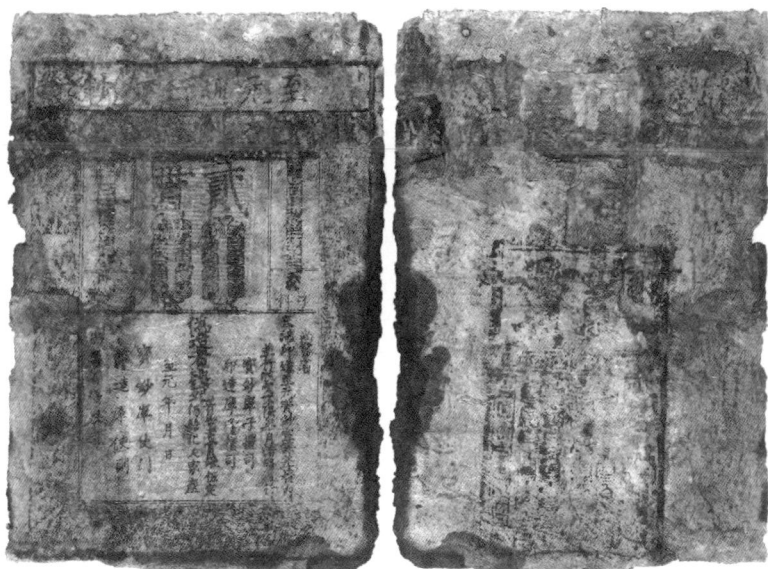

图8-6　至元通行宝钞贰贯文，2019年中国嘉德春季拍卖会拍卖品

推测，元代纸钞之所以色黑，或许是造纸过程中没有添加石灰水等漂白剂进行漂浆的缘故，只是不知是出于防伪目的刻意为之，还是元代纸币发行量大，为节约成本而工序从简；再加之元代纸币四周的环花栏边框较粗，中间部分钤印也用墨色加盖，远远望去就难免给人一种"其色纯黑"的错觉。

据马可·波罗观察，"树皮纸币"的流通性和信用度极高，不仅可以"用之以作一切给付"，且"凡州郡国土及君主所辖之地莫不通行"，即便是位高权重的上层阶级也不敢拒绝使用，"盖拒用者罪至死也"。再加之纸币质量轻、易携带，"致使值十金钱者，其重不逾金钱一枚"，因此，纸币在商旅间广受欢迎，国中凡商旅所至之处，使用纸币"竟与纯金无别"。

在马可·波罗看来，发行这种不费一钱的纸币，背后其实暗藏着"大汗获有超过全世界一切宝藏的财货之方法"。首先，大汗规定，外国商贾，无论来自印度还是西域，凡携带金银、宝石、皮革等贵重物品者，均不得私下交易，"只能售之君主"；国内臣民家中"凡藏有金银宝石珍珠皮革者"，也都需要送到造币局。在收购金银财宝的过程中，朝廷本着"毋致亏损百姓"的原则，以稍高于这些商品市场价的纸币予以交换，由于"他人给价不能有如是之优"，因此百姓和商旅纷纷把贵重财货售予朝廷，"售之者众，竟至不可思议"。而大汗用这种方法，轻而易举地实现了集中金银、储备钞本、推行纸币的目的。用马可·波罗的话来说，"大汉用此法据有所属诸国之一切宝藏"，俨然与点金术无异。

这种闻所未闻的旅行见闻经马可·波罗口述后，被作家鲁思梯谦诉诸笔端，集结为著名的游记《马可波罗行纪》。该书面世后，立刻受到中世纪欧洲读者的热捧，被欧洲人视为"世界第一奇书"。然而在相

叹为观纸

当长的时间内，人们均把它当作《一千零一夜》那样的"天方夜谭"，尽管充满了东方世界的奇思妙想，但只是些虚妄之谈。直到现在，马可·波罗来华的真实性也仍存在不小的争议。但不可否认的是，《马可波罗行纪》记载的许多内容在当时的西方世界是独一无二且十分准确的，更有许多细节都与中国的传世史料相吻合，甚至能补汉文史籍之缺。其中，就包括"大汉用树皮所造之纸币"。

马可·波罗于1275年抵达元大都，其所说的"大汗"即元朝的开国皇帝忽必烈。在其来华期间，元朝市面上共有两种纸币，其一是中统元年（1260年）发行的"中统元宝钞"（简称"中统钞"）[1]，但中统钞在元朝收兑南宋纸币的过程中，出于种种原因，贬值严重。到至元二十四年（1287年）时，朝廷不得不发行了第二种纸币"至元通行宝钞"（简称"至元钞"），企图以至元钞回收中统钞，借此整顿钞法，稳定币值。但实际上，至元钞发行后，中统钞仍通行如故，并未完全绝迹，正如《元史·食货志》所载，"中统、至元二钞，终元之世，盖常行焉"[2]。因此，学者推测马可·波罗描写的那种百姓争相以金银珠宝兑换纸币的情形，很可能发生于至元钞刚刚发行、钞本充足、信用良好的时期。

就在至元钞发行的同年，忽必烈颁布了《至元宝钞通行条画》（即"叶李十四条"），其中的很多规定都与马可·波罗的描述一致。《至元宝钞通行条画》最重要的有两点：一是确立银本位的法偿制度，将纸

---

① 中统元年七月，元朝发行"中统元宝交钞"，同年十月，又发行"中统元宝钞"。这两种"中统钞"是否为同一种纸币，文献记载不清，可能前者根本没有正式发行，之后流通的都是中统元年十月发行的"中统元宝钞"。

② 〔明〕宋濂等：《元史》卷九十三《志第四十二 食货一》，中华书局，1976年，第2370页。

币确定为唯一的法定货币，无论公私交易，只能以宝钞支付；二是严格现金准备，将金银集中于官府，禁止民间私相买卖，由此，官府得以储备十足的白银"钞本"来保证币价。[①]这些制度设计使得元帝国成为世界上最早实行纯纸币制度的国家，拥有当时世界上最先进的货币制度和最完善的管理办法。元代的宝钞也成为全世界最早不限期限、不限地域且具备无限法偿能力的币种，其钞法之先进超越宋、金，成为世界之最。

就在至元钞发行7年之后的至元三十一年（1294年），蒙古四大汗国之一的伊利汗国（领土包括今伊朗、伊拉克、小亚细亚等地区）也仿照元朝，在首都帖必力思城（今伊朗大不里士城）发行了纸币。伊利汗国的纸币在版式上仿照元朝纸币，同样印有印刷时间、币值、伪造纸币的惩罚措施等。此外，纸币上还印有汉字"钞"及其音译，并钤盖官印，就连底部的禁令也与宋、金、元时期的纸币一脉相承，写有"伪造者株连其妻子孩子一起受刑，然后处死，没收其财产"等字样。[②]在管理模式上，伊利汗国完全套用元朝纸币管理模式，由当地自行造纸，[③]汉人工匠负责雕刻木板，穆斯林工匠协助印刷。[④]

① 〔元〕佚名编：《元典章·户部卷六·典章二十》"钞法"条，元刻本。
② 王永生：《波斯伊利汗国对元朝钞法的仿行》，《中国钱币》1994年第4期，第31~32页。
③ 造纸术于8世纪下半叶从唐朝传入撒马尔罕。794年，阿拉伯人在中国人的指导下于巴格达开办造纸作坊，纸遂在中东地区流行起来。至伊利汗国所处的13—14世纪，中东地区的造纸技术已经发展了几百年。参考钱存训：《李约瑟中国科学技术史》第五卷《化学及相关技术》（第一分册纸和印刷），科学出版社、上海古籍出版社，1990年，第264~265页。毛良伟：《元朝与伊利汗国纸币印刷发行研究》，内蒙古师范大学硕士学位论文，2015年，第46页。
④ 史金波、雅森·吾守尔：《中国活字印刷术的发明和早期传播——西夏和回鹘活字印刷术研究》，社会科学文献出版社，2000年，第133页。

只可惜伊利汗国的统治者只学会了纸币的皮毛，完全没能理解"点金术"的精髓，导致纸币发行仅3个月就宣告失败。这就产生了一个文化传播上典型的"橘生淮南则为橘，橘生淮北则为枳"现象，在东方与金银无异的纸张，在伊利汗国则被视若敝屣，非但没能挽救其衰败的经济，反而加速了伊利汉国的崩溃，就连其君主乞合都汗也在纸币崩溃后的动荡中不幸遇难。但客观来讲，伊利汗国的"拿来主义"使以纸张为载体的印刷术向西亚推进了一大步，也把先进的货币经济理念沿着丝绸之路推进到亚洲腹地深处。直到现在，波斯语中仍保留着"钞"字的音译，可见伊利汗国发行纸币一事在当时的中东地区引起了巨大轰动。[①]

除此之外，《元史》中还有大量关于元朝皇帝赏赐纸币的记载，如1320年，元英宗一口气向俄罗斯赏赐纸钞一万四千贯，[②]纸币因此作为赏赐之物流入欧洲。在蒙古铁骑的扩张过程中，元朝的势力范围覆盖了东亚和东南亚的大部分地区，元朝统治者甚至在朝鲜半岛设立了专门的纸币发行机构，交趾（越南）、罗斛（属泰国）、乌爹（属缅甸）等地也纷纷出现以银钱兑换宝钞的情况。现代文物工作者甚至在距离元大都千里之外的青藏高原、柴达木盆地和海南岛上发现了元代宝钞的实物留存，足见这种"大汉用树皮所造之纸币"流通范围之广、影响之深远。

尽管纸币本身"不值一文"，但作为货币符号，有了实打实的金银

---

① 毛良伟：《元朝与伊利汗国纸币印刷发行研究》，内蒙古师范大学硕士学位论文，2015年，第39~42页。

② "丙申（1320年3月），斡罗思等内附，赐钞万四千贯，遣还其部。"见〔明〕宋濂等：《元史》卷二十七《本纪第二十七 英宗一》，中华书局，1976年，第600页。

图 8-7 至元通行宝钞，长 31 厘米，宽 21.8 厘米，1959 年发现于西藏自治区萨迦寺内，中国国家博物馆藏。以桑皮纸制成，纸色深灰。版面下部汉字写有"并行收受，不限年月，诸路通行""伪造者处死，仍给犯人家产"等字样

等价物作为支撑，才诞生了"信用"——这才是纸币的灵魂。只要使用者相信钤有官印的纸张背后真的有等价金银可资兑换，纸币就产生了支付、流通和购买的功能；相反，如果老百姓不信，那么就算纸币材质再好、雕印得再精美、宣称的币值再大，都不过是废纸一张。"信用"，显然才是东方点金术的真正奥义。

在马可·波罗眼中，强大的元朝统治者不仅建立了一个前所未有的庞大帝国，而且构建了一个横跨欧亚大陆的信用市场。在这个市场体系中，上至王公贵族，下至黎民百姓，远至域外商贾，都"相信"某种用树皮制成的薄片能够兑换财富，这才是让出生于商人世家、17岁起就走南闯北的马可·波罗最瞠目结舌的地方。

三、大崩盘：繁荣与祸乱的边界

自北宋仁宗天圣二年（1024年）官方发行交子以来，以纸张作为货币符号的传统在中国延续了近千年之久。这个天才的"创意"在当时解决了颇为棘手的铜矿短缺、铸币困难问题，也使远距离的大宗贸易成为可能，极大促进了商品流通和经济繁荣，并在相当长的时间内使中国成为世界货币金融体系中的"先行者"。

然而，封建王朝的统治者一旦发现可以靠雕印纸币聚敛民间财富，这个想法就再也挥之不去。自宋仁宗以后的历代君主，无论贤明与否，都渴望继续操控这场无本万利的"戏法"，一旦国家遇到财政困难，诸如战争、灾害、封赏等，就不免大肆上演一番。这也导致封建时代历朝历代发行的纸币无一不以失败告终，究其根本，即在于纸币的发行总额几乎不可能与统治者手中的金银钞本对等起来。一旦官府挪用钞本、超发货币，纸币的面值就会失去价值准绳，恶性通货膨胀也就在所难免。

交子发行半个世纪之后，北宋朝廷为了弥补对抗西夏的军费开支，开始增印货币，导致交子币值锐减。到宋徽宗时，则直接把增发货币当作重要财政来源，将所谓的"准备金"制度弃之脑后，"不蓄本钱，增造无艺"，致使交子与天圣年间相比贬值幅度高达90%以上，已然形同废纸。

南宋的会子也紧随其后，走上"筹措军费→增发货币→恶性通胀"的老路。自开禧军兴①以来，朝廷巨额的军费支出完全依靠发行纸币来

---

① 开禧二年（1206年），南宋朝廷为收复失地，开始对金北伐作战，军费开支巨大，后以失败告终。

筹集，造成三界会子并行，总发行量高达1.4亿贯。[①]后人在谈起南宋钞法时，用"天下大计，仰给于纸"[②]八个字予以评价，意指南宋君臣把保家卫国、恢复中原的美好愿望全然寄托在滥发纸币上，极具讽刺意味。

曾经被马可·波罗吹捧备至的元代纸币也未能跳出窠臼。一度堪比黄金的至元钞在稳定运行仅十余年后，就因西北藩王叛乱、征战不断、军费浩繁而大量增印；再加之蒙古惯例在新皇即位时对王公贵族大加赏赐，各地钞库的钞本在一次次巨额封赏中消耗殆尽。此消彼长之下，"钞法大坏"，到元仁宗时，纸币"随所费以造之"，朝廷一出现财政亏空就靠印钞来解决，宝钞又陷入贬值的恶性循环之中。

元顺帝至正十年（1350年），中书右丞相脱脱有意"改革"钞法，一些善于阿谀奉承、搜刮民脂的官员竟异想天开，提出了一个完全违背经济规律的建议，即发行新币种"至正钞"，把这种本身一文不值的纸币作为"准备金"，而以铜钱作为流通货币，以期达到钱钞并用的目的。要知道，纸币之所以能够流通，在于先有"母"（一般等价物）后有"子"（货币符号），子母相权，以虚换实，才能聚敛财富，保证币值。而至正钞的改革则完全反其道而行之，以致此提案一出，朝堂中"众人皆唯唯不敢出一语"，只有祭酒吕思诚奋然抗议道：自古钞法就以上料为母，下料为子，"岂有故纸为父，而以铜为过房儿子者乎"[③]？

但好大喜功的脱脱不顾经济规律，一意孤行要变更钞法，其结果自然可想而知。就在至正钞发行的次年（1351年），纸币币值暴跌，物

---

① 王永生：《纸币史话》，社会科学文献出版社，2016年，第23、36页。
② 〔明〕曹学佺：《蜀中广记》卷六十七，清文渊阁四库全书本。
③ 〔明〕宋濂等：《元史》卷九十七《志第四十五下 食货五》，中华书局，1976年，第2483页。

价翻涨10倍，"京师料钞十锭，易斗粟不可得"，百姓被疯狂贬值的纸币逼到无以为生的地步。同年，韩山童、刘福通、徐寿辉等起义军几乎同时揭竿而起，朝廷为了镇压起义，不得不更大规模地滥印纸币，"每日印造，不可数计"，以致各地造纸的桑皮都已消耗殆尽，不得不改用榆树皮造纸。《元史·食货志》十分形象地描述了这末日雪崩般的超发，称纸币"舟车装运，轴轳相接，交料之散满人间者，无处无之"[①]。没多久，曾经在货币金融史上独立潮头的元帝国就退化到以物易物的地步，国家也走向崩溃的边缘。

到了明末崇祯年间，熟悉的一幕再度上演。面对来势汹汹的闯王大军，崇祯帝在当时已经以白银为主币的情况下，又想起了前辈帝王们的生财之法，打算每年印钞3000万贯，并特地开设宝钞局，日夜不停地造纸印刷。在这种风雨飘摇的局势下，宝钞局为满足朝廷需求，还兴师动众地上奏要求北直、山东、河南、浙江等地进贡桑穰200万斤用于造纸。此外，在现有的500名钞匠的基础上，再扩招2500人，请畿内八府州县尽快协调人手，扩大印钞规模。所幸还有头脑清醒的官员据理力争，劝阻崇祯帝：一来扩招工匠所需钱粮更巨，得不偿失；二来直鲁豫一带刚刚经历变乱，连桑树都没有，哪来的桑穰？就算远赴浙江杭、嘉、湖一带，虽盛产桑树，但若一下征集200万斤，恐怕把江南桑树砍光也凑不齐。[②]如此苦劝之下，崇祯帝才万般无奈地放弃了这一计划。但大明王朝依然步前代之后尘，在山河国破和经济崩溃等多方重压下走向覆灭。

---

① 〔明〕宋濂等：《元史》卷九十七《志第四十五下 食货五》，中华书局，1976年，第2485页。

② 〔明〕李清：《三垣笔记》，中华书局，1982年，第224页。

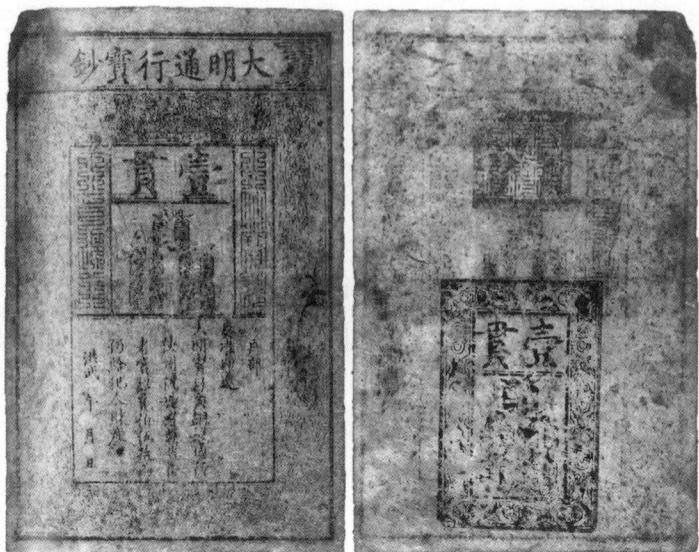

图8-8 大明通行宝钞，2019年中国嘉德春季拍卖会拍卖品。据《明太祖实录》，大明通行宝钞"取桑穰为钞料，其制方，高一尺，阔六寸许，以青色为质"

回顾历史，纸张最初就是作为丝织品的"廉价替代物"出现的；自北宋交子以后，纸张又化身为金属货币的"廉价替代物"，以价值符号的形式与人类的生产、生活、经济、文化产生更为紧密的关联。那些如雪片般印造而成的万贯宝钞，既能成为撬动经济民生的有力杠杆，也能成为压垮帝国大厦的最后稻草。小到升斗小民，大到王侯将相，又有谁不曾为这一张张薄纸终日奔忙呢？

第三部分

走向世界

第九章
渡来人、僧人与女人

天青色的薄云中纸屑飘落，月光微明。

——〔日〕佚名《七十一番职人歌合》廿三番"唐纸师"[①]

造纸术是华夏文明孕育出的一颗璀璨明珠。这颗明珠随着文化的交流、碰撞和融合逐渐走出国门，传诸四海，成为全世界人类的共同瑰宝。

由于地缘相近、文化同源，朝鲜半岛和日本列岛接触造纸术的时间远比西方世界要早，东亚地区的纸张形态、原料、工艺、制品和文化也更为相似。隋大业六年（610年），朝鲜僧人昙徵（579—631年）将源自中国的造纸工艺带到日本，这一年也因此被公认为造纸术东传的时间下限。尽管目前学术界还无法确知朝鲜和日本习得造纸术的确切年代，但日本工匠很有可能在昙徵东渡之前就能够制造纸张了。这

[①] 池田寿：《纸の日本史：古典と絵巻物が伝える文化遺产》，勉誠出版株式会社，2017年，第14页。

种悄无声息的技术传播，与史书中籍籍无名的庞大群体紧密相关，那就是从汉代起便源源不断向东迁徙的中国移民"渡来人"。

"渡来人"是一个日文词汇，又称"归化人"，指的是来自中国大陆和朝鲜半岛的移民群体。公元前108年，因朝鲜王诱招外逃汉人，汉武帝挥师东进，在朝鲜半岛设置了玄菟、乐浪、真番、临屯四郡，把朝鲜半岛置于实际管控之下。换言之，在造纸术的萌芽阶段，朝鲜半岛与汉帝国的人员往来和文化交流就一直十分紧密，随着汉族人口的不断迁移，可能早在3世纪左右，朝鲜半岛就已经习得了造纸术。

三四世纪之交，中原地区爆发"八王之乱"，百姓流离失所，大批中国流民在战火刀锋下迁徙求生，移往朝鲜半岛。而不久之后，朝鲜半岛在4世纪也陷入新罗、高句丽和百济三国混战的局面，许多朝鲜人、汉族流民和已经朝鲜化的汉族后裔又大批东渡日本，成为日本史籍中所谓的"渡来人"。这些定居日本的"渡来人"往往聚族而居，形成稳定、庞大的移民集团，最著名的如秦始皇第十代孙弓月君，东渡后成为日本秦氏的始祖，定居于山城国附近；汉灵帝曾孙阿知使主，成为日本汉氏的始祖，定居于大和国附近；百济王仁（朝鲜汉族后裔）成为日本西文氏的始祖，定居于河内国附近。据日本史书《古语拾遗》记载，"秦、汉、百济内附之民，各以万计，足可褒赏"。实际上，"各以万计"只不过是个约数，据学者估算，到8世纪左右，单单秦氏集团的人口就多达13.4万，而"渡来人"总数或可高达百万以上。

东亚大陆此起彼伏、波澜壮阔的移民浪潮为日本带来了大量劳动人口、先进技术和灿烂文化。"渡来人"凭借这些优势，成功跻身日本统治阶层，成为一股不可小觑的政治力量。在平安时代初年日本编纂的《新撰姓氏录》中，"渡来人"的氏共有324个，约占全部统治阶层姓氏的30%。他们大量集中于日本京畿地区，[①]在日本朝廷和地方上担任重要职务，与国家政权紧密结合，如东汉氏与豪族苏我氏、秦氏与圣德太子结成紧密的主从关系，左右着日本朝局。就连日本的都城长岗京和平安京，也是在汉族移民秦氏开发的土地上建立起来的。

造纸术是"渡来人"带来的众多"馈赠"之一，尤其是秦氏，几乎主导了5—9世纪日本的官方造纸。从5世纪开始，秦氏即利用自身先进的纺织、土木和造纸技术，大量供职于大和朝廷的"藏部司"，负责物资的制作、调配和财政事务。据《日本书纪》记载，雄略天皇十五年（471年），秦酒公被任命为藏部长官；钦明天皇元年（540年），大藏掾秦大津父担任伴造之职；继其之后，大藏掾秦河胜还成为圣德太子的近侍和宠臣，从技术世家中脱颖而出，成功跻身权力中枢。7世纪上半叶，日本通过"大化改新"效仿唐朝建立律令制国家后，朝廷命图书寮掌管造纸事务，而秦氏成员则继续把持图书寮中的要职，如秦秋庭、秦朝元、秦室成等人，都在8—9世纪担任过图书寮负责造纸和装潢的长官，秦朝元在天平九年（737年）还曾任"图书头"，即图书寮的一把手，全权负责大和朝廷的造纸及书籍、佛经的装潢保存事宜。在奈良附近的山城国还专门设有秦氏部族的造纸工匠共50户，专门负责为官方造纸。现如今，人们还能从奈良东大寺保存的佛经中看到许多秦氏装潢手的姓名，可见以秦氏为代表的"渡来人"对日本官方造纸业带来了长久的影响。[②]

"渡来人"成就了东方传统手工造纸的"底色"，使朝鲜半岛和日本列岛的造纸业无论是技术工艺、原料开采还是发展路径，都与中国

---

① 据《新撰姓氏录》，汉族移民在左京和右京的移民比例分别高达52%和41.6%。
② 〔日〕久米康生：《和紙の源流：東洋手すき紙の多彩な伝統》，岩波书店，2004年，第131~132页。

大同小异。中国自南北朝以来，便积极尝试开发各类植物韧皮纤维，逐渐替代麻织物废料，转以栽培构树、桑树、竹类等植物为主。这一历史发展趋势成为东亚地区造纸业发展的缩影。据日本平安时代中期编纂的法律细则《延喜式》记载，当时图书寮规定年造纸量为2万张，所需的造纸原料包括榖、斐、布、麻和苦参共5种，其中"榖"即构树；"斐"指瑞香科植物，如山棉、结香之类；"苦参"则为日本造纸所特有，具有驱虫防蠹的作用；其余的"布"和"麻"则均属麻类纤维。而到了18世纪末，据江户时代国东治兵卫撰写的造纸专著《纸漉重宝记》记载，日本造纸业也同中国造纸业的发展趋势一样，淘汰了平安时期以破布制成的"朽布纸"，而仅以构树等植物韧皮纤维造纸。[①]这亦与中国在隋唐之后逐渐抛弃"布浆造纸法"的历史趋势相吻合。此外，朝鲜和日本还根据当地物产，试验出一系列适宜造纸的东亚植物，如青檀、桉树、杜仲、三桠树、日本柳杉、芦苇、水稻、甘蔗、灯心草、斑叶芒等，开发出檀纸、杜仲纸、竹幕纸、叶藁纸、榆纸等众多特色纸种，[②]呈现出迥异于西方世界的独特风韵。

造纸术的另一个传播使者是僧人群体。据日本流传最早的正史《日本书纪》记载，推古天皇十八年（610年）三月，高丽高僧昙徵前来传法，据说"昙徵熟知儒家五经，且能够制作颜料和纸、墨，还能建造碾硙（即中国的水力石磨）"[③]。据此，日本公认昙徵为造纸术的最初传播者。实际上，昙徵带来的新技术只有制作颜料和修建碾硙，而纸、

---

① 冯彤：《和纸的艺术——日本无形文化遗产》，中国社会科学出版社，2010年，第43页。
② 〔日〕久米康生：《和紙の源流：東洋手すき紙の多彩な伝統》，岩波书店，2004年，第135页。
③ "昙徵五经を知り、且た能く彩色及び紙墨を作り、并せて碾硙を造る。"见〔日〕舍人亲王：《日本書紀》卷第二二，岩波书店，1994年，第386页。

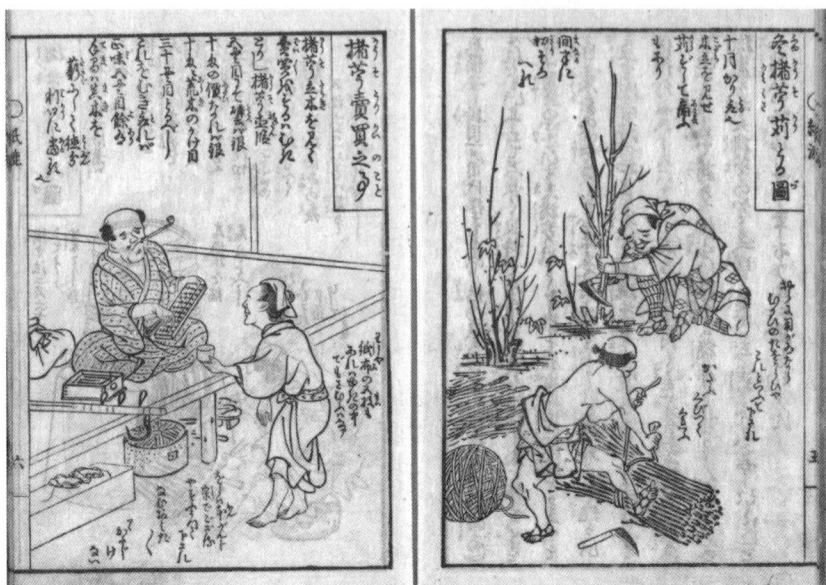

图9-1 〔日〕国东治兵卫《纸漉重宝记》，日本文政七年（1824年）秋田屋太右卫门刻本，日本国立国会图书馆藏。图中所绘为农户对楮树进行栽培、收割和买卖

墨的制造工艺早在昙徵之前就已借"渡来人"之手在日本落地生根了。[1]因此，与其说昙徵是造纸技艺的播种者，不如说是造纸术的大力弘扬者。

日本的佛教传说故事中也能折射出僧人群体参与造纸的历史。日本建长六年（1254年）成书的《古今著闻集》中辑录了这样一则有趣的寓言：在越后国的乙寺住着一位修持《法华经》的僧人，早晨诵经时，僧人发现有两只猴子也在一旁听法。如此两三日，僧人颇感奇怪，

---

①〔日〕久米康生：《和紙の源流：東洋手すき紙の多彩な伝統》，岩波書店，2004年，第129页。

问猴子为什么常来这里，难道是想要抄写经文吗？两只猴子听闻此话，竟像人一样朝着僧人双手合十，顶礼膜拜。又过了五六日，数百只猴子聚在一起，带着楮皮送到僧人面前。后来，僧人将这些楮皮制成纸张，书写经文，供奉起来。[①]

越后国的乙寺位于今日本新潟县，是一座真言宗古刹；而真言宗最初就是由日本著名的遣唐僧空海法师创立的，与中国渊源颇深。自南北朝起，中国僧侣为了更好地传播教义，在修行过程中往往还兼习造纸、制笔和制墨等技艺。佛教教义也积极鼓励僧人学习这些技艺，并将其视为一种修行之法，如5世纪初译成汉文的大乘戒律经典《梵网经》就曾明言：

> 若佛子！常应一心受持读诵大乘经律。剥皮为纸、刺血为墨、以髓为水、折骨为笔，书写佛戒。木、皮、榖纸、绢素、竹、帛，亦应悉书持。常以七宝无价香花一切杂宝，为箱囊盛经律卷。若不如法供养者，犯轻垢罪。[②]

剥皮、刺血、折骨这样的修辞，初看有着浓厚的宗教气息，但反映出在佛教传播的初始阶段，僧侣是否具备笔、墨、纸、砚的制作技能，被提高到了宛若血肉骨髓这样的高度；"书写佛戒"也如同"受持读诵"一样，是僧侣们必不可少的课业之一。因此，一些规模较大的寺院不仅附设专属的造纸场所，有专司造纸和装潢的僧官，甚至拥有

---

① 〔日〕橘成季：《古今著闻集 愚管抄》卷第二十《鱼虫禽兽第三十》，吉川弘文馆，2007年，第208页。

② 〔后秦〕鸠摩罗什译：《梵网经》，〔日〕大正一切经刊行会：《大正新修大藏经》第24册，新文丰出版社，1983年，第1009页。

图9-2 《七十一番职人歌合》中所绘"经师"（左），即专职装裱经卷的僧侣。日本东京国立博物馆藏。《七十一番职人歌合》约创作于1500年，是日本室町时代规模最大的以工匠为题材的绘卷，其中描绘了142种工匠的劳作姿态以及284首相应的和歌和判词。《七十一番职人歌合》原作已佚，江户时代后期有许多摹本传世。日本东京国立博物馆所藏为1846年狩野晴川、狩野胜川父子的摹本

自己的林场，专门栽培构树等造纸树种。[①]这种寺院与造纸坊紧密结合的产业形态在许多中国的佛教文献和出土文书中都有所体现。朝鲜和日本的寺院也延续了这种模式，至少在《古今著闻集》成书的镰仓时代，一些日本佛寺还保留着自有的抄纸场所，具备进行日常造纸的技术、设备和人力。[②]

---

① 如唐代《法华经传记》记载，"（德圆）修一净园，树诸榖楮，并种香草杂华（花）""剥楮取皮，浸以沉水，护净造纸"。见〔唐〕法藏：《华严经传记》卷五，〔日〕大正一切经刊行会：《大正新修大藏经》第51册，新文丰出版社，1983年，第170~171页。
② 〔日〕池田寿：《纸の日本史：古典と絵巻物が伝える文化遺産》，勉诚出版株式会社，2017年，第9~13页。

图9-3 《七十一番职人歌合》中所绘"唐纸师"（左），即用胡粉、云母等物质，为纸张装饰纹饰的手艺人。日本东京国立博物馆藏

东方造纸术的另一大特色是具有柔美、朦胧、含蓄的女性化特质。在朝鲜半岛和日本列岛，女性不仅深入参与到纸张的生产过程中，还潜移默化地影响着纸张的样式和审美，就连最初传授造纸术的"祖师"，也被认为是与女性相关的。

与中国一样，日本也有所谓的纸祖传说，但大和民族认为造纸的祖师爷不是东汉宦官蔡伦，而是一位神秘而高贵的神女。据传5世纪末，男大迹王在登基为继体天皇之前，生活在越前国的味真野（今日本福井县）。某日，冈太川上游清幽的山谷里，出现了一位美丽的女子。女子发现，虽然此地偏僻贫瘠，但幸而有清澈的溪水，可以用于造纸。于是，她脱下上衣，挂在竿头上，不厌其烦地教授当地百姓造纸技艺。当村民问起她的名字时，女子却只回答自己是居住在冈太川上游的人，说罢就消失不见了。于是，村民们便尊称她为"川上御前"，并修建了冈太神社供人祭祀。① 现如今，冈太神社仍然供奉着纸祖神像，每年5月3日，当地还会举行盛大的春祭，以纪念川上御前造福一方的善举。②

女性参与造纸劳作的场景，也被画入许多日本传统绘画作品中，成为我们一窥东方造纸业态的透镜，其中还原度最高的当属自镰仓时代起就广为流传的《弘法大师行状记绘卷》。所谓弘法大师，就是广为中国人所熟知的留学僧空海。《弘法大师行状记绘卷》以连环画的形式，表现了空海大师入唐求法，之后返回日本创立真言宗，最后到高野山入定修行的传奇经历。有趣的是，在这幅绘画长卷的其中一个角落，几乎原汁原味地还原了纸祖传说中女性在溪流边抄造纸张的场景。

这幅画面描绘了白河天皇（1053—1129年）带领一众人马赴高野山参拜的壮阔场景。可以看到，在高野山山麓开阔的谷地，有一条潺潺溪流蜿蜒而过。溪水之畔，一位身穿蓝色格纹服饰、长发及腰的女子正在抄纸。女子双手还捧着木质的帘床，仿佛正轻轻地把浆液从纸槽中抄起，其身前放置着一个纸槽，里面装满浅葱色的纸浆。小溪边斜架着两块晒纸架和一张木几，一位背着婴儿的妇女正在把刚刚捞出的湿纸贴到木板上晾晒。不远处，一位白发苍苍的老妪正牵着一个小童，向溪边的造纸场漫步走来。整个画面既有皇家雍容磅礴的贵族气势，又有平民闲适祥和的田园氛围，更重要的是，它反映了一种以东方为代表的、由女性广泛参与的产业形态——只要山上有树，谷底有

① 〔日〕久米康生：《和紙の源流：東洋手すき紙の多彩な伝統》，岩波書店，2004年，第129页。
② 冯彤：《和纸的艺术——日本无形文化遗产》，中国社会科学出版社，2010年，第31页。

图9-4 《弘法大师行状记绘卷》卷十二（局部）。原作创作于日本南北朝时代康应元年（1389年），江户时代出现许多临摹之作。日本和泉市久保惣纪念美术馆藏

水，农闲时有富裕的人手，就具备了造纸的前提条件。这与西方造纸业大多集聚在人口密集型城镇，以庞大的贸易网络为支撑，以广泛搜集破布为基础，建立大型造纸作坊的产业形态迥然不同。

女性的加入，也进一步影响了日本纸张的独特样式、工艺和审美意趣。平安时代，随着贵族文化的兴盛，人们从崇尚强韧坚挺的楮皮纸，转而偏爱细腻、柔软的雁皮纸，再加之雁皮树不可栽培，全靠野生，因而显得更加珍贵。雁皮纸又称斐纸，分薄样、中样和厚样三种。平安时代的斐纸已能做得极为轻薄，达到轻若无物的境界，且能够染成紫、红、浅绿等颜色，蕴含着女子温柔艳丽的美好形象，因此广受贵族女子的追捧。贵族妇女常把薄样斐纸折叠起来，放入怀中，当作手帕，用来取点心、拭杯沿，或者以流畅优美的假名在其上书写和歌，即席作诗，这种生活方式也被视为一种高雅之举，在《源氏物语》等小说中被一再提及。大唐贞元二十年（804年），与遣唐使一起来到大

唐求法的日本高僧最澄不远万里带来的礼物就是200张筑紫的斐纸，可见其工艺精良，是足可作为"国礼"相赠的[①]。

对色彩的搭配和渲染，也在女性"用户"的不懈追求下臻至巅峰。平安时代奢靡华丽的氛围，孕育了紫式部（《源氏物语》作者）、清少纳言（《枕草子》作者）和藤原道子（承香殿女御）等一批女性文化先锋。在她们的审美倡导下，晕染、继纸、墨流、唐纸等纸张加工工艺达到了极高的水平。一些平安时代的书籍、墨宝和绘画作品，如《三十六人家集》等，把大和民族对色彩的理解、对朦胧意境的喜爱表现得淋漓尽致。金箔、银粉、纸屑和各式各样的植物、矿物染料如红花、黄蘗、栀子、紫草、蓝靛等，纷纷化作如梦般流动的底色，为东方纸张留下无与伦比的余韵。

[①] 冯彤：《和纸的艺术——日本无形文化遗产》，中国社会科学出版社，2010年，第26页。

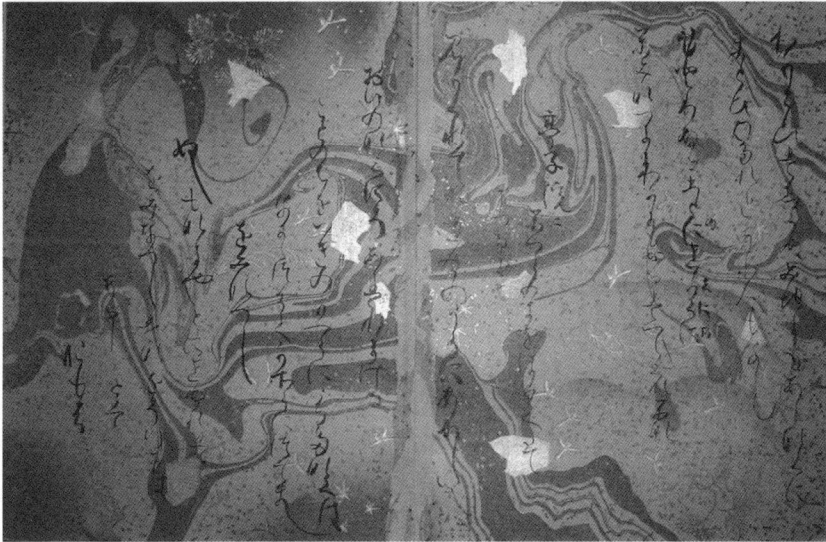

图9-5 《三十六人家集·躬恒集》第二十七纸,采用墨流工艺,使用墨以及红、蓝染料与松脂在水面上形成波纹图案,再用纸把图案吸附其上。其工艺从中国的流沙笺发展而来。平安时代,日本京都西本愿寺藏

图9-6 《三十六人家集·躬恒集》第四纸,采用金银箔工艺,通体绘有金银花鸟折枝和青草,再撒有大块金银箔作为装饰。平安时代,日本京都西本愿寺藏

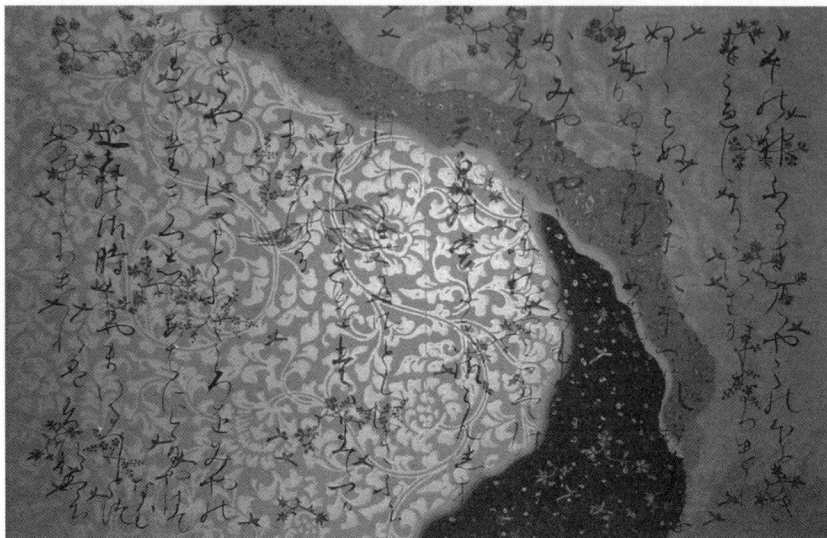

图9-7 《三十六人家集·素性集》，采用继纸工艺，即运用裁剪、撕扯等方式，把染色纸、金银装饰纸、薄样纸、唐纸等重新粘贴组合在一起，使其成为一张构图精美的艺术品。平安时代，日本京都西本愿寺藏

第十章
战争、传说与拾荒者

中国纸也随丝绸一起西运，20世纪以来沿着这条商路各地出土大量汉魏及晋唐古纸，因此也可将这条商路称为纸张之路（Paper Road）。

——《中国古代四大发明》①

一、纸张之路：阿拉伯世界的战争与传说

从历史规律而言，凡是重大科技成果，其对外传播均存在一定的历史必然性，而中国的史学家在谈论"造纸术西传"这个宏大议题时，却往往乐于将其归因于一次极具偶然性和戏剧性的小插曲——怛罗斯之战。

唐玄宗天宝九载（750年），镇守边关的大将高仙芝向地处丝绸之

---

① 潘吉星：《中国古代四大发明——源流、外传及世界影响》，中国科学技术大学出版社，2002年，第381页。

路的西域小国——石国（今乌孜别克斯坦塔什干）发起进攻。对于好大喜功、贪婪妄为的高仙芝而言，这是一个既能立功又能敛财的一石二鸟之法。石国子民大多善于经商，财货丰饶，而军事实力又相对弱小，看起来就是个好拿捏的软柿子。于是，高仙芝随意编造出了一个"无蕃臣礼"的理由，先假意派人与石国约和，然后趁其不备，出兵突袭劫掠，不仅把石国国王俘至长安处死，连石国的老弱妇孺都不放过。这次打家劫舍般的军事行动成果颇丰，据史料记载，高仙芝"获瑟瑟十余斛、黄金五六橐驼、良马宝玉甚众，家资累巨万"[①]。

但如此肆无忌惮的边境冲突也埋下了祸患。侥幸逃亡的石国王子很快将大唐边军肆意屠杀西域胡人的消息传遍昭武九姓之国，引起诸胡部落的极大愤慨。这给了西部强邻、正在崛起的阿拉伯帝国阿拔斯王朝（即黑衣大食）一个绝好的出兵借口。次年（751年），在石国王子的乞求下，本就意欲扩张的大食与西域诸国合谋，计划进攻安西四镇。狂傲自大的高仙芝听闻此讯，决定先发制人，率领蕃、汉士兵数万人"深入胡地"，直接杀到阿拉伯境内700余里的怛罗斯城（今哈萨克斯坦江布尔城）。

此次战役的结果即便在有扬功隐过倾向的传统中国史学叙事中，也可称为惨败。高仙芝麾下的远征军深入敌军，腹背受敌，争相奔走，原本数万人的军队"存者不过数千"，几乎称得上是全军覆没。高仙芝在下属李嗣业的劝说下，连夜逃亡。由于道路狭窄，驼马拥堵，李嗣业不得不手持大棒奋力驱赶己方兵众，致使"人马应手俱毙"，这才为

---

① 〔宋〕欧阳修、〔宋〕宋祁：《新唐书》卷一百三十五《列传第六十》，中华书局，1975年，第4578页。

高仙芝杀开一条血路，仓惶逃回安西都护府。[①]

关于怛罗斯之战交战双方的具体人数，中国和阿拉伯史书中均缺乏准确记载，按《旧唐书》的说法，高仙芝领兵2万人与大食作战；杜佑《通典》则记载怛罗斯一役"七万众尽没"[②]；12世纪的阿拉伯史学家伊本·艾西尔（Ibn al-Athir）则说唐军有5万人被杀，2万人被俘。[③]尽管三方史料在人数上相互龃龉，但无论如何，除了战死的作战部队和侥幸逃回大唐的数千残兵，唐军至少还有数以万计的后勤、运输和保障人员成了阿拉伯帝国的俘虏。从后世的历史发展来看，毫无疑问，这些战俘中存在一批技艺精良的造纸工匠，正是他们把中国的造纸术传播到了阿拉伯世界。

其实在西域边境地带，僧人、士兵、囚犯和造纸工匠之间本就存在紧密关联。正如第六章所述，随着宗教和文化的兴盛，7—9世纪的新疆地区造纸业呈现出蒸蒸日上之势，为了满足源源不断的用纸需求，官方兴办了数量众多的寺院纸坊，对纸匠这样的手工业者也有严格的管理。现如今，我们还能够从出土的吐鲁番文书留下的只言片语中，窥探当时边塞纸匠生活的蛛丝马迹。比如官方纸坊中有专门负责监管的职务——纸师，在高昌的一份通缉名单中，兵人、纸师和僧侣的名字紧挨

---

① "路隘，人马鱼贯而奔。会跋汗那兵众先奔，人及驼马塞路，不克过。（李）嗣业持大棒前驱击之，人马应手俱毙。胡等通，路开，（高）仙芝获免。"见〔后晋〕刘昫等：《旧唐书》卷一百九《列传第五十九》，中华书局，1975年，第3298~3299页。

② "（高仙芝）领兵二万深入胡地，与大食战"，见〔后晋〕刘昫等：《旧唐书》卷一百九《列传第五十九》，中华书局，1975年，第3298页。而《通典·边防序》则记载"高仙芝伐石国，于怛逻斯川七万众尽没"，见〔唐〕杜佑《通典》卷第一百八十五《边防一 边防序》，中华书局，1988年，第4981页。

③ Jonathan M. Bloom. (2001). *Paper Before Print: The History and Impact of Paper in the Islamic World*. New Haven and London: Yale University Press. p. 43.

在一起，不禁让人猜想他们有着某种共同作案的可能；①纸匠的人员构成，除了父子相传的传统手艺人，恐怕还有相当一部分是发配到边境的囚犯，如阿斯塔纳唐墓出土的一件文书中就明白无误地写着"当上典狱配纸坊駈（驱）使"②的字样，说明囚徒会被当地官府安排到造纸坊中从事体力劳动。由于纸坊内条件艰苦，工作繁重，还发生过纸匠逃跑、录事司帖追捕纸匠的事情。③这使我们有理由推测，唐代新疆地区的纸匠群体中，本就有一部分人属于服劳役的"配军"，一旦发生大规模战事，这些在工坊中服役的囚犯也就顺理成章地被送上了战场。

恒罗斯一役惨败后，数以万计的唐军沦为战俘，被大食军队掳回亚欧大陆的腹地。其中只有极少数幸运儿侥幸回国，如著名史学家杜佑的族侄杜环就参加了高仙芝的西征军，兵败被俘后被阿拉伯人掳至中亚、西亚，滞留十余年才乘商船返回广州。④

---

① 吐鲁番文书（72TAM151:52）《高昌逋人史延明等名籍》，其中有"廿四日逋人：……兵人宋保得、宋客儿子、阳保相、张黑奴、张庆祐、袁□□；纸师隗头六奴；北许寺丰得"字样。出土于阿斯塔那151号墓，墓葬年代为"高昌王麴文泰重光元年（620年）"。该墓为夫妻合葬墓，墓中男尸右腿残肢用纸包扎，该件文书即从残肢包裹纸中拆出。见国家文物局古文献研究室、新疆维吾尔自治区博物馆、武汉大学历史系编：《吐鲁番出土文书（三）》，新疆文化出版社，2016年，第87、127页。

② 吐鲁番文书（72TAM167:3）《唐配纸坊驱使残文书》，其中有"当上典狱配纸坊駈使"字样。出土于阿斯塔那167号墓，所出文书仅一件，无纪年，据墓葬形制、同出文物及书法推测当属唐代。见国家文物局古文献研究室、新疆维吾尔自治区博物馆、武汉大学历史系编：《吐鲁番出土文书（七）》，新疆文化出版社，2016年，第230~231页。

③ 大谷文书（3472），其中有"录事司帖，为追纸匠，限三日内送事"字样。引自〔日〕池田温著，龚泽铣译：《中国古代籍账研究》，中华书局，2007年，第358页。

④ "族子（杜）环随镇西节度使高仙芝西征，天宝十载至西海，宝应初，因贾商船舶自广州而回，著《经行记》。"见〔唐〕杜佑：《通典》卷第一百九十一《边防七 西戎三》，中华书局，1988年，第5199页。

当然，更多的战俘终其一生都无法重回故土。阿拉伯史书中记录了这些被俘纸匠的最终归处。在怛罗斯之战过去整整70年之后，阿拉伯人塔明·伊本–巴赫尔（Tamin ibn-Bahr）在创作《回鹘旅行记》时，引用了阿拉伯作家阿布·法德勒–瓦斯吉尔迪（Abal Fadlal-Vasjirdi）的一段话，称穆斯林在一场战役（即怛罗斯之战）中获胜，收获了大量俘虏，而这些战俘，其中一部分人正是此时在撒马尔罕（今属乌兹别克斯坦）工场劳作的人，他们可以制作优质纸张。[①]这种"唐代战俘将造纸术传入撒马尔罕"的观点也在之后10世纪成书的阿拉伯著作中不断被证实。[②]

实际上，中亚地区通过丝绸之路上的贸易往来，很早就接触到了中国生产的纸，只不过"中国纸"一直属于高档进口品，只在书写重要文字时才使用。[③]7世纪时，波斯帝国萨珊王朝还从中国进口纸张，用来书写官方文书。因此，在7世纪中叶萨珊王朝时期，造纸术很可能还没有传播到中亚地区。[④]

---

① 潘吉星：《中国造纸史》，上海人民出版社，2009年，第504~505页。

② 如976年，伊本·豪克尔（Ibn Haukal）指出撒马尔罕的造纸术是由怛罗斯战役的俘虏传入的，当时的俘虏为萨利赫（Salih）的儿子齐亚德所有，其中有些是造纸匠。10世纪阿拉伯史学家萨阿利比（Al-Tha'alibi）称纸是中国战俘们传过来的，这样撒马尔罕地区才有了造纸术。见万安伦、王剑飞、杜建君：《中国造纸术在"一带一路"上的传播节点、路径及逻辑探源》，《现代出版》2018年第6期，第73页。但对于萨阿利比所引用的史源学问题和可信度，西方学者仍存在不同看法。Jonathan M. Bloom. (2001). *Paper Before Print: The History and Impact of Paper in the Islamic World*. New Haven and London: Yale University Press. pp. 42–43.

③ 钱存训著，郑如斯编订：《中国纸和印刷文化史》，广西师范大学出版社，2004年，第275页。

④ Bahiyyih Nakhjavani. (2004). *Paper: The Dreams of a Scribe*. London: Bloomsbury Publishing. p. 56.

情况在之后的一个世纪逐渐发生变化。从7世纪中叶到8世纪中叶，丝绸之路上不断往来的商旅、使者和僧侣渐渐把造纸的"秘密"散播到了西方，尤其是佛教僧侣，他们成了造纸术西传早期过程中的主要参与者。对于现代人而言，造纸、制笔、制墨等技艺几乎与宗教毫不相干，但对当时的僧人而言，这些手艺与诵经、入定、化缘一样，是佛教的修行方式之一。这些在中国寺院中掌握了造纸技艺的僧侣通过丝绸之路，很快把造纸术带到了中亚河中地区（Transoxiana，即现在的乌兹别克斯坦、塔吉克斯坦和哈萨克斯坦西南部）[1]。从这个意义上讲，造纸术或许是一种慢慢渗透到阿拉伯世界的技术，而非由于某一偶然或特定事件的发生才习得的。[2]

虽然怛罗斯之战在造纸术西传的过程中并非起决定性作用，但显然加速了这一进程。意外俘获的中国造纸工匠对阿拉伯上层阶级来说堪称至宝，因为这不单单意味着"技术专利"的获取更为直截了当，还使阿拉伯帝国获得了一批具有实操经验的技术工人。据阿拉伯文献记载，在怛罗斯之战发生后的775—785年这10年间，尝到甜头的撒马尔罕地区长官为了造纸，又特意从唐朝掳来一批纸匠。[3]

8世纪下半叶，在撒马尔罕这个丝绸之路的重要枢纽上，阿拉伯人陆续兴办了多家造纸厂。在中国造纸工匠的参与和指导之下，"撒马尔罕纸"品质精良，畅销中亚和西亚。撒马尔罕也成了阿拉伯帝国最重要的纸张供应中心，直到11世纪时，纸张仍是这里重要的大宗贸易商

---

[1] Jonathan M. Bloom. (2001). *Paper Before Print: The History and Impact of Paper in the Islamic World*. New Haven and London: Yale University Press. p. 38.

[2] 〔德〕罗塔尔·穆勒著，何潇伊、宋琼译：《纸的文化史》，广东人民出版社，2022年，第5页。

[3] 潘吉星：《中国造纸史》，上海人民出版社，2009年，第504~505页。

品，正如阿拉伯史学家萨阿利比所说："在撒马尔罕的特产中，应该提到的是纸，由于它更美观、更合适、更简便，因而已经代替了过去书写用的埃及莎草纸和羊皮纸。"[1]

794年（唐德宗贞元十年），造纸术再次向西迈进。在呼罗珊总督叶哈亚（al-Fadl ibn Yahya）的赞助下，阿拉伯帝国当时的首都巴格达（今伊拉克首都）也开设了新的造纸厂。此时正是阿拔斯王朝第五任哈里发哈伦·拉希德（Harun al-Rashid）统治期间（786—809年），在这位热衷文艺、开明好学的君主的全力支持下，阿拉伯帝国的文化和学术事业突飞猛进，大量古希腊、罗马时期用希腊语和拉丁语写成的文学、诗歌、哲学和科学著作被翻译成阿拉伯语并记录下来，为14—16世纪欧洲文艺复兴提供了不可或缺的文献基石。[2]在叶哈亚的长子、宰相贾法尔（Jafar al-Barmaki）的主张下，官府的行政文书也被规定必须采用纸张书写，进而全面替代价格昂贵的羊皮纸。这一切当然都离不开造纸术的"引进"和阿拉伯造纸业的繁荣兴盛。

非常耐人寻味的是，造纸术在阿拉伯帝国不断西传的过程，恰恰是阿拉伯民间故事集《一千零一夜》的成书过程。这部亦真亦幻的经典之作在9—16世纪这段数百年的时光中被不断扩充、精炼、定型，逐渐汇集了200多个充满巧思和传奇色彩的动人故事，其故事宣称的空间范围几乎覆盖了东至中国、西抵埃及这一整片丝绸之路沿线区域。学者们在追溯这些民间故事的创作源头时，发现《一千零一夜》中有很

---

[1] Tha'alibi.(1968). *The Lata'il al-Ma'arif of al-Tha'alibi. (The Book of Curious and Entertaining Informafion).* Translated with introduction and notes by C. E. Bosworth. Edinburgh: Edinburgh University Press. p. 140.

[2] Chris Prince. (2002). "The Historical Context of Arabic Translation, Learning, and the Libraries of Medieval Andalusia". *Library History.* 18:2. pp. 73–87.

多故事正好诞生于阿拔斯王朝（750—1258年）治下的中东和中亚，这恰好是怛罗斯之战爆发后，纸张在阿拉伯帝国的萌芽和发展时期。阿拉伯语中代表纸张的名词kāghid和qirtās也频频出现在这些既源于生活，又笼罩着魔幻、怪诞色彩的传说故事当中。[①]就连支持文教事业、兴办造纸厂的著名君主哈伦·拉希德和宰相贾法尔本人也成了许多故事的主角。

例如，在《阿卜杜拉·法兹里和两个哥哥的故事》中，讲述者以"相传在很久很久以前，阿拔斯王朝的第五代国王哈里发统治着广阔的阿拉伯地区"开篇，叙述了君主哈伦·拉希德、宰相贾法尔和巴士拉省长阿卜杜拉是如何以纸张作为重要媒介，来处理政务、沟通神凡并消除魔法的。

故事中，哈里发为迟缴税款之事发怒后，"贾法尔赶紧回到他的府邸，马上取出纸笔给巴士拉的省长写信"——这是纸张在私人通信领域的首次登场，它跨越了首都巴格达和边境省会巴士拉之间遥远的距离，在上层阶级之间传递着紧要信息。接着，前去催缴税款的使者发现了阿卜杜拉的种种诡异举止，返回首都禀报给国王，哈伦·拉希德又降下一道谕旨，命令阿卜杜拉亲自前来觐见——这是纸张作为行政文书载体来传达君主的最高指令。再后来，阿卜杜拉向国王讲述了自

---

① 阿拉伯语Kāghid和qirtās在成文年代更早的《古兰经》中也有出现，据学者推测源自汉语。Kāghid亦写作Kaghad或Kaghadh，词源可以追溯至波斯语的Kaghaz、粟特语的kygdyh及维吾尔语的Kägdä或Kagda，源头都是汉语guzhi，即"榖纸"；还有学者认为Kāghid和qirtās是同义词，后者是更为古老的外来语，主要指纸，其次指文件。参见钱存训著，郑如斯编订：《中国纸和印刷文化史》，广西师范大学出版社，2004年，第275、298页。Jonathan M. Bloom. (2001). *Paper Before Print: The History and Impact of Paper in the Islamic World.* New Haven and London: Yale University Press. p. 47.

己两个哥哥因贪婪卑鄙、忘恩负义而被神王之女塞欧黛施加魔法变成两只狗的经过。哈伦·拉希德奉劝阿卜杜拉宽恕两个哥哥的罪行，请神女停止对他们的惩罚，于是：

> 哈里发仔细地交代了阿卜杜拉一番，并亲手写了一道手谕，盖上玉玺，让人拿给他说："阿卜杜拉啊，要是今晚塞欧黛真的来了，你就将我写的这张纸条拿给她看，不必害怕。你跟她说，是我这个人世间的君王哈里发下令让你不要再惩罚他俩，我还专门写了这道手谕给她，请她相信。"①

当阿卜杜拉把哈里发的这封亲笔手谕、写着"以仁慈的安拉的名义，人世间的君主哈伦·拉希德向红王之女塞欧黛致书"的信件交给神族之后，君主的权威凭借纸张这一媒介产生了惊人的结果：

> 红王将手谕的内容看明白后，严肃地说："塞欧黛，我们必须按这手谕上说的办。你立刻将那两个男人身上的法术消除，让他们恢复原来的样子，还要告诉他们说，是他们的君主把他俩解救出来的。我们虽是神类，可是从不敢得罪人类的君王，他比咱们有更大的权力和能力，所以，千万不要去惹他。"②

之后，神女遵照父王的指示，拿出一碗清水，一边念咒，一边向两只狗洒去——阿卜杜拉的两个哥哥又从狗变成了人。纸张在此成为

---

① 姜浦译：《一千零一夜》（下册），北京联合出版公司，2011年，第134页。
② 姜浦译：《一千零一夜》（下册），北京联合出版公司，2011年，第137页。

体现君权的重要媒介和凭证，人类之王仅用一张传递王权的纸质谕令，就不费吹灰之力地使神族之王屈服在自己的意志之下。

要知道，在现实历史中，哈伦·拉希德和贾法尔正是阿拉伯帝国"行政文书纸张化"的主要推动者。在此之前，阿拉伯帝国的官方文书载体主要是羊皮纸，但羊皮纸制作成本极高，据推测，每生产10张左右A4纸大小的羊皮纸就要宰杀一只羊，若想写一本100页左右的书，则至少要消耗10张羊皮，若想抄录一部《圣经》，需要整整300张羊皮。因此在中世纪，一部手抄的羊皮纸《圣经》"相当于一座葡萄园的价格"[1]。况且无论是官方文书使用的羊皮纸还是当时普遍流行的莎草纸，写在上面的字迹都可以被擦掉或刮去，而纸张上的文字则很难被篡改，因此，人们自然认为纸张更适用于行政、律法及贸易往来。

鉴于这种种优势，我们可以看到纸张在《一千零一夜》虚构的广阔时空背景中自由流通，畅行无阻。比如，在《哈·曼丁的故事》里，希腊大哲学家多尼尔的深奥著作全部是以纸张写成的，在出海讲学的路上，"他的著作全都跟着船一起沉入了深深的海底，只有五页纸在他贴身的衣服口袋里才得以保存了下来。回家之后，多尼尔把这五页纸收藏在一个纸盒里，用锁锁了起来，这五页纸就成了他的传家之宝"。在《太子阿特士和公主哈娅·图芙丝之梦的故事》里，来自西拉子国（花剌子模）的王子一次次把胆大妄为、热情似火的情诗书写在纸上，这才得以与伊拉克的公主缔结良缘。

在这些充满魔幻色彩的故事里，纸张还与凭证、合同、契约甚至法术紧密联系在一起。不幸被变成猴子的王子可以通过在纸卷上书写不同字体的优美书法而证明身份（《瞎眼僧人的故事》）。寻找阿拉丁神

---

① 万安伦、周杨、翟钦奇：《试论中国造纸术和印刷术与欧洲文艺复兴之关系》，《教育传媒研究》2020年第1期，第34页。

灯的非洲魔法师在进行沙盘占卜后，也要把结果"小心翼翼地转移到一张纸上"，仔细观察研究一番（《阿拉丁和神灯的故事》）。一些更加抽象的含义也慢慢融入阿拉伯民间创作的诗歌当中，正如阿卜杜拉在故事中感慨的那样："人一旦脱离危难，就会将金钱看作破碎的纸片。"（《阿卜杜拉·法兹里和两个哥哥的故事》）

图10-1 世界上年代最早的《一千零一夜》手抄本残页，所用纸张为"破布造纸法"制成的麻纸，1947年发现于埃及，现藏美国芝加哥大学东方研究所。该抄本仅剩两页（扉页和首页），约抄写于9世纪初期的叙利亚地区，可知在怛罗斯之战爆发不到一个世纪的时间里，叙利亚地区就开始使用纸张。其空白处还留有许多879年的涂鸦和草稿，可见曾被人当作废纸二次利用

《一千零一夜》中，从撒马尔罕、巴士拉、巴格达到地中海沿岸的北非和希腊，都能够看到纸张的身影，这其实是真实历史进程的文学折射。继巴格达、大不里士、大马士革等阿拉伯重镇之后，900年时，位于北非的开罗也兴建起了第一家造纸厂，之后，造纸术的传播"兵分两路"，一条经摩洛哥跨海，于1150年传入西班牙；另一条经西西里岛，于1268年传入意大利。[①]至此，造纸术实现了跨越亚、非、欧三大洲的伟大旅程。

　　在长达数百年的时间内，这条连接西域、中亚、西亚，直抵北非和欧洲的古丝绸之路上，纸张贸易川流不息，各地的纸张生产如火如荼，造纸术的传播也一路高歌猛进。现如今，我们仍能在开罗出土的格尼扎文书（9—13世纪）中，看到当年阿拉伯商贾购买"巴格达纸"的账目清单；[②]埃及生产的"高档纸"和"塔希尔纸"也能远销突尼斯、也门和印度；[③]频繁穿梭于大马士革和开罗旧城福斯塔特（Fustat）之间的经销商，可以一次性进口整整28匹骆驼运载的纸张（约6350千克），在沿线城市提尔（Tyre，今属黎巴嫩）、拉姆勒（Ramle，今属以色列）等地贩卖，并往往能够销售一空。[④]也正因如此，这条横跨亚、非、欧

---

① 钱存训著，郑如斯编订：《中国纸和印刷文化史》，广西师范大学出版社，2004年，第277页。

② 普林斯顿大学藏格尼扎文书（T-S Misc.8.45），内容是以犹太－阿拉伯语书写的账单，所购买的货物包括10张巴格达纸。Nehemia Allony, Ben-Shammai & Miriam Frenkel (2006). *The Jewish Library in the Middle Ages: Book Lists from the Cairo Geniza*. Jerusalem: Ben-Zvi Institute for the Study of Jewish Communities in the East. p. 285.

③ S. D. Goitein. (1999). *A Mediterranean Society: The Jewish Communities of the World as Portrayed in the Documents of the Cairo Geniza (Volume I: Economic Foundations)*. Los Angeles: University of California Press. p. 81.

④ 剑桥大学图书馆藏格尼札文书（TS 13 J 15, f.5.）及（ULC Or 1080 J42），参见 S. D. Goitein. (1973). *Letters of Medieval Jewish Traders*. New Jersey: Princeton University Press. pp. 89–95.

图10-2 格尼扎文书MS.Georg.c.1(P)，9世纪，书写者用格鲁吉亚语抄写了旧约圣经《耶利米书》第8章；该纸张废弃后，其他人又以希伯来语书写了《耶路撒冷塔木德》。约1894年出土于埃及开罗南部，现英国牛津大学图书馆藏。当9世纪的犹太人无比虔诚地用工整的格鲁吉亚文和希伯来文在阿拉伯纸上抄写旧约圣经和《塔木德》时，距离怛罗斯之战才过去不到百年

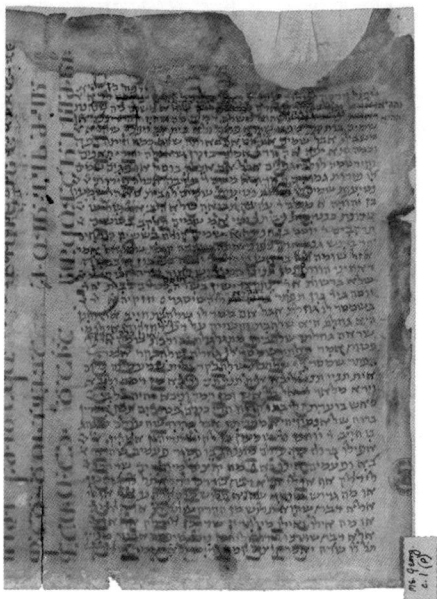

的漫长旅途，不仅是丝绸之路、瓷器之路，也被亲切地称为纸张之路（Paper Road）[1]。

二、破布收集者：从隋尼娅特到"自由女神"

出人意料的是，造纸术在西传的过程中衍生出了一个新兴职业——破布收集者。我们不妨以一种"回溯"的视角，先看看19世纪英国文坛巨匠查尔斯·狄更斯（Charles Dickens，1812—1870年）是如

---

[1] 潘吉星：《中国古代四大发明——源流、外传及世界影响》，中国科学技术大学出版社，2002年，第381页。

何描述工业时代大不列颠帝国的破布收购商的。

在伦敦阴暗狭窄的小街上，有一间名为"克鲁克破布旧瓶收购商店"的铺子，里面堆满了奇奇怪怪的破烂：

> 乱糟糟的碎布，部分堆在一个一半损坏的木秤盘上——秤杆吊在屋梁下面，秤砣也不见踪影——部分堆在秤盘旁边。那些碎布很可能是律师们穿戴得破旧了的领圈饰带和长袍。……
>
> 那个老头儿（店主克鲁克先生）正在把一捆捆废纸收进地板上的一个像井口那样的窟窿里去。他似乎干得很辛苦，头上满是汗珠，身旁还放着一支粉笔，每放一捆或一束废纸下去，就用粉笔在墙壁的镶板上歪歪斜斜地做一个记号。

如果读者不明白克鲁克（Krook，与英文 crook 同音，即骗子）先生收购破布和废纸的目的，那么商铺橱窗边张贴的一幅画或许能提供些许线索：

> 橱窗的一边有一幅画，画着一家红色的造纸厂，有辆运货马车正在厂门口卸下一袋袋碎布头来。①

显然，低价收购旧衣、破布和废纸，再倒卖给伦敦的造纸厂是克鲁克先生的主要营生之一。在狄更斯笔下，破布收购商店与灰蒙蒙的伦敦大雾和泥泞的街道融为一体。律师们淘汰的旧衣废料被成捆运

---

① 〔英〕查尔斯·狄更斯著，主万、徐自立译：《荒凉山庄》（上），人民文学出版社，2020年，第61~79页。

往造纸厂，被改造成崭新的纸张，之后再被写上无穷无尽的法律文书和诉讼档案，沦为废纸。这个"破布→纸张→废纸"的循环，既是对英国腐朽司法制度的精妙隐喻，也是19世纪中叶西方造纸工业的真实写照。

对于西方世界而言，"纸张是由破布制成的"是造纸的基本常识之一。直到19世纪后半叶木浆造纸工艺普及之前，从中亚到西欧，乃至大洋彼岸的北美，造纸业都依赖纺织物废料作为原材料。这与南北朝以后中国东南地区努力开发各类植物韧皮纤维为原料的历史进程全然不同。

收集破布因此成了西方造纸业的重要环节之一，并由此衍生出一个新的群体——破布收集者。英语中，破布（rag）和捡拾者（picker）组合在一起，逐渐超出了"捡拾破布"这一范畴而延伸为一个新名词"拾荒者"（ragpicker）。18世纪的一首英文讽刺诗巧妙地揭示了破布、造纸与拾荒者之间的关系：

破布做成纸，　　　　　Rags make paper,

纸做成钱，　　　　　　Paper makes money,

钱创造银行，　　　　　Money makes Banks,

银行发放贷款，　　　　Banks make loans,

贷款造就乞丐，　　　　Loans make beggars,

乞丐捡拾破布。　　　　Beggars make rags.[1]

---

① Dard Hunter. (1978). *Papermaking: The History and Technique of an Ancient Craft.* New York: Dover Publications, Inc. p.1.

在西方语境中，拾荒者群体大多由犹太人组成，并与贫穷、肮脏、疾病、死亡等联系起来。在18世纪后期的一部医学著作中，身处社会底层的破布收集者成了《犹太人的疾病》一节中描述的祸根之一。欧洲医生强调，犹太人处理腐烂破布时所用的房屋是传染病的病源。这里的居民身处"一种不可思议且极度浓烈的恶臭"中，这股恶臭已经渗入他们的身体，"咳嗽、荨麻疹、头晕和恶心是他们最普遍的疾病。一大堆男人、女人、孩子以及尸体所穿的各种肮脏衣服的边角堆成了垃圾山，人们很难想到还有比这更加丑陋和令人作呕的东西了"[1]。直到19世纪，欧美社会仍把犹太人、破布和造纸这些元素牢牢地捆绑在一起，以至于衣衫褴褛、虬髯满面的犹太拾荒者频频成为艺术家的创作对象，从而进一步深化了这种刻板的文化记忆。

破布是如何变废为宝的呢？西方学者认为，造纸术虽出自中国，但"布浆造纸法"却源自阿拉伯世界。[2]古代阿拉伯人的史料也的确记载了"布浆法"的造纸原料和加工步骤，这些史料都明白无误地指向了当时的纺织物废料——亚麻布。11世纪，出生于北非突尼斯的阿拉伯学者伊本·巴迪斯（Ibn Badis，1007—1061年）描述了将"上等白色亚麻布"制成纸张的过程，"先将亚麻布放入石灰水中浸泡，然后在

---

① 〔德〕罗塔尔·穆勒著，何潇伊、宋琼译：《纸的文化史》，广东人民出版社，2022年，第61~62页。

② 乔纳森·M.布卢姆（Jonathan M. Bloom）认为，8世纪中国主要的造纸原料是植物茎皮纤维，而亚麻布及亚麻纤维仅作为补充。因此，布卢姆推论8世纪阿拉伯帝国生产的"破布纸"是阿拉伯境内纸匠的技术改良结果。参见Jonathan M. Bloom. (2001). *Paper Before print: The History and Impact of Paper in the Islamic World.* New Haven and London: Yale University Press. pp. 44–45.实际上，这是对8世纪中国不同地区造纸原材料不了解而产生的误解。8世纪时，中国造纸原材料呈现出明显的东、西分流趋势，东南沿海地区大多改用构树、桑树、藤、竹等植物纤维，而西北地区，尤其是今新疆一带，仍主要采用纺织物废料，即碎麻布。

图 10-3 〔法〕爱德华·马奈（Édouard Manet, 1832—1883年）的《拾荒者》（*The Ragpicker*），创作于1865—1870年，现藏于美国诺顿西蒙美术馆。印象派大师马奈描绘了19世纪60年代巴黎街头的落魄拾荒者，他们往往肩扛麻袋，从垃圾堆里捡拾碎布，再出售给造纸厂换取微薄的酬劳

图10-4 〔法〕让-弗朗索瓦·拉法埃利（Jean-François Raffaëlli，1850—1924年）的《疲惫的拾荒者》(*The Exhausted Ragpicker*)。在法国现实主义画家的笔下，疲惫不堪的犹太人在乡村间搜集破布

臼钵中切割研磨，直至布浆具有丝滑的黏性"。同一时期，另一位阿拉伯矿物学家阿勒比鲁尼（Al-Biruni）则记载了一个更先进的加工方法：在撒马尔罕的造纸厂中，匠人们把石头安装在轮轴上，制成落锤（trip hammer），依靠流水的动能捶打破布。这些史料都表明，亚麻布和大麻纤维是阿拉伯造纸业的主要来源，其他纤维即便存在，也往往只是纸浆中的夹杂物或仅起辅助作用。①

之后，"布浆造纸法"又几乎原封不动地传到了欧洲。16世纪欧洲工匠歌手汉斯·萨克斯（Hans Sachs，1494—1576年）还曾以纸匠自问自答的口吻，把这一古老的工艺写成诗歌：

> 我的工厂需要破布，
> 水推动着水轮将它们捣碎，
> 纸浆被浸入水中，
> 压成一张纸，
> 再被放在架子上晾干，
> 挂在高处。
> 雪白而平滑的纸，
> 人们都喜欢。②

但如果西方学者再把时间轴向前推移、把目光沿着丝绸之路投向

---

① Don Baker. (1991). "Arab Papermaking". *The Paper Conservator*. 15:1. 29.
② Hans Sachs.(1568). *Eygentliche Beschreibungaller Ständeauff Erden, hoher und niedriger, geistlicher und weltlicher, aller Künstun, Handwercken und Händeln.* Frankfuit an Main: bey G. Raben. 引自〔德〕罗塔尔·穆勒著，何潇伊、宋琼译：《纸的文化史》，广东人民出版社，2022年，第66~67页。

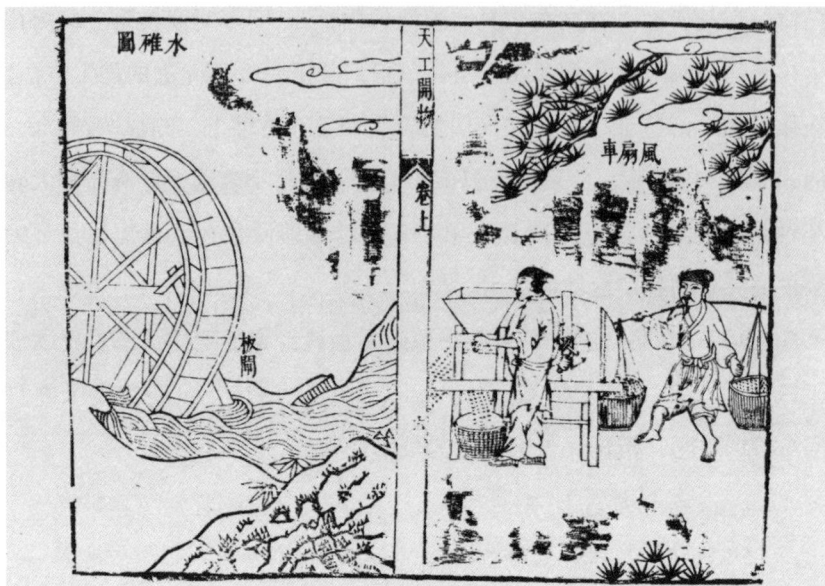

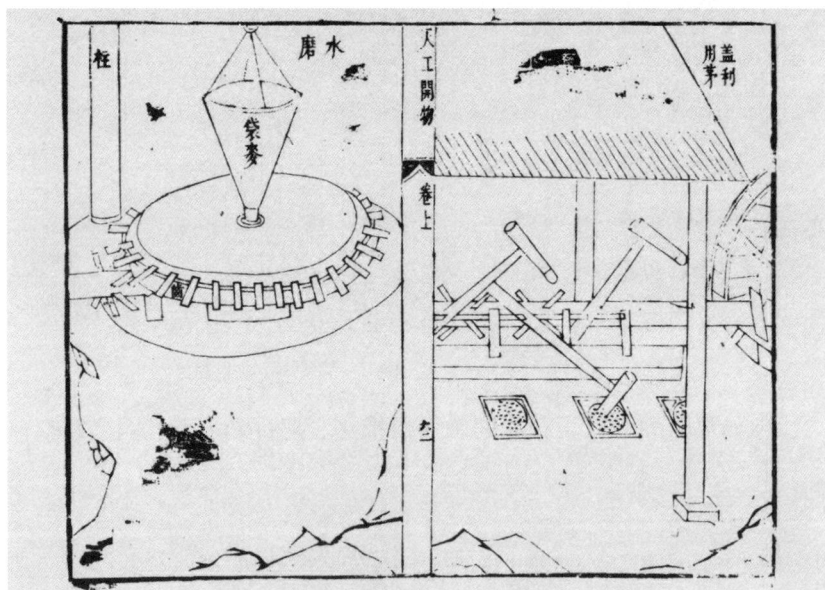

图10-5 《天工开物》卷上《攻治成粮诸色图》中所绘"水碓图"。〔明〕宋应星《天工开物》，明崇祯十年（1637年）自刻本，中国国家图书馆藏

叹为观纸

更遥远的东方，或许就能发现所谓的"布浆造纸法"其实在中国流传已久，是中国西北地区纸匠们的一种因地制宜之举。最迟在北朝至唐初年间（460—640年），造纸术就传到了高昌（今新疆吐鲁番地区），唐代中叶又继续沿丝绸之路传到于阗。[1]在魏晋南北朝时期中原连年动荡、新疆与内地商旅往来时常断绝的历史背景下，大批从中原逃亡而来的汉族不得不根据新疆当地干旱缺水但盛产野麻的自然环境，因地制宜地进行技术调整。当代研究者对我国西北地区出土的古纸实物进行科学检验后，证实无论是敦煌遗书还是吐鲁番文书，绝大部分都是麻纤维制品，而非西方学者以为的韧皮纤维纸；而且，这些纸张的原材料也大多是以废旧的麻头、敝布、旧渔网、破履等麻织物废料经过加工提炼而来，而非取自直接沤制的生麻。[2]尽管这些出土文书中一定存在部分中原生产的纸制品，但也不乏新疆当地工匠以本地原料制造的纸——这些纸大多都是从"破布"提炼而来的。

换言之，所谓"布浆造纸法"自蔡伦时代以来就一直是中国人的传统手艺。各地、各时期的造纸原材料配比，无非是麻织物废料和植物韧皮、茎秆比例多少的问题，如果在东南沿海一带，植物资源丰富，构树、桑树、藤、竹、稻草之属遍地皆是，人们就以植物韧皮或茎秆制纸；而到了西北内陆，植被稀少，物资短缺，人们就本着节省至上

---

[1] 王茜：《试论纸和造纸术在新疆的传播》,《中央民族大学学报》1995年第2期，第38页。

[2] 20世纪70年代，潘吉星先生曾对新疆出土的26种古纸进行检测，其中晋纸6种，南北朝纸1种，隋纸2种，唐纸17种，古纸年代从4世纪到9世纪末，横跨500余年。经检验，这些古纸原料绝大多数为麻类纤维（大麻、苎麻），少数为木本植物的韧皮纤维（构树、桑树及其变种等）。见潘吉星：《新疆出土古纸研究——中国古代造纸技术史专题研究之二》,《文物》1973年第10期，第52~60页。

的原则，先把生麻制成衣物、绳、履，淘汰后再废物利用，重新捣碎、沤烂，用于造纸。

就连阿拉伯世界中"破布收集者"的"祖师爷"，最初也很可能是中国人的形象。怛罗斯之战爆发数十年之后，阿拉伯文学家贾希兹（Al-Jāḥīz，约775—869年）在其古典文学著作《吝人列传》（*Al-Bukhalā'*）中描述了一众吝啬鬼的故事，其中有两则故事十分值得注意。第一个是《索利的故事》，主人公索利因舍不得把旧长袍扔掉，先是把长袍当作斗篷披、毯子盖，之后又将长袍改短袍、短袍改靠垫，剩下的棉花拿去做了灯捻，布丝搓在一起做了瓶塞，余下的布料中，"大点儿的，我做了几顶帽子；其余像点儿样的，我卖给了隋尼娅特和萨拉希娅特的主人；再小点儿，说不上成块儿的，我都留给自己和侍女当擦布"。在另一个关于吝啬鬼的《艾布·赛义德的故事》中，节俭成癖的艾布·赛义德不仅自己囤积垃圾，还叫女仆去街头商铺中收集废弃物，其中旧毛料来自做马鞍子的、石榴皮来自染布鞣皮子的、瓶子来自卖玻璃的、钉子块儿来自铁匠铺、碎砖头来自盖房子的，当然，还有"破衣服碎布条，来自隋尼娅特和萨拉希娅特的主人"①。

据学者考证，贾希兹笔下这些拥有破衣服碎布条的"隋尼娅特"（Al-Sīniyyāt，复数名词）极有可能意指"中国女人"，萨拉希娅特（al-Salāḥiyyat）则可译为"贤良女子"。而收集破衣服碎布条的"隋尼娅特和萨拉希娅特的主人"显然与"做马鞍子的""染布鞣皮子的"和"卖玻璃的"一样，是某种手工业经营者。这很难不让人联想到数十年前大批被掳的中国战俘和"布浆造纸法"的西传。那些失去人身自由、

---

① 相关译文均摘自〔阿拉伯〕贾希兹著，葛铁鹰译：《吝人列传》，商务印书馆，2020年。

隶属于某个"主人"的"中国女人"，显然是阿拉伯造纸业的直接参与者，她们或许因战乱被裹挟而去，从收购破衣服、碎布条开始，把中国传统造纸工艺原原本本地带到异国他乡开花结果。[①]

从现今出土的阿拉伯古纸样本来看，11—13世纪阿拉伯生产的纸张，除所用纸模、纸帘与中国差异较大，其核心造纸工艺，如浇纸法、抄纸法、单抄双晒法、磨平砑光和淀粉施胶等，几乎与中国如出一辙。当然，阿拉伯帝国的纸匠根据当地物产，也对阿拉伯纸进行了完善，如将纸张浸入藏红花汁液或指甲花染料中，使阿拉伯纸呈现出特有的黄色或红色。[②]当今许多西方国家的收藏机构仍藏有这种经过染色的阿拉伯古纸实物，不失为造纸术西传的有力见证。

通过这些在埃及出土的阿拉伯古纸，学者们在亚、非、欧大陆交界处还原出了一个极为庞大、持久的纸张生产贸易网络。11—13世纪，在地处丝绸之路西段的尼罗河三角洲，造纸业是制糖业以外最大的手工制造业，吸纳了大量劳动人口。埃及被阿拉伯军队征服后，首都福斯塔特（今开罗城郊区）的地标性建筑就是一座巨大的造纸"作坊"（matbakh's）。如果直译，所谓"作坊"其实就是"厨房"，可以想象在阿拉伯世界中，造纸工匠就像烹饪大师一样，需要在"厨房"中对破布进行切割、捣碎、浸泡、蒸煮等一系列加工。[③]福斯塔特地区不仅自己生产纸张，也频频从欧洲的西班牙、意大利和西亚的大马士革、巴格达

---

① 盖双：《造纸术西传中的中国女性——披览阿拉伯古籍札记之一》，《回族研究》2007年第1期，第139~142页。

② Sophie Lewincamp. (2012). "Watermarks within the Middle Eastern Manuscript Collection of the Baillieu Library". *The Australian Library Journal*. 61:2. 97.

③ S. D. Goitein. (1999). *A Mediterranean Society: The Jewish Communities of the World as Portrayed in the Documents of the Cairo Geniza (Volume I: Economic Foundations)*. Los Angeles: University of California Press. p. 81.

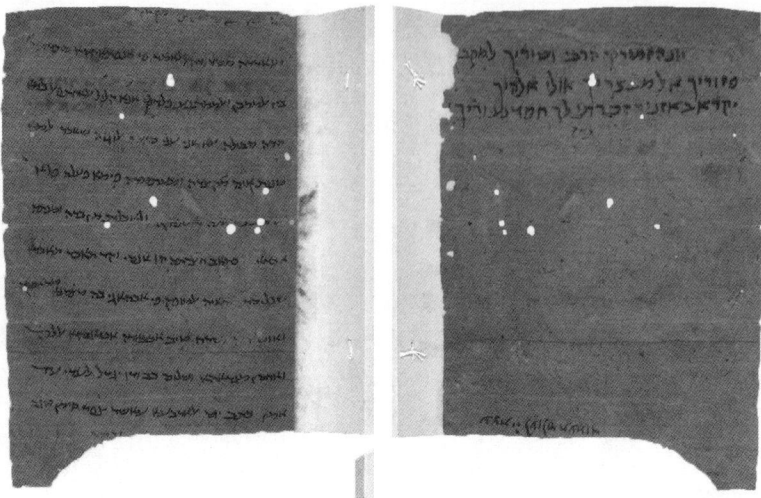

图10-6　格尼札文书T-S 8J11.3 1r/T-S 8J11.3 1v，正面为丹尼尔·阿扎亚（Daniel Azarya）的助手用希伯来语在染红的阿拉伯纸上书写的信札；背面为一首诗歌，其中引用了旧约《圣咏集》中的内容。出土于埃及开罗南郊，现美国普林斯顿大学图书馆藏

等地进口纸张，在流传至今的许多阿拉伯手稿所用的纸张上，依然能清晰看到欧洲造纸商们特有的商标水印。[1]造纸所需的原料，如亚麻布和藏红花等物资，也是这一贸易网中的重要商品，频频在犹太人的商务信札、契约或诉讼文件中被提及。[2]为了聘到熟练的亚麻制浆工人，雇主

---

[1] Sophie Lewincamp. (2012). *Watermarks within the Middle Eastern Manuscript Collection of the Baillieu Library*. The Australian Library *Journal*. 61:2, 99–101.

[2] 亚麻布和藏红花在地中海贸易中经常出现，且成交量较大，如在11世纪一位福斯塔特富商控诉另一位突尼斯巨贾的诉讼庭审笔录中，双方的交易除了糖、肉豆蔻、肉豆蔻酱、紫罗兰、玫瑰果酱、水银、铸铜等商品，还包括23包亚麻布及100磅的藏红花。此外，还有亚麻布在运输途中遭遇灾难，沉入尼罗河的记载。S. D. Goitein. (1973). *Letters of Medieval Jewish Traders*. New Jersey: Princeton University Press. pp. 99, 103.

彼此之间需要经过激烈竞争，才能获得满意的人手。①

即便造纸术历经数百年的时间，经西亚、北非、欧洲再传至北美，以破布造纸这一核心工艺仍未发生改变。美国独立战争爆发前夕，美洲殖民地的纸张主要依赖英国进口产品。然而，《印花税法案》（1765年）和《唐森德税法》（1767年）颁布后，英国开始对茶叶、颜料等日常用品征收进口关税，其中也包括纸张。这导致北美殖民地的纸张储量迅速下降，到1775年独立战争打响时，

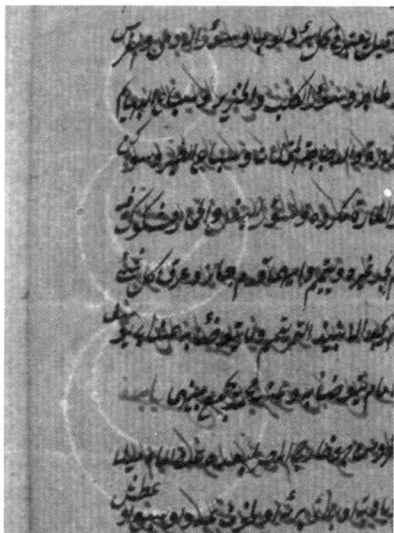

图10-7　写在意大利纸张上的阿拉伯手稿，上面印有意大利造纸商的"三月形"水印，约11—17世纪。现澳大利亚墨尔本大学白理图图书馆藏

北美殖民地的纸张已陷入极度短缺的状态。扩大国内造纸产量因此成了一项爱国任务，战争期间，非但掌握造纸技术的产业工人可以免除兵役，就连在监狱里服刑的造纸工人也被释放出狱，派去造纸。由于原料短缺，限制生产，造纸厂还做起了广告，呼吁公民们把穿旧的衣服运到造纸厂，并承诺"旧衣物可以换成现金"。1779年《马萨诸塞侦察者报》（*Massachusetts Spy*）刊登的一则收购破布的广告中，甚至把妇女群体称作"自由女神"，以表彰其上缴破布为美国独立战争做出的贡献。②

---

① S. D. Goitein. (1999). *A Mediterranean Society: The Jewish Communities of the World as Portrayed in the Documents of the Cairo Geniza (Volume I: Economic Foundations)*. Los Angeles: University of California Press. p. 86.

② 〔德〕罗塔尔·穆勒著，何潇伊、宋琼译：《纸的文化史》，广东人民出版社，2022年，第228~229页。

从流落异乡、被迫劳作的"隋尼娅特"（中国女人）到为了自由、独立而捐"布"卫国的"自由女神"（北美殖民地妇女），造纸术在西传的进程中，以一种其奇妙的纽带——破布——把她们联系到了一起，但也恰恰是这些被人们视若敝屣的破衣碎布，把人类文明向前推进了一大步。

　　德国著名思想家歌德曾满怀敬意地把历史比作"上帝的神秘作坊"。如果上帝的作坊真的存在，那么纸张和造纸术一定是这个作坊中最令人目眩神迷的一种创造。在工业时代以前，世界上几乎没有什么别的技术能像造纸术那样，对人类文化的发展产生如此重大而深远的影响。作为"中国古代四大发明"中年代最早的一项发明，造纸术几乎颠覆性地改变了人类文明的承载方式，进而影响到人们的精神信仰、经济制度、审美意趣乃至生活的方方面面。随着移民迁徙、战争掠夺、商贸往来和宗教传播，造纸术也沿着丝绸之路跨越山海，向东、西方传播开去，并形成了东、西方截然不同的发展路径和产业形态。

　　作为中华民族对人类文明的杰出贡献之一，造纸术是近代科学诞生的基石。廉价、大量的纸张为欧洲的文艺复兴和科学革命扬起风帆，也将东西方的知识、信息和智慧汇聚在一起。纸张这一人类文明的重要载体，也定会继续见证人类的未来。

参考文献

一、正史与古籍类

〔战国宋〕庄周撰,〔晋〕郭象注:《庄子》,《四部丛刊》景明世德堂刊本。

〔汉〕班固撰,〔唐〕颜师古注:《汉书》,中华书局,1962年。

〔汉〕刘珍等撰,吴树平校注:《东观汉记校注》,中华书局,2008年。

〔汉〕司马迁撰,〔南朝宋〕裴骃集解,〔唐〕司马贞索隐,〔唐〕张守节正义:《史记》,中华书局,1982年。

〔汉〕王逸章句,〔宋〕洪兴祖补注,〔宋〕朱熹集注,夏剑钦、吴广平校点:《楚辞章句补注·楚辞集注》,岳麓书社,2013年。

〔汉〕许慎撰,〔宋〕徐铉等校定,陶生魁点校:《说文解字:点校本》,中华书局,2020年。

〔汉〕应劭撰,王利器校注:《风俗通义校注》,中华书局,1981年。

〔汉〕袁康撰,李步嘉校释:《越绝书校释》,中华书局,2013年。

〔汉〕赵晔撰,周生春辑校汇考:《吴越春秋辑校汇考》,中华书局,2019年,

〔汉〕郑玄注,王锷点校:《礼记注》,中华书局,2021年。

〔三国吴〕陆玑:《毛诗草木鸟兽虫鱼疏》,明唐宋丛书本。

〔北魏〕贾思勰:《齐民要术》,《四部丛刊》景明钞本。

〔晋〕陈寿撰,〔南朝宋〕裴松之注:《三国志》,中华书局,1982年。

〔晋〕佚名撰，〔清〕张澍辑，陈晓捷注：《三辅决录·三辅故事·三辅旧事》，三秦出版社，2006年。

〔晋〕嵇含：《南方草木状》卷中，宋百川学海本。

〔晋〕袁宏撰，张烈点校：《后汉纪》，中华书局，2002年。

〔晋〕刘昫等：《旧唐书》，中华书局，1975年。

〔南朝宋〕范晔撰，〔唐〕李贤等注：《后汉书》，中华书局，1965年。

〔南朝梁〕萧子显：《南齐书》，中华书局，1972年。

〔南朝梁〕宗懔撰，〔隋〕杜公瞻注，姜彦稚辑校：《荆楚岁时记》，中华书局，2018年。

〔南朝梁〕萧子显：《南齐书》，中华书局，1972年。

〔北朝齐〕颜之推著，檀作文译注：《颜氏家训》，中华书局，2011年。

〔唐〕白居易著，谢思炜校注：《白居易文集校注》，中华书局，2011年。

〔唐〕杜佑撰，王文锦等点校：《通典》，中华书局，1988年。

〔唐〕房玄龄等：《晋书》，中华书局，1974年。

〔唐〕封演撰，赵贞信校注：《封氏闻见记校注》，中华书局，2005年。

〔唐〕韩愈撰，〔宋〕魏仲举编：《五百家注昌黎文集》，清文渊阁四库全书本。

〔唐〕李白著，〔清〕王琦注：《李太白全集》，中华书局，1977年。

〔唐〕李吉甫：《元和郡县志》，清武英殿聚珍版丛书本。

〔唐〕李林甫等撰，陈仲夫点校：《唐六典》，中华书局，1992年。

〔唐〕李延寿：《南史》，中华书局，1975年。

〔唐〕李肇：《翰林志》，清知不足斋丛书本。

〔唐〕陆羽：《茶经》卷中，宋百川学海本。

〔唐〕苏鹗：《杜阳杂编》，清文渊阁四库全书本。

〔唐〕魏徵、〔唐〕令狐德棻：《隋书》，中华书局，1973年。

〔唐〕徐坚等：《初学记》，中华书局，2004年。

〔唐〕颜师古：《大业拾遗记》，清香艳丛书本。

〔唐〕虞世南：《北堂书钞》，清文渊阁四库全书本。

叹为观纸

〔唐〕张彦远：《历代名画记》，浙江人民美术出版社，2019年。

〔后唐〕冯贽：《云仙杂记》，《四部丛刊续编》景明本。

〔后唐〕冯贽编，张力伟点校：《云仙散录》，中华书局，2008年。

〔五代〕王仁裕等撰，丁如明辑校：《开元天宝遗事十种》，上海古籍出版社，
　　　1985年。

〔宋〕晁冲之：《晁具茨诗集》，清海山仙馆丛书本。

〔宋〕陈仁子：《牧莱脞语》，清初景元抄本。

〔宋〕陈师道：《论国子卖书状》，见曾枣庄、刘琳主编：《全宋文》（第一百二十三
　　　册），安徽教育出版社，2006年。

〔宋〕陈槱：《负暄野录》，清知不足斋丛书本。

〔宋〕程大昌撰，许沛藻、刘宇整理：《演繁露》，大象出版社，2019年。

〔宋〕高似孙著，王群栗点校：《高似孙集》（全三册），浙江古籍出版社，2015年。

〔宋〕葛胜仲：《丹阳集》，清文渊阁四库全书本。

〔宋〕洪迈撰，何卓点校：《夷坚志》，中华书局，2006年。

〔宋〕洪迈撰，孔凡礼点校：《容斋随笔》，中华书局，2005年

〔宋〕黄庭坚：《豫章黄先生文集》，《四部丛刊》景宋乾道刊本。

〔宋〕黄庭坚著，刘琳、李勇先、王蓉贵点校：《黄庭坚全集》，中华书局，
　　　2021年。

〔宋〕黄庭坚撰，〔宋〕任渊、〔宋〕史容、〔宋〕史季温注，刘尚荣校点：《黄
　　　庭坚诗集注》，中华书局，2003年。

〔宋〕金盈之撰，胡绍文整理：《新编醉翁谈录》，大象出版社，2019年。

〔宋〕乐史撰，王文楚等点校：《太平寰宇记》，中华书局，2007年。

〔宋〕李昉等编：《太平广记》，中华书局，1961年。

〔宋〕李焘：《续资治通鉴长编》，中华书局，2004年。

〔宋〕李心传：《建炎以来系年要录》，中华书局，1988年。

〔宋〕林洪：《山家清事》，明顾氏文房小说本。

〔宋〕楼钥撰，顾大鹏点校：《楼钥集》，浙江古籍出版社，2010年。

〔宋〕陆游著，钱仲联、马亚中主编：《陆游全集校注》，浙江古籍出版社，2015年。

〔宋〕吕大防：《国子监雕印伤寒论等医书牒》，见曾枣庄、刘琳主编：《全宋文》（第五十一册），安徽教育出版社，2006年。

〔宋〕梅尧臣：《宛陵集》，《四部丛刊》景明万历梅氏祠堂本。

〔宋〕孟元老撰，尹永文整理：《东京梦华录》，大象出版社，2019年。

〔宋〕米芾撰，吴晓琴、汤琴福整理：《书史》，大象出版社，2019年。

〔宋〕欧阳修、〔宋〕宋祁：《新唐书》，中华书局，1975年。

〔宋〕欧阳修著，李逸安点校：《欧阳修全集》，中华书局，2001年。

〔宋〕欧阳修著，李之亮笺注：《欧阳修集编年笺注》（第2册），巴蜀书社，2007年。

〔宋〕潜说友：《咸淳临安志》，清文渊阁四库全书本。

〔宋〕释德洪：《石门文字禅》，浙江古籍出版社，2019年

〔宋〕司马光编著，〔元〕胡三省音注：《资治通鉴》，中华书局，1956年。

〔宋〕司马光撰，邓广铭、张希清点校：《涑水记闻》，中华书局，1989年。

〔宋〕苏过撰，舒星校补，蒋宗许、舒大刚等注：《苏过诗文编年笺注》，中华书局，2012年。

〔宋〕苏轼著，李之亮笺注：《苏轼文集编年笺注》，巴蜀书社，2011年。

〔宋〕苏轼撰，〔明〕茅维编，孔凡礼点校：《苏轼文集（全六册）》，中华书局，1986年。

〔宋〕苏易简著，朱学博整理点校：《文房四谱（外十七种）》，上海书店出版社，2015年。

〔宋〕唐慎微：《证类本草》，人民卫生出版社，1957年

〔宋〕王明清撰，燕永成整理：《挥麈录余话》，大象出版社，2019年。

〔宋〕王溥：《唐会要》卷五十四《省号上 中书省》，中华书局，1960年，第927页。

〔宋〕王辟之、吕友仁点校：《渑水燕谈录》，中华书局，1981年。

〔宋〕吴自牧撰，黄纯艳整理：《梦粱录》，大象出版社，2019年。

〔宋〕西湖老人撰，黄纯艳整理：《繁胜录》，大象出版社，2019年。

〔宋〕徐兢撰，虞云国、孙旭整理：《宣和奉使高丽图经》，大象出版社，2019年。

〔宋〕薛居正等：《旧五代史》，中华书局，1976年。

〔宋〕杨士瀛：《仁斋直指》，清文渊阁四库全书本。

〔宋〕杨万里撰，辛更儒笺校：《杨万里集笺校》，中华书局，2007年。

〔宋〕叶梦得撰，徐时仪整理：《避暑录话》，大象出版社，2019年。

〔宋〕佚名：《趋朝事类》，引自《（嘉庆）余杭县志》，民国八年重刊本。

〔宋〕赞宁撰，范祥雍点校：《宋高僧传（全二册）》，中华书局，1987年。

〔宋〕周密著，杨瑞点校：《武林旧事》，浙江古籍出版社，2015年。

〔宋〕朱弁：《风月堂诗话》，民国景明宝颜堂秘笈本。

〔宋〕朱熹：《按唐仲友第六状》，见曾枣庄、刘琳主编：《全宋文》（第二百
　　四十三册），安徽教育出版社，2006年。

〔宋〕朱彧撰，李伟国整理：《萍洲可谈》，大象出版社，2019年。

〔金〕元好问撰，周烈孙、王斌校注：《元遗山文集校补》，巴蜀书社，2013年。

〔元〕脱脱等：《宋史》，中华书局，1985年。

〔元〕脱脱等：《金史》，中华书局，1975年。

〔元〕孔克齐撰，庄敏、顾新点校：《至正直记》，上海古籍出版社，1987年。

〔元〕佚名编：《元典章》，元刻本。

〔明〕曹学佺：《蜀中广记》，清文渊阁四库全书本。

〔明〕陈邦瞻：《宋史纪事本末》，中华书局，2015年。

〔明〕冯梦龙：《醒世恒言》，中华书局，2009年。

〔明〕何良俊：《四友斋丛说》，中华书局，1959年。

〔明〕胡应麟：《少室山房笔丛》甲部卷四，上海书店出版社，2009年。

〔明〕姜准：《岐海琐谈》，上海社会科学院出版社，2002年。

〔明〕郎瑛：《七修类稿》，上海书店出版社，2009年。

〔明〕李清：《三垣笔记》，中华书局，1982年。

〔明〕陆容，佚之点校：《菽园杂记》，中华书局，1985年，

〔明〕宋濂等：《元史》，中华书局，1976年。

〔明〕谈迁著，张宗祥点校：《国榷》，中华书局，1958年。

〔明〕屠隆撰，秦躍宇点校：《考槃余事》，凤凰出版社，2017年。

〔明〕文徵明著，陆晓冬点校：《甫田集》，西泠印社出版社，2012年。

〔明〕吴承恩著，李天飞校注：《西游记》，中华书局，2014年。

〔明〕谢肇淛撰，韩梅、韩锡铎点校：《五杂组》，中华书局，2021年。

〔明〕佚名：《张协状元》，见刘崇德编：《全宋金曲》，中华书局，2020年。

〔明〕臧懋循辑：《元曲选》，明万历刻本。

〔明〕周楫：《西湖二集》，明崇祯刊本。

〔明〕朱橚：《普济方》，清文渊阁四库全书本。

〔清〕曹雪芹、高鹗著，启功主持，张俊等校注：《红楼梦》，中华书局，2014年。

〔清〕陈訏辑：《宋十五家诗选·菊磵诗选》，清康熙刻本。

〔清〕戴名世撰，王树民编校：《戴名世集》，中华书局，2019年。

〔清〕董诰等编：《全唐文》，中华书局，1983年。

〔清〕郭嵩焘撰，梁小进主编：《郭嵩焘全集（一）》，岳麓书社，2012年。

〔清〕蒋士铨：《忠雅堂文集》，清嘉庆刻本。

〔清〕黎遂球：《桐堦副墨》，清康熙《檀几丛书二集》刻本。

〔清〕梁恭辰：《北东园笔录初编》，清同治五年（1866年）刻本。

〔清〕梁恭辰：《北东园笔录三编》，清光绪二十一年（1895年）刻本。

〔清〕梁恭辰：《北东园笔录四编》，清光绪二十一年（1895年）刻本。

〔清〕潘永因编，刘卓英点校：《宋稗类钞》，书目文献出版社，1985年。

〔清〕彭定求等编：《全唐诗》，中华书局，1960年。

〔清〕钱大昕撰，陈文和主编：《嘉定钱大昕全集：增订本》凤凰出版社，2016年。

〔清〕孙宝瑄著，中华书局编辑部编，童杨校订：《孙宝瑄日记》，中华书局，
  2015年。

〔清〕王锦等：《常昭合志稿》，清光绪二十四年活字刊本。

〔清〕文康：《儿女英雄传》，岳麓书社，2019年。

〔清〕徐松辑：《宋会要辑稿》，上海大东书局，1936年。

〔清〕薛福成：《出使日记续刻》，清光绪二十四年（1898年）刻本。

〔清〕叶德辉:《书林清话》,中华书局,1957年。

〔清〕袁枚著,王英志编纂校点:《子不语》,浙江古籍出版社,2015年。

〔清〕袁枚著,王英志编纂校点:《续子不语》,浙江古籍出版社,2015年。

〔清〕张廷玉等:《明史》,中华书局,1974年。

〔清〕赵翼:《陔馀丛考》,中华书局,1963年。

二、中文论著与译著类

白化文:《中国纸文化中特有的"敬惜字纸"之现象》,《中国典籍与文化》2011
年第3期。

陈彪:《浅论中国造纸术起源争议的两大观点——基于出土纸状物是否为纸及
其断代的视角》,《中国造纸》2020年第7期。

陈槃:《由古代漂絮因论造纸》,《"中央研究院"院刊》1954年第1期。

程民生:《宋代物价研究》,江西人民出版社,2021年。

程民生:《宋人生活水平及币值考察》,《史学月刊》2008年第3期。

丁红旗:《再论南宋刻书业的利润与刻工生活》,《文献》2020年第4期。

杜伟生:《敦煌遗书用纸概况及浅析》,收录于林世田、蒙安泰主编,中国国家
图书馆善本特藏部、英国图书馆敦煌项目编:《融摄与创新:国际敦煌项
目第六次会议论文集》,北京图书馆出版社,2007年。

段纪纲等:《十几位教师干部致中央书记处胡乔木同志的信》(1986年6月24
日),《纸史研究》1986年第2期。

范凤书:《中国私家藏书史》,大象出版社,2001年。

方健:《南宋刻书业的书价、成本及利润考察》,《国际社会科学杂志(中文版)》
2014年第2期。

方俊琦:《"叶子戏"考辨——兼论"叶子戏"与敦煌遗书形态"叶子"的关
系》,《浙江师范大学学报(社会科学版)》2015年第3期。

冯汉骥:《记唐印本陀罗尼经咒的发现》,《文物参考资料》1957年第5期。

冯青：《"榻布"（Tapa）的文化考察》，《海南广播电视大学学报》2019 年第 1 期。

冯彤：《和纸的艺术——日本无形文化遗产》，中国社会科学出版社，2010 年。

符奎：《长沙东汉简牍所见"纸""帋"的记载及相关问题》，《中国史研究》
2019 年第 2 期。

盖双：《造纸术西传中的中国女性——披览阿拉伯古籍札记之一》，《回族研究》
2007 年第 1 期。

甘肃居延考察队：《居延汉代遗址的发掘和新出土的简册文物》，《文物》1978
年第 1 期。

甘肃省博物馆、敦煌县文化馆：《敦煌马圈湾汉代烽燧遗址发掘简报》，《文物》
1981 年第 10 期。

甘肃省文物考古研究所、天水市北道区文化馆：《甘肃天水放马滩战国秦汉墓
群的发掘》，《文物》1989 年第 2 期。

甘肃省文物考古研究所：《甘肃敦煌汉代悬泉置遗址发掘简报》，《文物》2000
年第 5 期。

葛剑雄：《中国人口发展史》，四川人民出版社，2020 年。

广西壮族自治区文物工作队：《广西贵县罗泊湾一号墓发掘简报》，《文物》1978
年第 9 期。

郭伟涛、马晓稳：《中国古代造纸术起源新探》，《历史研究》2023 年第 4 期。

国家文物局古文献研究室、新疆维吾尔自治区博物馆、武汉大学历史系编：
《吐鲁番出土文书（三）》，新疆文化出版社，2016 年。

何忠礼：《科举制度与宋代文化》，《历史研究》1990 年第 5 期。

侯灿、杨代欣编著：《楼兰汉文简纸文书集成》（1—3），天地出版社，1999 年。

侯灿：《楼兰出土汉文简纸文书研究综述》，《西域研究》2000 年第 2 期。

胡平生、张德芳编：《敦煌悬泉汉简释粹》，上海古籍出版社，2001 年。

黄晖：《论衡校释（附刘盼遂集解）》，中华书局，1990 年。

黄文弼：《罗布淖尔考古记》，"中国西北科学考查团丛刊"之一，国立北平研
究院、中国西北科学考查团理事会印行，1948 年，第 168 页。

黄文弼著，黄烈整理：《黄文弼蒙新考察日记（1927—1930）》，文物出版社，1990年。

纪纲：《中国造纸学会在京举行纪念蔡伦发明造纸术1882年周年大会——在公布的"灞桥纸"调查报告中指出：所谓"灞桥纸"根本不是纸，只是一些废麻絮》，《中国造纸》1987年第6期。

江西省博物馆：《江西南昌晋墓》，《考古》1974年第6期。

江西省历史博物馆：《江西南昌市东吴高荣墓的发掘》，《考古》1980年第3期。

姜浦译：《一千零一夜》（下册），北京联合出版公司，2011年。

李曾中：《浑身尽是"科学魂"——记我的父亲李宪之》，载中国地球物理学会"西北科学考查团"研究会"八十周年大庆纪念册"编委会编：《"中国西北科学考查团"八十周年大庆纪念册》，气象出版社，2011年。

李家瑞编：《北平风俗类征》下册《器用·名刺》，上海文艺出版社，1985年。

李均明：《〈汉代官文书制度〉序二》，载汪桂海：《汉代官文书制度》，广西教育出版社，1999年。

李零：《简帛古书与学术源流》，生活·读书·新知三联书店，2020年。

李涛：《古代造纸原料的历时性变化及其潜在意义》，《中国造纸》2018年第1期。

李晓岑、贾建威：《甘肃省博物馆藏敦煌写经纸的初步检测和分析》，《敦煌学辑刊》2013年第3期。

李寻：《黄文弼的多重意义》，载朱玉麟、王新春编：《黄文弼研究论集》，科学出版社，2013年。

李月寒：《黄庭坚诗歌中的藤意象分析》，《文学教育（上）》2016年第6期。

李征：《吐鲁番县阿斯塔那–哈拉和卓古墓群发掘简报（1963—1965）》，《文物》1973年第10期。

李致忠：《"宰相出版家"——毋昭裔》，《国家图书馆学刊》1989年第3期。

李致忠：《历史上朱熹弹劾唐仲友公案》，《版本目录学研究（第二辑）》，国家图书馆出版社，2010年。

李致忠：《唐仲友刻〈荀子〉遭劾真相》，《文献》2007年第3期。

林梅村编：《楼兰尼雅出土文书》，文物出版社，1985年。

林世田、蒙安泰主编，中国国家图书馆善本特藏部、英国图书馆敦煌项目编：《融摄与创新：国际敦煌项目第六次会议论文集》，北京图书馆出版社，2007年。

林世田、赵洪雅：《敦煌遗书对"中华古籍保护计划"的启示》，《文献》2019年第3期。

凌纯声：《树皮布印文陶与造纸印刷术发明》，台湾"中央研究院"民族学研究，1963年。

凌曼立：《台湾与环太平洋的树皮布文化》，《树皮布印文陶与造纸印刷术发明》，（台湾）"中央研究院"民族学研究所，1963年。

刘仁庆：《澄心堂纸》，《纸系千秋新考：中国古纸撷英》，知识产权出版社，2018年。

刘仁庆：《论藤纸——古纸研究之四》，《纸和造纸》2011年第1期。

刘仁庆：《纸系千秋新考：中国古纸撷英》，知识产权出版社，2018年。

刘忠华、王双苹：《释"洴澼"》，《现代语文（学术综合版）》2015年第2期。

陆敏珍：《关于宋代伪造纸币的问题》，《浙江大学学报（人文社会科学版）》，2000年第4期。

陆庆夫、魏郭辉：《唐代官方佛经抄写制度述论》，《敦煌研究》2009年第3期。

罗西章：《陕西扶风中颜村发现西汉窖藏铜器和古纸》，《文物》1979年第9期。

马艳花：《吐鲁番阿斯塔那墓葬剪纸研究》，内蒙古师范大学硕士学位论文，2015年。

马智全：《从絮到纸：以汉简为视角的西汉古纸考察》，《出土文献》2023年第2期。

毛良伟：《元朝与伊利汗国纸币印刷发行研究》，内蒙古师范大学硕士学位论文，2015年。

宁雯：《物之审美与情志寄寓——北宋士大夫关于澄心堂纸的酬赠与文学书写》，《安徽大学学报（哲学社会科学版）》2017年第1期。

欧阳敏、范军：《论五代至北宋中期士大夫对雕版印刷术所持的心态——以冯道、毋昭裔、欧阳修及王安石为中心》，《中国出版史研究》2019年第2期。

潘吉星：《1979—2007年中国造纸术发明者争议的回顾》，《中国科技史杂志》2011年第32卷第4期。

潘吉星：《灞桥纸不是西汉植物纤维纸吗？》，《自然科学史研究》1989年第8卷第4期。

潘吉星：《敦煌石室写经纸的研究》，《文物》1966年第3期。

潘吉星：《中国古代四大发明——源流、外传及世界影响》，中国科学技术大学出版社，2002年。

潘吉星：《中国科学技术史——造纸与印刷卷》，科学出版社，1998年。

潘吉星：《中国造纸技术史稿》，文物出版社，1979年。

潘吉星：《中国造纸史》，上海人民出版社，2009年。

潘树林：《阿拉伯帝国的造纸业及其影响》，《阿拉伯世界研究》1992年第1期。

钱存训：《李约瑟中国科学技术史》第五卷《化学及相关技术》（第一分册纸和印刷），科学出版社、上海古籍出版社，1990年。

钱存训：《书于竹帛——中国古代的文字记录》，上海世纪出版集团，2006年。

钱存训著，郑如斯编订：《中国纸和印刷文化史》，广西师范大学出版社，2004年。

秦开凤：《宋代文化消费研究》，陕西师范大学博士学位论文，2009年。

邱敏：《从拍卖古籍看竹纸古籍的种类与价格》，《图书馆学刊》2015年第2期。

邱敏：《古书竹纸研究》，南京艺术学院硕士学位论文，2015年。

任克：《丝绸业与造纸》，《苏州丝绸工学院学报》2000年第3期。

荣新江：《敦煌藏经洞的性质及其封闭原因》，见季羡林、饶宗颐、周一良主编：《敦煌吐鲁番研究》第二卷，北京大学出版社，1997年。

荣新江：《再论敦煌藏经洞的宝藏——三界寺与藏经洞》，《敦煌学新论》，甘肃教育出版社，2002年。

史金波、雅森·吾守尔：《中国活字印刷术的发明和早期传播——西夏和回鹘活字印刷术研究》，社会科学文献出版社，2000年。

睡虎地秦墓竹简整理小组：《睡虎地秦墓竹简》，文物出版社，1990年。

斯琴毕力格、关守义、罗见今：《简牍发现百年与科学史研究》，《中国科技史杂志》2007年第4期。

苏晓君：《我国早期印刷品的几个特殊品类》，《中国典籍与文化》2008年第2期。

孙丽萍：《吐鲁番古墓葬纸明器考论》，《吐鲁番学研究》2014年第2期。

田野（即程学华）：《陕西省灞桥发现西汉的纸》，《文物参考资料》1957年第7期。

万安伦、周杨、翟钦奇：《试论中国造纸术和印刷术与欧洲文艺复兴之关系》，《教育传媒研究》2020年第1期。

万晴川、李冉：《明清小说中的"敬惜字纸"信仰》，《明清小说研究》2012年第4期。

汪常明、陈彪：《南唐澄心堂纸考》，《中国书法》2019年第10期。

汪桂海：《汉代官文书制度》，广西教育出版社，1999年。

王德忠：《从朱唐交奏看南宋吏治》，《东北师大学报》1993年第4期。

王冠英：《汉悬泉置遗址出土元与子方帛书信札考释》，《中国历史博物馆馆刊》1998年第1期。

王菡：《唐仲友刻书今存》，《中国典籍与文化》2007年第3期。

王金龙：《〈清实录〉用纸问题管窥》，《清史论丛》2020年第2期。

王菊华、李玉华：《二十世纪有关纸的考古发现不能否定蔡伦发明造纸术》，《中国造纸学报》2003年增刊《中国造纸学会第十一届学术年会论文集》。

王菊华主编：《中国古代造纸工程技术史》，山西教育出版社，2006年。

王茜：《试论纸和造纸术在新疆的传播》，《中央民族大学学报》1995年第2期。

王诗文：《中国传统竹纸的历史回顾及其生产技术特点的探讨》，《中国造纸学会第八届学术年会论文集（上）》，1997年。

王晓雷：《中国古代名刺初探》，山东师范大学硕士学位论文，2012年。

王永生：《波斯伊利汗国对元朝钞法的仿行》，《中国钱币》1994年第4期。

王永生：《纸币史话》，社会科学文献出版社，2016年。

王仲荦、郑宜秀整理：《金泥玉屑丛考》，中华书局，1998年。

魏坚主编：《额济纳汉简》，广西师范大学出版社，2005年。

武迪、赵素忍：《〈红楼叶戏谱〉杂考——兼论〈红楼梦〉及其续书中的叶子戏》，《红楼梦学刊》2017年第一辑。

夏晓伟：《汉代便面功用小考》，《东南文化》2003年第11期。

谢桂华、李均明、朱国炤：《居延汉简释文合校》，文物出版社，1987年。

新疆楼兰考古队：《楼兰古城址调查与试掘简报》，《文物》1988年第7期。

新疆维吾尔自治区博物馆、西北大学历史系考古专业：《1973年吐鲁番阿斯塔那古墓群发掘简报》，《文物》1975年第7期。

新疆维吾尔自治区博物馆：《新疆吐鲁番阿斯塔那北区墓葬发掘简报》，《文物》1960年第6期。

邢玉林、林世田：《探险家斯文·赫定》，吉林教育出版社，1992年。

胥树婷：《论纸帐、纸衣、纸被——生活应用、文学书写和文化意义的阐释》，南京师范大学硕士学位论文，2016年。

徐炳昶著，范三畏点校：《西游日记》，甘肃人民出版社，2000年。

徐苹芳：《居延考古发掘的新收获》，《文物》1978年第1期。

扬之水：《从名刺到拜帖》，《收藏家》2006年第5期。

杨宗红、蒲日材：《敬惜字纸信仰的嬗变及其现实意义》，《重庆邮电大学学报（社会科学版）》2009年第5期。

游修龄编著：《农史研究文集》，中国农业出版社，1999年。

原彦平：《沿途的秘密：中国西北科学考查团纪事（系列连载之六）》，《档案》2014年第12期。

张邦炜：《宋代婚姻家族史论》，人民出版社，2003年。

张德钧：《关于"造纸在我国的发展和起源"的问题》，《科学通报》1955年第10期。

张德美：《试论唐前期人口重心北移及其影响》，《河北师范大学学报（哲学社会科学版）》2001年第1期。

张介立：《李郃与唐代叶子戏》，《湖南科技学院学报》2012年第8期。

张希清等：《宋朝典制》，吉林文史出版社，1997年。

张献忠：《明中后期科举考试用书的出版》，《社会科学辑刊》2010年第1期。

张秀铫：《剡藤纸刍议》，《中国造纸》1988年第6期。

张延清：《吐蕃敦煌抄经制度中的惩治举措》，《敦煌研究》2010年第3期。

张延清：《吐蕃敦煌抄经坊》，《敦煌学辑刊》2011年第3期。

张延清：《吐蕃时期的抄经纸张探析》，《中国藏学》2012年第3期。

张子高：《关于蔡伦对造纸术贡献的评价》，《清华大学学报（自然科学版）》
　　　1960年第2期。

赵青山：《敦煌写经道场纸张的管理》，《敦煌学辑刊》2013年第4期。

赵青山：《佛教与敦煌信众死亡观的嬗变——以隋唐宋初敦煌写经题记为中
　　　心》，《新疆师范大学学报（哲学社会科学版）》2014年第3期。

郑天挺著，冯尔康、郑克晟编：《郑天挺学记》，生活·读书·新知三联书店，
　　　1991年。

周宝荣：《唐宋岁末的历书出版》，《学术研究》2003年第6期。

周冉：《除了书写还能干嘛？日常纸制品：渗透生活每个角落》，《国家人文历
　　　史》2020年第19期。

周郁：《黄州雕造〈小畜集〉后记》，见曾枣庄主编：《宋代序跋全编》，齐鲁书
　　　社，2015年。

朱婧：《方寸之间现乾坤——〈水浒叶子〉与水浒纸牌的碰撞与对话》，曲阜师
　　　范大学硕士学位论文。

宗实：《拨乱反正与行政干预分析》，《纸史研究》1987年第3期。

宗实：《伦功难泯维国尊》，《纸史研究》1986年第2期。

《中国出版史研究》编辑部：《造纸技术的滥觞与贡献——访自然科学史研究专
　　　家潘吉星先生》，《中国出版史研究》2015年第2期，第51页。

〔阿拉伯〕贾希兹著，葛铁鹰译：《吝人列传》，商务印书馆，2020年。

〔德〕马克思：《资本论》第1卷，人民出版社，2004年。

〔德〕罗塔尔·穆勒著，何潇伊、宋琼译：《纸的文化史》，广东人民出版社，
　　　2022年。

〔俄〕梅列日科夫斯基著，杨德友译：《宗教精神：路德与加尔文》，学林出版社，1999年。

〔法〕鲁布鲁克著，〔美〕柔克义译注，何高济译：《鲁布鲁克东行纪》，商务印书馆、中国旅游出版社，2018年。

〔荷〕约翰·赫伊津哈著，刘军等译：《中世纪的衰落》，中国美术学院出版社，1997年。

〔日〕池田温著，龚泽铣译：《中国古代籍账研究》，中华书局，2007年。

〔日〕村田澪：《血经的渊源以及意义》，《佛学研究》，2012年。

〔日〕大庭脩：《元康五年（前61年）诏书册的复原和御史大夫的业务》，《齐鲁学刊》1988年第2期。

〔日〕大正一切经刊行会：《大正新修大藏经》第12册，新文丰出版社，1983年。

〔日〕大正一切经刊行会：《大正新修大藏经》第13册，新文丰出版社，1983年。

〔日〕大正一切经刊行会：《大正新修大藏经》第24册，新文丰出版社，1983年。

〔日〕大正一切经刊行会：《大正新修大藏经》第25册，新文丰出版社，1983年。

〔日〕大正一切经刊行会：《大正新修大藏经》第51册，新文丰出版社，1983年。

〔日〕冨谷至著，刘恒武译：《木简竹简述说的古代中国——书写材料的文化史》，中西书局，2021年。

〔日〕籾山明著，胡平生译：《刻齿简牍初探——汉简形态论》，载中国社会科学院简帛研究中心编：《简帛研究译丛》（第二辑），湖南人民出版社，1998年。

〔日〕石塚晴通著，唐炜译：《从纸材看敦煌文献的特征》，《敦煌研究》2014年第3期。

〔日〕紫式部著，丰子恺译：《源氏物语（全2册）》，上海译文出版社，2020年。

〔瑞典〕贝格曼著，张鸣译：《考古探险手记》，新疆人民出版社，2000年。

〔瑞典〕多桑撰，冯承钧译：《多桑蒙古史》（上），中华书局，1962年。

〔瑞典〕斯文·赫定著，徐十周译：《中国西北科学考察团诞生经过》，王忱主编：《高尚者的墓志铭》，中国文联出版社，2005年。

〔瑞典〕斯文·赫定著，周山译：《亚洲腹地旅行记》，江苏凤凰文艺出版社，2017年。

〔意〕马可波罗口述，〔法〕沙海昂注，冯承钧译：《马可波罗行纪》，商务印书馆，2017年。

〔英〕F. W. 托玛斯编著，刘忠、杨铭译注：《敦煌西域古藏文社会历史文献》，民族出版社，2003年。

〔英〕查尔斯·狄更斯著，主万、徐自立译：《荒凉山庄》（上），人民文学出版社，2020年。

〔英〕乔叟著，黄杲炘译：《坎特伯雷故事》，上海译文出版社，2023年。

〔英〕亚历山大·门罗著，史先涛译：《纸影寻踪——旷世发明的传奇之旅》，生活·读书·新知三联书店，2018年。

三、外文论著类

〔日〕池田寿：《紙の日本史：古典と絵巻物が伝える文化遺産》，勉誠出版株式会社，2017年。

〔日〕大庭脩：《居延出土の詔書冊》，《秦漢法制史の研究》，創文社，1982年。

〔日〕久米康生：《和紙の源流：東洋手すき紙の多彩な伝統》，岩波書店，2004年。

〔日〕橘成季：《古今著聞集 愚管抄》，吉川弘文館，2007年。

〔日〕寿岳文章：《日本の紙》，吉川弘文館，1996年。

〔日〕舍人亲王：《日本書紀》，岩波書店，1994年。

〔日〕有岡利幸：《和紙植物》，法政大学出版局，2018年。

〔日〕猪飼祥夫：《甘肃省敦煌の懸泉置遺址から出土した漢代の紙と薬名》，《漢方の臨床》2001年第48巻第6号。

A. F. Rudolf Hoernle.(1903). "Who was the Inventor of Rag-paper?". *Journal of Royal Asiatic Society*.

Bahiyyih Nakhjavani. (2004). *Paper: The Dreams of a Scribe*. London: Bloomsbury Publishing.

Chris Prince. (2002). "The Historical Context of Arabic Translation, Learning, and the Libraries of Medieval Andalusia". *Library History*. 18:2.

Dard Hunter. (1932). *Old Papermaking in China and Japan*. Ohio: Mountain House Press.

Dard Hunter. (1978). *Papermaking: The History and Technique of an Ancient Craft*. New York: Dover Publications, Inc.

Don Baker. (1991). "Arab Papermaking". *The Paper Conservator*. 15:1.

Guilhem André et al. (2010). "L'un des plus anciens papiers du monde exhumé récemment en Mongolie-découverte, analyses physico-chimiques et contexte scientifique". *Arts Asiatiques*. 65.

Hans Sachs.(1568). *Eygentliche Beschreibungaller Ständeauff Erden, hoher und niedriger, geistlicher und weltlicher, aller Künstun, Handwercken und Händeln*. Frankfurt am Main: bey G. Raben.

Jonathan M. Bloom. (2001). *Paper Before Print: The History and Impact of Paper in the Islamic World*. New Haven and London: Yale University Press.

Joseph Edkins. (1867). "On the Origin of Paper Making in China". *Notes and Queries on China and Japan*, I , no. 6.

Joseph Jérôme Lefrançois de Lalande (1761). "Art de faire le papier". *Académie des sciences (France)*.

Nehemia Allony, Ben–Shammai & Miriam Frenkel (2006). *The Jewish Library in the Middle Ages: Book Lists from the Cairo Geniza*. Jerusalem: Ben-Zvi Institute for the Study of Jewish Communities in the East.

S. D. Goitein. (1973). *Letters of Medieval Jewish Traders*. New Jersey: Princeton University Press.

S. D. Goitein. (1999). *A Mediterranean Society: The Jewish Communities of the World as Portrayed in the Documents of the Cairo Geniza* (Volume I: Economic Foundations). Los Angeles: University of California Press.

Sophie Lewincamp. (2012). "Watermarks within the Middle Eastern Manuscript Collection of the Baillieu Library". *The Australian Library Journal*, 61:2, 95–104.

Sophie Lewincamp. (2012). "Watermarks within the Middle Eastern Manuscript Collection of the Baillieu Library". *The Australian Library Journal*. 61:2. 97.

Tha'alibi. (1968). *The Lata'il al-Ma'arif of al-Tha'alibi. (The Book of Curious and Entertaining Informafion)*. Translated with introduction and notes by C. E. Bosworth. Edinburgh: Edinburgh University Press.